Bachmann/Cohrs/Whiteman/Wislicki • Krantechnik

Bachmann / Cohrs / Whiteman / Wislicki

KRANTECHNIK

Faszination Baumaschinen

Motor
buch
Verlag
spezial

Einbandgestaltung: Dos Luis Santos

Die Originalausgabe erschien 1997 unter dem Titel
" Faszination Baumaschinen - Krantechnik von der Antike bis zur Neuzeit"
im Giesel Verlag GmbH, 30916 Isernhagen

Bildnachweis: s. Seite 256

ISBN-13: 978-3-613-02447-2
ISBN-10: 3-613-02447-0

Spezialausgabe:
1. Auflage 2005
Copyright © by Motorbuch Verlag, Postfach 103743, 70032 Stuttgart
Ein Unternehmen der Paul Pietsch Verlage GmbH + Co.

Sie finden uns im Internet unter www.motorbuch-verlag.de

Innengestaltung: Metrik GmbH, Hannover; Jürgen Knopf, 74321 Bietigheim
Reproduktionen: SCL-Reproduktionen, Hannover; Jürgen Knopf, 74321 Bietigheim
Druck und Bindung: EGEDSA S.A., Barcelona
Printed in Spain

Vorwort

„Wer kennt die Krane, nennt die Namen, die zahlreich hier zusammenkamen?" – Schillers abgewandelte Frage aus einer seiner bekanntesten Balladen soll nicht als Verballhornung der klassischen Literatur verstanden werden. Sie bietet vielmehr einen Anknüpfungspunkt. Zwar geht es nicht um Krane in „Die Kraniche des Ibykus", diese Vögel haben mit ihrer früheren Kranen ähnlichen Gestalt aber Pate gestanden, als diese Maschinenart ihren Namen bekam. Übrigens nicht nur im Deutschen, auch im Englischen und Französischen gibt es diesen Zusammenhang.

Während über Schillers Verhältnis zu den Kranen keine Überlieferungen existieren, hat Goethe, der bekanntlich nicht nur eine Meister der Sprache, sondern auch ein großer Freund der Wissenschaft und Technik war, beschrieben, wo in seiner Zeit Krane eingesetzt wurden. In „Dichtung und Wahrheit" erinnert er sich: „Da schlich man zum Weinmarkte und bewunderte den Mechanismus der Krane, wenn Waren umgeschlagen wurden." Bevorzugte Einsatzorte für jene Krane waren damals Fluß und Seehäfen, in denen Güter aller Art mit drehbaren Schwergutkranen ver- und entladen wurden. Goethe faszinierten zu Recht die raffiniert ausgeklügelten und doch einfachen Mechanismen, die vor der Erfindung der heutigen Antriebe allein mit der Kraft von Menschen und Tieren bemerkenswerte Leistungen zuließen.

Spektakulärer als die Krane auf dem Weinmarkt oder im Hafen waren die Krane und Hebezeuge, die im Bauwesen eingesetzt wurden. Bis weit in das 19. Jahrhundert standen den Baumeistern für das Errichten selbst größter Gebäude nur die bereits von den Ägyptern beim Bau der Pyramiden benutzten mechanischen Grundelemente Hebel, Seil und Rolle, ergänzt um den von den Griechen erfundenen Flaschenzug, zur Verfügung. Schon damit spielten die Hebezeuge in der Menschheitsgeschichte seit Jahrhunderten eine im doppelten Wortsinn herausragende Rolle.

Die Erfindung der elektrischen Antriebe durch Werner von Siemens vor ungefähr 100 Jahren bildete für die Entwicklung der Krane einen revolutionären Einschnitt. Hat damit die Geburtsstunde der modernen Krantechnik geschlagen? Gewiß, aber nur eine Geburtsstunde. Denn wie aller technischer Fortschritt ist auch die Entwicklung der Krane von Generation zu Generation gleichsam eine Folge von Inkarnationen mit dem Streben nach immer höherer Vollkommenheit.

Heinz-Herbert Cohrs und Oliver Bachmann ist es zu verdanken, daß wir Einblick gewinnen können in die Genealogie dieser Inkarnationen – quer durch alle Zeiten und über alle Kontinente. In überwältigender Fülle stellen sie die große Familie der Krane vor, ihre Bauarten und Aufgaben ebenso wie die Menschen, von denen sie erdacht, entwickelt, konstruiert, gefertigt und genutzt worden sind.

Krane symbolisieren Herausforderungen. Wann und wo immer eindrucksvolle Bauwerke zu errichten waren, stets sollten Lasten bewegt werden, die weit über das menschliche Leistungsvermögen hinausgingen. Cohrs und Bachmann spannen einen weiten Bogen vom Versetzen der „Bausteine" für die ägyptischen Pyramiden bis zu den Superlativen der Gegenwart. Mit vielen überraschenden Fakten dokumentieren sie, wie die Menschheit zu allen Zeiten ihre gewaltigen Hebe- und Förderaufgaben gelöst hat. Sie betten ihre Darstellungen in die jeweilige Zeitgeschichte – reich im Detail und passioniert in der Vielfalt. Die Schöpfungen und Leistungen der alten Baumeister und Ingenieure verblassen keineswegs vor den imposanten Zeugnissen der modernen Krantechnik mit optimierten Stahlkonstruktionen, geregelten Antrieben, zuverlässigen Sicherheits- und Servicesystemen und ergonomisch gestalteten Führerständen. Goethe wäre noch immer fasziniert – nicht nur von den Mechanismen, heute auch von der Elektronik!

Wolfgang Poppy   Berlin, August 1997

Inhaltsverzeichnis

Das Buch ist in enger Teamarbeit der Autoren entstanden, die die Aufgaben wie folgt unter sich aufgeteilt haben:
Für die Einleitung sowie die Kapitel 1 bis 4 zeichnet Heinz-Herbert Cohrs verantwortlich. Als Basis für die ersten drei
Kapitel lag ihm ein Manuskript von Prof. Alfred Wislicki vor. Die Kapitel 5 bis 11 stammen aus der Feder von Oliver
Bachmann. Er war ebenfalls für die Recherche der deutschen Krangeschichte zuständig. Die Entwicklung der Krane im
Ausland wurde aufgrund seiner internationalen Kontakte von Tim Whiteman recherchiert.

Die Baukunst
beflügelt den Kranbau

„Von allen Künsten, welche auf der Technik beruhen, ist für das praktische Leben am wichtigsten die Kunst der Flaschenzugmacher (ars manganariorum), nach den Alten auch Mechaniker genannt, denn diese heben große Lasten, welche von Natur unbeweglich sind, in die Höhe, indem sie diese durch kleine Kräfte bewegen", schreibt im 3. Jahrhundert n. Chr. der alexandrinische Mathematiker Pappus über den damaligen Stand der Technik. Schließen wir uns seinen Gedanken an und schreiben die Geschichte der Krane ...

Seit dem Augenblick, als der Mensch den aufrechten Gang erlernte, hat er sich mit dem Heben von Gegenständen abgemüht (Bild 1). Als er zudem noch Werkzeuge nutzen und Bauwerke errichten wollte, war's mit der Bequemlichkeit ganz vorbei: Von nun an wird der Mensch über viele Jahrtausende Lasten heben müssen: von kleinen bis hin zu 1.000 t schweren Steinen, von einfachen Holzbalken bis hin zu riesigen Brückensegmenten, von handlichen Kesseln bis hin zu etlichen Tausend Tonnen wiegenden Industriekomponenten.

Sobald das Heben mit der Hand wegen des Gewichts oder der Höhe nicht reicht, ist der Mensch auf Hebezeuge angewiesen. Die vermutlich älteste Darstellung eines Hebezeuges, das schon wie ein richtiger Kran aussieht, entdecken wir in einem thebanischen Grab aus der ägyptischen Ramessidenzeit. Es zeigt die Bewässerung eines Gartens mit einem Schaduf, einem in den Ländern des Alten Orients seit etwa 3000 v. Chr. weit verbreiteten Hebebalken zum Wasserschöpfen (Bild 2).

Eine ganz wesentliche Rolle in der Entwicklungsgeschichte der Hebezeuge spielt seit jeher – neben dem Materialumschlag in Häfen – die Bautechnik. Die Geschichte der Hebezeuge und Krane in der Bautechnik ist mit anderen Worten die „Geschichte der vertikalen Verlagerung von Baumaterialien".

Schon sehr früh haben unsere Vorfahren den Wunsch, zu bauen – eine Unterkunft, eine religiöse Kultstätte, ein Grab, einen Zweckbau. Und schon sehr früh erreichen die Bauwerke Größenordnungen, die ein äußerst umsichtiges, ausgetüfteltes „vertikales Verlagern", also Heben und Einbauen, verlangen.

Bild 1: „Krafft, ohne Kunst, ist hier umsunst, vielmehr schaft Kunst als Kraft" – schon seit jeher gilt das Heben von Lasten als eine Kunst, als die Hebekunst.

Rätselhaftes Heben und Bauen

Einer der ältesten mächtigen Steinbau-
ten der Menschheit ist die 61 m hohe
und 109 x 125 m große Stufenpyra-
mide des Pharaos Djoser im ägyptischen
Sakkara aus der Zeit um 2750 v. Chr.,
also rund 100 Jahre vor der berühmten
Cheopspyramide, 900 Jahre vor dem englischen Stonehenge und den nordeuro-
päischen Hünengräbern.

Bild 2: Schon seit mindestens 5.000
Jahren bedient sich der Mensch
der Hebezeuge. Hier eine altägypti-
sche Darstellung eines Ägypters am
Schaduf beim Wasserschöpfen.

In dieser Zeit kommt es zu einem abrup-
ten Übergang der Architektur vom Lehm-
ziegel zur Steinbauweise. Warum? Um
wieviel anspruchsvoller werden plötzlich
die Anforderungen an geeignete Hebezeuge …? Als Erfinder dieser Steinbau-
kunst gilt der weise, zum Gott erhobene
Imhotep, der noch Jahrtausende später,
zu Perserzeiten, als Schutzherr der Baumeister verehrt und von den Griechen
Asklepios genannt werden wird. Der
Heilgott, dessen Symbol mit schlangen-
umwundenem Äskulapstab sich als Zeichen des ärztlichen Standes bis ins 20.
Jahrhundert halten wird.

Bild 4: 4 m breite und fast 5 m hohe Stein-
balken auf 134 Säulen, jede 23 m hoch mit
11,2 m Umfang, lassen Menschen (etwas unter
der Bildmitte) und ihr Wissen im 3.400 Jahre
alten Tempel in Ägypten sehr klein erscheinen.

Überall in Afrika, Europa und Südamerika transportieren und heben unsere Bauvorfahren Steine aller Größen und Formen. Beim Bau der Cheopspyramide, hoch wie ein 40 stöckiger Wolkenkratzer, sind es 2,3 Mio. Blöcke, jeder durchschnittlich 2,5 t schwer, die in 206 waagerechten Schichten aufgetürmt sind. Das macht zusammen 5,75 Mio. t, die in nur 23 Jahren Bauzeit gehoben werden. Bei ganzjähriger Arbeit wären dies „nur" 685 t oder 274 solcher Blöcke am Tag (Bild 3).

Tatsächlich wird an den großen Pyramiden aber nicht ganzjährig, sondern nur während der drei bis vier Monate dauernden Nilfluten gearbeitet, wenn also die Bauern ihre Felder nicht bestellen können. Denken wir zudem auch an 12 Stunden Dunkelheit, zeigt uns bequemen Kindern des 20. Jahrhunderts der Taschenrechner, daß hier täglich über 2.000 t und stündlich mehr als 170 t oder 68 Steinblöcke, also mindestens einer pro Minute, anzuliefern, zu transportieren, zu heben, zu senken und an den zahllosen Stellen ebenso korrekt wie dauerhaft einzubauen sind …

Theorien, mit welchen Methoden so etwas wohl zu erreichen war, wird es später fast ebenso zahlreich geben wie zu Pyramidenzeiten Steinblöcke. Trotz vieler Spekulationen wissen wir es 5.000 Jahre später nicht mehr – oder noch immer nicht. Wir haben keinerlei fundierte Informationen, weder über die Baumethoden noch über die Hebezeuge, und keine der Theorien hält genauer Überprüfung stand.

Bild 3: Beim Bau der größten Pyramiden sind – je nach Bautheorie – stündlich zwischen 11 und 68 Stück der jeweils 2,5 t wiegenden Steinblöcke zu heben und einzubauen – dies aber über einen Zeitraum von 23 Jahren…

Und gerade dies verunsichert uns angeblich Wissende, begegnen wir doch fast 42 m hohen, annähernd 1.100 t schweren, steinernen Obelisken oder dem Taltempel des Pharaos Chefren mit den größten je verbauten Steinblöcken – sie messen 6,2 x 6,8 x 4 m und wiegen pro Stück beachtliche 425 t. Im altägyptischen Theben, im 3.400 Jahre alten Tempellabyrinth von Karnak, fühlen wir in einem überwältigenden Wald aus 134 Säulen, jede mit 11,2 m Umfang von sechs Menschen kaum zu umfassen und 23 m hoch, daß der Pyramiden- und Tempelbau auch an die Bautechnik des 20. Jahrhunderts harte Anforderungen stellen würde (Bild 4).

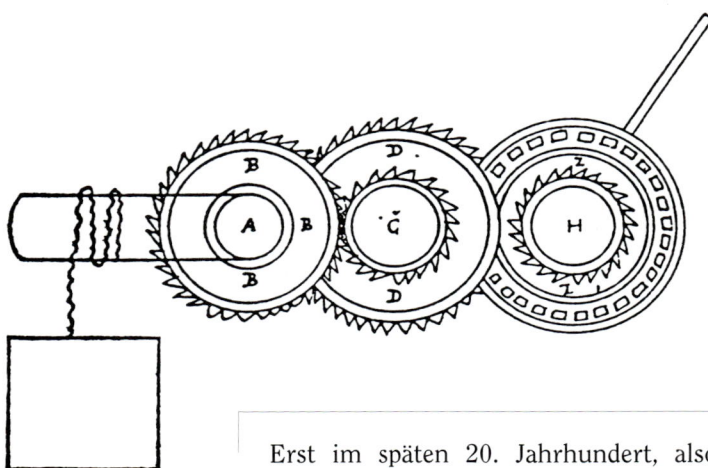

Bild 5: Eine arabische Zeichnung versucht, uns Herons Hebewinde mit Schneckengetriebe, das „Barulkon", zu erklären, das die Hebekraft zweihundertmal vergrößern soll.

Erst im späten 20. Jahrhundert, also runde 3.500 bis 4.500 Jahre später, werden Menschen wieder häufiger ähnlich schwere Lasten transportieren und heben wie im frühen Ägypten. Gab es zwischenzeitlich keinen Bedarf, oder war das Wissen um die nötige Technik abhanden gekommen? Wie auch immer, es kann nicht schaden, beim Beobachten der angespannten Einsatzatmosphäre der modernen Kranriesen des 20. Jahrhunderts an die 200 bis 1.000 t schweren Steinbauteile von damals zu denken. Denn eines wissen wir mit ziemlicher Sicherheit – eine Krantechnik stand frühen Baumeistern nicht zur Verfügung ...

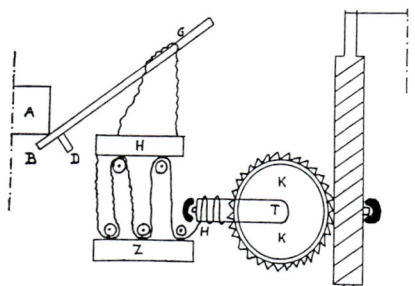

Bild 6: Arabische Interpretation von Herons zusammengesetztem Hebezeug aus Schneckengetriebe, Winde und Flaschenzug zum Heben von Steinblöcken.

Griechische Krane

Unserer Neugier zugänglicher zeigen sich die alten Griechen, denn bei ihnen treffen wir auf die ersten überlieferten Krankonstruktionen. Im griechischen Bauwesen werden Krane etwa seit dem 5. Jahrhundert v. Chr. benutzt. Aus der Zeit um 440 v. Chr. stammen auch die bekannten Reisebeschreibungen des griechischen „Touristen" Herodot, die zwar interessant sind, aber in vielen Punkten später widerlegt werden. Herodot will erfahren haben, daß die immerhin nun schon weit über 2.000 Jahre alten drei großen ägyptischen Pyramiden mittels Hebemaschinen erbaut wurden, die die zahllosen Steinblöcke an kurzen Holzarmen stufenweise hochwuchteten. Solche Hebemaschinen werden auch zu Herodots Zeiten in Griechenland verwendet. Er selbst räumt sogar ein, „in Ägypten ist mir nämlich dies und das erzählt worden".

In einigen Schriften griechischer Gelehrter der klassischen Mechanik, wie Archimedes, wird auf Wirkungen und Kräfte näher eingegangen, nicht jedoch auf die Hebemaschinen selbst. Konkrete Beschreibungen der Krane und theoretische Grundlagen ihrer Anwendung liefert Heron von Alexandrien an der Wende vom 2. zum 1. Jahrhundert v. Chr. In seiner Schrift „Über das Lastenheben" beruft er sich auf eine unbekannte Schrift von Archimedes (287 bis 212 v. Chr.) und notiert: „Einfache Maschinen zum Bewegen einer Last durch eine gegebene Kraft befinden sich in der Anzahl fünf. Das sind ihre Bezeichnungen: Haspel, Hebebaum, Rolle, Keil und endlose Schraube."

Leider haben sich Herons Originalschriften nicht bis in unsere Zeit erhalten, so daß wir arabischen Abschriften aus dem 9. Jahrhundert und einer Reihe deutscher Übersetzungen vertrauen müssen. In den arabischen Abschriften stoßen wir auf interessante Zeichnungen (Bild 5). Gemäß der Abschrift erklärt Heron: „Als Beispiel gebe ich an, daß zum Anheben eines Gewichtes von 1.000 Talenten eine Kraft von nur 5 Talenten gebraucht wird. Das ist wie die Kraft eines Jünglings, der 5 Talente verschieben kann. Das ist also ein Antrieb, der zweihundertmal die Hebekraft vergrößert."

Heron weist in seinen Schriften auf die Zweckmäßigkeit von Schneckengetrieben hin. Auf einer arabischen Zeichnung wird ein aus Schneckengetriebe, Flaschenzug und Winde bestehendes „Hubgetriebe" dargestellt, das Steinblöcke heben kann (Bild 6). Heron geht auch auf einen Mastkran ein, der auf einer Fundamentplatte steht und dessen Mast zu neigen und mit Seilen seitlich gesichert ist. Da, so die deutsche Übersetzung, das Fundament auf Rollen zu bewegen ist, können wir hierin einen Hinweis auf einen der ersten Mobilkrane sehen!

Zum Heben schwererer Lasten dient ein Zweimast-Portalkran, dessen Masten gemäß Heron zur Verbesserung der Stabilität um 1/5 ihrer Höhe nach innen geneigt sein sollen (Bild 7). Auch diese Masten stehen wohl bei Bedarf auf einer mittels Rollen beweglichen Fundamentplatte – demnach ein weiterer mobiler Baukran der Antike.

Wir dürfen nach Heron also davon ausgehen, daß bei den Griechen, wenn nicht sogar weit früher, einfache Bockwinden und Flaschenzüge zur Minderung des Seilzuges häufig verwendet werden. Heron geht sogar ausführlich auf mehrfach gescherte Flaschenzüge mit bis zu elf oberen und zehn unteren Rollen ein. Zum Heben werden in die behauenen Steinblöcke dreikeilige Aufhänger hineingetrieben, denn unterhalb der Last verlaufende Seile behindern ja beim Absetzen.

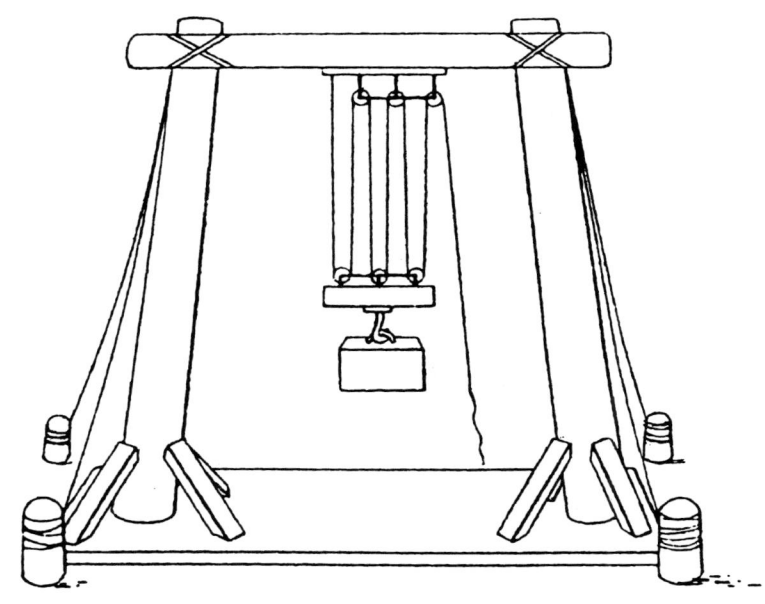

Bild 7: So mag ein altgriechischer Zweimast Portalkran aussehen, sofern alte arabische Darstellungen und Herons Text richtig gedeutet werden.

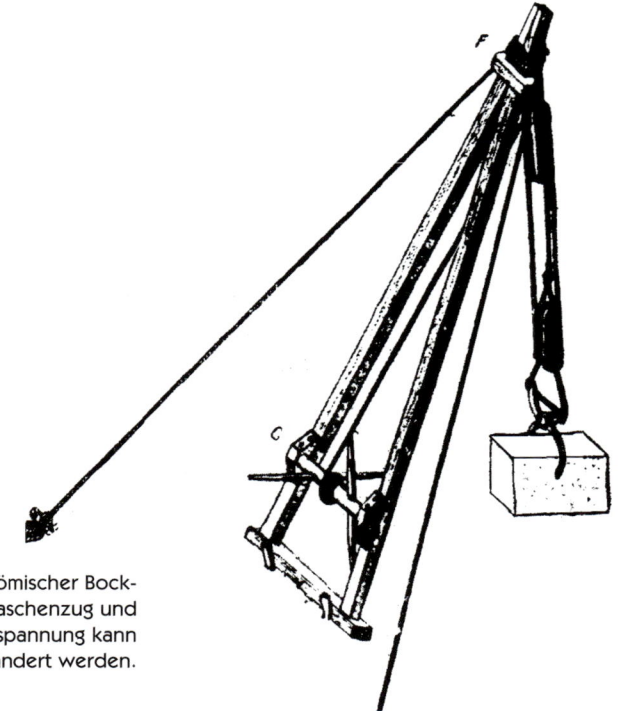

Bild 8: Griechischer und römischer Bockkran mit Haspelantrieb, Flaschenzug und Steinzange; durch die Abspannung kann die Mastneigung verändert werden.

Römische Krane

Wie bei den Griechen ist auch bei den Römern die Säule das wichtigste Element zahlloser großer Bauwerke. Die Säulen werden aus mehreren rund behauenen Steinblöcken zusammengesetzt, einer nach dem anderen aufeinandergestapelt. Dies verlangt sowohl das Anheben als auch präzises Absetzen. Wegen der knappen Säulenabstände ist diese Arbeit nicht mittels Gerüsten und entsprechenden Menschenmassen auszuführen – vielmehr werden Krane mit bemerkenswerter Tragkraft benötigt.

Marcus Vitruvius Pollio, ein römischer Ingenieur und Baumeister unter Julius Cäsar und Kaiser Augustus, beschreibt zwischen den Jahren 27 und 23 v. Chr. in seinem Werk „Zehn Bücher über die Architektur" die in Griechenland verwendeten Krane – neben seinen Aufgaben als Architekt und Stadtplaner, dem Bau von Wohnungen, öffentlichen Gebäuden und Tempeln, neben Gesetzen der Akustik und anderen Baumaschinen. Die Bücher des Vitruv erlangen große Verbreitung und werden bis ins frühe Mittelalter häufig zitiert.

Eine der Vitruv-Abschriften, leider ohne Abbildungen, wird 1414 in der Klosterbibliothek auf Monte Casino wieder aufgefunden. Schon 1486 wird das Werk als siebtes Buch nach Gutenbergs Bibel gedruckt. Durch die nun mögliche Verbreitung erlangen die Bücher des Vitruv sogar Einfluß auf die Architektur der Renaissance.

Bei Vitruv heißt es: „Vor allem erklären wir Maschinen, die selten benutzt werden. Wir besprechen zunächst die, die beim Bau von Tempeln und öffentlichen Bauten wichtig sind. Sie entstehen folgendermaßen. Zwei in ihrem Gewicht angepaßte Balken werden oben mit einer Klammer verbunden und unten auseinander gestellt. Mit Hilfe von Seilen, die oben befestigt und unten verspannt sind, werden sie aufrecht gehalten (Bild 8). Oben wird ein Blockwerk aufgesetzt, auch Rechamus genannt. In das Blockwerk werden zwei Rollen, die sich an kleinen Achsen bewegen, eingeführt ..." Nun folgen ausführliche Erklärungen der Seilführung und -einscherung, von Handgriffen und Haspelwellen.

Die Einteilung der Hebezeuge geschieht gemäß der Seilzüge, also nach dem System von Rollenwerk und Scheiben und der Anordnung der Seile. „Trispastos" heißt das dreizügige, das über zwei obere Scheiben und eine untere läuft, „Pentapastos" das fünfzügige und „Polypastos" das vielzügige. Da nach wie vor griechische Ausdrücke auftauchen, ist davon auszugehen, daß die römischen Krankonstruktionen schon in Griechenland bekannt waren. Weiter erfahren wir von Vitruv: „Wenn Hebemaschinen für größere Lasten gebraucht werden, müssen längere und dickere Balken und im gleichen Verhältnis die oberen Klammern und die Haspelwelle verstärkt werden."

Schließlich beschreibt Vitruv auch schwere Krane als „kunstvolle Maschinenart, die die Arbeit beschleunigt und die nur durch Menschen benutzt werden kann, die mit ihr vertraut sind (Bild 9). Auf diese Weise können Menschen in drei Reihen schnell die Last zum Gipfel befördern, ohne eine Haspel zu benutzen. Diese Maschine heißt Polypastos. Durch die Anwendung vieler Rädchen wird die Arbeit erleichtert und beschleunigt. Die Anwendung eines einzigen Pfahles ist bequem, weil man diese Maschine zuvor in beliebiger Richtung neigen kann, um die Last auf der linken oder rechten Seite abzuladen. Die Maschine findet ebenfalls Anwendung beim Beladen und Entladen von Schiffen. Einige stellt man vertikal, andere horizontal auf Drehscheiben."

Das Fehlen jeglicher Abbildungen im aufgefundenen Werk bewirkt jedoch, daß Übersetzer und Interpreten allerlei eigene Zeichnungen einfügen – die fälschlicherweise später oft als Vitruvs Originalzeichnungen gelten werden. In der französischen Ausgabe Vitruvs zeigt uns der berühmte Ingenieur Perrault einen Einmastkran mit Flaschenzügen. Der emporgehobene 2 x 2 x 1,5 m große Steinblock erscheint mit 12 t Gewicht etwas zu schwer für die Kraft der abgebildeten Arbeiter, die an drei Seilen ziehen.

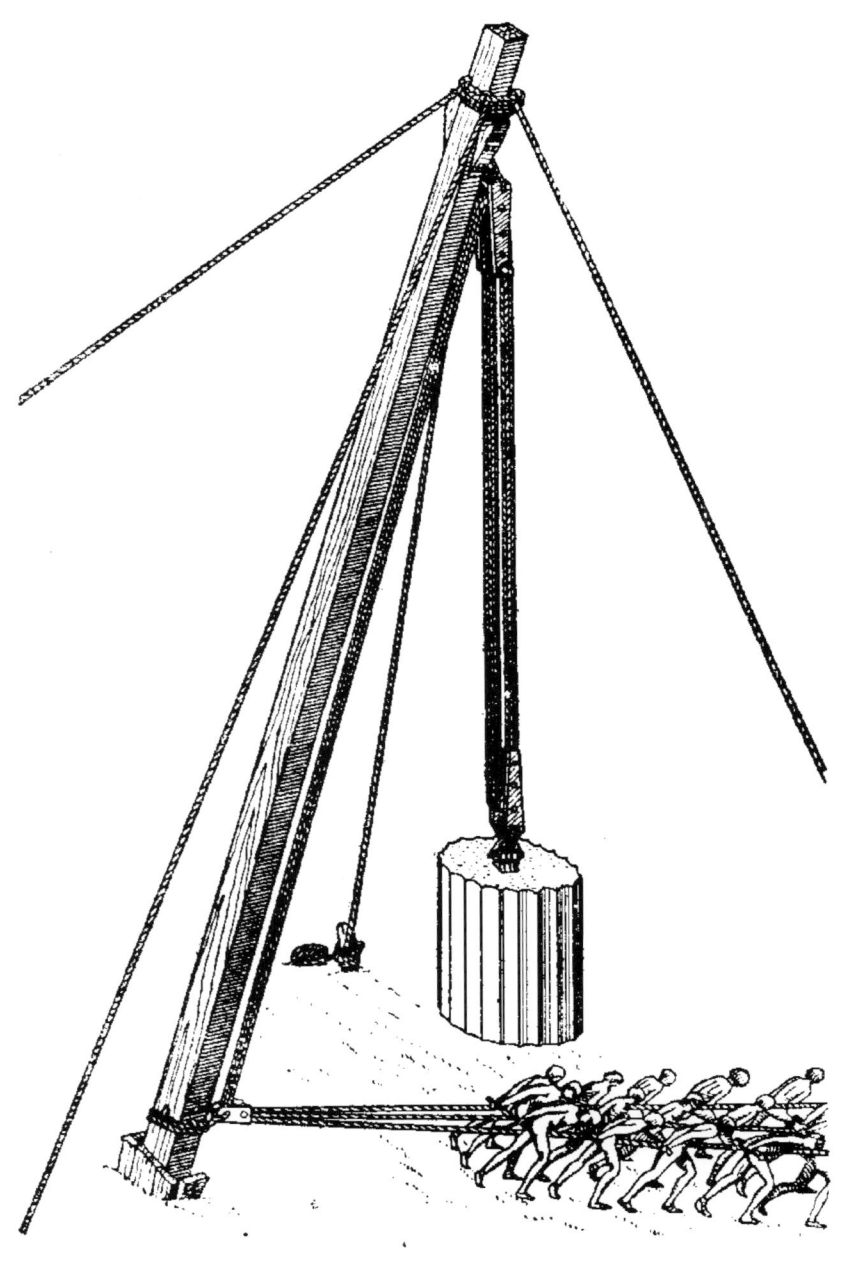

Bild 9: Bei diesem römischen Einmastkran (in der Interpretation der Renaissance) ist durch Veränderung der seitlichen Abspannung eine begrenzte Schwenkbarkeit gegeben.

Der Römer Plinius (23 bis 79 n. Chr.) liefert uns in seiner „Historia naturalis" einen guten Hinweis, wie äußerst schwere Steine, Säulen und Obelisken angehoben und verladen werden können: „Zu Alexandrien stellte Ptolemäus Philadelphus (geboren 309 v. Chr.) einen Obelisken von 80 Ellen auf. Manche berichteten, daß dieser von dem Architekten Satyrus auf einem Boot fortgeschafft wurde. Nachdem Kalisthenes aus Phönizien vom Nil aus bis zu dem daliegenden Obelisken einen Kanal gegraben hatte, seien zwei breite, offene Boote mit fußgroßen Quadern von demselben Gesteine derart beladen worden, daß sie das doppelte Gewicht des Obelisken hatten, und die Boote unter dem auf den beiden Ufern aufliegenden Obelisken hindurch gingen. Nachdem die Quader herausgenommen worden seien, hätten die Boote den Obelisken aufgehoben." – Etwa 1.500 Jahre später beschreibt Leonardo da Vinci das gleiche Verfahren zum Heben von Lasten mittels Wasserauftrieb. Nur wird hier statt der Steinquader Wasser zum Vorbelasten der Boote verwendet.

Die sich über mehrere Jahrhunderte wiederholenden Darstellungen von Einmastkranen deuten auf eine recht breite Anwendung derartiger Baumaschinen hin. Einen interessanten Hinweis erhalten wir auf der Grabplatte der Familie des römischen Baumeisters Hateri aus dem 1. Jahrhundert n. Chr. Denn dort wird ein nach vorn geneigter Mastkran gezeigt, der zweifellos zum Heben größerer Steinblöcke und schwerer Baumaterialien geeignet ist. Die Abbildung des Kranes auf der Grabplatte mag darauf schließen lassen, daß eine derartige Baumaschine geradezu der Stolz, wenn nicht gar die Entwicklung dieses römischen Baumeisters ist (Bild 10).

Gefährliches, ewiges Tretrad

Am Mastende dieses Kranes überwachen zwei Arbeiter die Befestigungen und Blöcke. Die Last hängt an zwei Rollen am Mastende. Das eigentliche Heben der Last übernehmen mehrere Arbeiter in einem großen hölzernen Tretrad von rund 5 bis 6 m Durchmesser. Die wacker in Treträdern laufenden Menschen

werden uns noch über rund 1.800 Jahre begegnen, da Menschenkraft – oder Tierkraft – erst durch die Dampfmaschine abgelöst wird. Eine „Trettrommel" wurde erstmals schon um 230 v. Chr. von Philon aus Byzanz erwähnt. Wie wir im Mittelalter sehen werden, meinen einige Menschen in dieser Zeit sogar, im Tretrad auch ein Sinnbild des Teufels erkennen zu können.

Außerhalb des Tretrades, das auf oben erwähnter Grabplatte dargestellt ist, stehen zwei Arbeiter und halten Seile. Offensichtlich haben sie die Aufgabe, das Tretrad vor einer unkontrollierten Rückdrehung zu bewahren. Schwierig ist der Moment, in dem das Tretrad seine Drehrichtung ändern muß – wenn nach dem Heben das Absenken der Last, vielleicht dann wieder ein leichtes Anheben zum genauen Absetzen erfolgt. Jedesmal müssen die Arbeiter im Tretrad anhalten, sich umwenden und in die andere Richtung gehen. Dies kann das Tretrad in nicht mehr zu bremsenden Schwung bringen und sehr gefährlich werden, sofern die Last nicht zu halten ist und abstürzt …

Wir nur an Motorkräfte gewöhnte Menschen sollten nicht übersehen, welch eine geniale Erfindung das Tretrad eigentlich darstellt: Eine (Hub-)Leistung, wie sie früher Arbeiter beim Rampen- oder Treppensteigen aufwenden mußten, wird nun an einem rotierenden Rad in eine kraftvolle mechanische Drehung umgewandelt, mit der sich ein (Hub-) Seil aufwickeln läßt! Und im Gegensatz zur

Bild 10: Etwa 15 m hoher Mastkran mit Tretradantrieb auf der Grabplatte des römischen Baumeisters Hateri aus dem 1. Jahrhundert n. Chr.

Handwinde kommt das ganze Körpergewicht der sich im Rad bewegenden Arbeiter zur Geltung (Bild 11). Der aufgrund des Raddurchmessers lange Hebelarm hat jedoch auch einen großen Nachteil. Um beispielsweise etwa 10 m Seil aufzurollen, muß der Läufer im Rad runde 200 m zurücklegen.

In der Antike ist alles anders

Die Antike neigt sich dem Ende zu, und wir staunten über die Leistungen ihrer Menschen. Arbeitskraft und -leistung sind in der Antike jedoch stets gleichzusetzen mit Menschenkraft. Viele Menschen können viel bewegen, sowohl ziehen als auch – mittels geschickt ersonnener Umlenkungen – heben. Zwar gibt es in der Antike wesentlich weniger Menschen als in den „dichten" Jahrhunderten, die 2.000 oder 3.000 Jahre später folgen werden, doch gilt ein Menschenleben weit weniger als in der eng besiedelten Welt. Darum kann bei antiken Kraneinsätzen keinesfalls auf beruhigende Sicherheitsvorschriften vertraut werden. Die Folge dürften sicherlich manche schwere, viele Menschenleben kostende Unfälle sein, wenn unerwartet tonnenschwere Steinlasten herabstürzen oder die individuellen Krankonstruktionen mangels Lastmomentbegrenzer plötzlich umschlagen …

Eine Besonderheit des Kranbaus gegenüber allem anderen Maschinenbau liegt in den weitgespannten Abmessungen. Wir sollten deshalb nicht übersehen, daß sämtliche Krankonstruktionen dieser Zeit aus Holz gefertigt sind. Von stählernen, genieteten oder gar geschweißten Auslegern, von Stahlseilen wagen auch die kühnsten Konstrukteure der Antike nicht zu träumen. Mehr als drei Jahrtausende hindurch – von der Antike bis zu Beginn des 20. Jahrhunderts – beherrscht allein das Holz den Kranbau.

Die Krane, die von den Griechen und Römern zum Heben steinerner Säulenabschnitte verwendet werden, haben überraschenderweise etwas mit den Hunderte von Tonnen hebenden Krangiganten des 20. Jahrhunderts gemeinsam: Auch diese frühen Krankonstruktionen werden benötigt, um bereits vorgefertigte, schwere, aus Stein gehaune Bauteile zu heben.

Die arabischen Abschriften der Werke des Griechen Heron und die arabischen Zeichnungen, auch noch aus dem 9. Jahrhundert, geben uns eine Vorstellung vom „technischen Fortschritt" antiker Krane. Die aus Griechenland und dem römischen Reich bekannten Krane halten sich in ihrer Grundkonstruktion über mindestens 1.000 Jahre, wahrscheinlich sogar weitaus länger.

Bild 11: Das Tretrad, hier nach einem römischen Relief der Steinmetzwerkstatt von Lucceius Pekularis zu Capua, wird sich für rund 1.800 Jahre als wichtigste Erfindung im Bereich der Hebezeuge erweisen.

Ohne Unterbrechung, die ganze Weltkugel umspannend, werden uns in der Antike Rätsel aufgegeben: Vom bedeutendsten Denkmal der frühgermanischen Geschichte, dem Grabmal Theoderichs des Großen in Ravenna, wissen wir nicht, wie um 520 n. Chr. der 275 t schwere Steinblock von 11 m Durchmesser zur Baustelle gebracht und dort um 10 m angehoben wird. Ebensowenig wissen wir, über welche Hilfsmittel die Inkas und Mayas für die Errichtung ihrer Riesenbauten verfügen oder wie die großen Menhire oder auch die Steinfiguren auf den Südseeinseln gehoben, transportiert und aufgerichtet werden.

Aber wir wissen, daß das römische Imperium mit den Stürmen der Völkerwanderung im 4. bis 6. Jahrhundert untergehen und Rom sich zu einer bedeutungslosen Provinzstadt wandeln wird. Zerstörte, dem Erdboden gleichgemachte Städte werden nun nicht wieder aufgebaut, sondern bleiben jahrhundertelang als Trümmerhaufen liegen und dienen als beliebte „Steinbrüche". Wer bauen möchte, holt sich irgendwoher fertig behauene Römerquader!

Viele einstige Römerprovinzen gehören jetzt den Alemannen und Franken, Bauernvölkern ohne Interesse an städtebaulicher Kultur. Erst zur Zeit Karls des Großen (764 bis 814 n. Chr.) wird es wieder richtige Städte mit entsprechender Bautätigkeit geben. Nun folgen also erst einmal die vielen dunklen Jahrhunderte bis zum Mittelalter – ohne bemerkenswerte oder überlieferte Krankonstruktionen ...

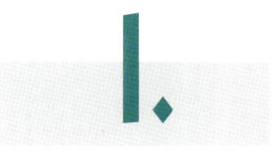

Kathedralen prägen den Kranbau des Mittelalters

800 bis 1499

„Alle Architekten, alle Archäologen, von Viollet-le-Duc bis zu Quicherat, sahen in der Spitzbogenbasilika nichts anderes als einen steinernen Körper. Sie waren Physiologen und Historiker zugleich, doch kamen sie schließlich zu dem, was man als den Materialismus der Baudenkmäler bezeichnet. Sie haben nur die Schale und Rinde gesehen – sie haben ihre Augen bei der Betrachtung des Körpers ausgegeben und die Seele vergessen."

„Und doch haben die Kathedralen eine Seele – das Studium der Symbolik beweist es! Die Symbolik, die Kunst, eine Gestalt oder ein Bild als Zeichen und Ausdruck für einen anderen Gegenstand zu verwenden, ist die führende große Idee des Mittelalters gewesen, und ohne sie ist nichts aus diesen fernen Zeiten erklärlich. Wohl wissend, daß alles hienieden sinnbildlich ist, daß die sichtbaren Dinge und Wesen nach Ausspruch des heiligen Dionysius Areopagita nur sichtbare Abbilder des Unsichtbaren sind, machte die Kunst des Mittelalters es sich zur Aufgabe, Gefühle und Gedanken durch die körperlichen, vermannigfachten Gestalten von Stein und Glas auszudrücken und schuf sich zu ihrem Gebrauche ein eigenes Alphabet. So war denn das Gotteshaus, die Kathedrale, ein Ganzes, eine allumfassende Synthese; sie war die Bibel und der Katechismus, Moral- und Geschichtsunterricht; sie ersetzte

für den des Lesens Unkundigen den Text durch die Bilder", schreibt 1898 der Franzose Joris Karl Huysmans in „Geheimnisse der Gotik".

Diese Sätze – mit dem nötigen zeitlichen Abstand notiert – mögen vielleicht das Denken und Fühlen im Mittelalter kennzeichnen, zumindest, was die damals so bedeutende Baukunst betrifft, die sich deutlich von der heutigen unterscheidet. Uns versetzt nun ein großer Zeitsprung von der Antike ins Mittelalter, vorbei an zahllosen geschichtsträchtigen Tagen, vorbei an neu gegründeten und wieder zerfallenen Reichen, vorbei an der Völkerwanderung, vorbei an erbauten, eroberten und womöglich wieder zerstörten Städten, Festungen, Burgen, vorbei an der unendlichen Reihe namenloser Schicksale. Wenig wissen wir über die Bautätigkeit der Zeit zwischen Antike und Mittelalter, wenig über byzantinische Hebezeuge oder gar Krane.

Doch halt, bevor wir uns den Kranen des Mittelalters zuwenden, sollten wir kurz unseren Blick auf einen byzantinischen Portalkran richten. Im Psalter aus Chludov aus dem 9. Jahrhundert finden wir eine einfache Zeichnung eines solchen Kranes, der für das Aufstellen einer Tempelsäule verwendet wird (Bild 12). Da es keine technische Zeichnung ist, dürfen wir keinen korrekten Maßstab

Bild 12: Byzantischer Portalkran aus dem Psalter von Chludov; gehoben wird anscheinend nur über einen einfachen Seilzug ohne Winde oder mehrfache Scherung.

19

Bild 13: Als wohl erste mittelalterliche Krandarstellung darf dieser Baukran mit Tretrad von 1240 gelten – wie üblich keineswegs maßstäblich gemalt.

Krane werden in der mittelalterlichen Baukunst zumindest vom 11. bis ins 12. Jahrhundert genutzt, erhaltene Zeichnungen stammen aus dem 13. Jahrhundert. Der Charakter der gotischen Bauweise, die in Frankreich entsteht und sich bald über ganz Europa verbreitet, verlangt förmlich den Einsatz von Kranen. Allerdings spielt zu dieser Zeit das Berufsgeheimnis noch eine große Rolle. Eine englische Handschrift von 1390 ermahnt die Lehrlinge, die Ratschläge des Meisters und der Gesellen für sich zu behalten und sie keinesfalls einem Außenseiter zu verraten. Dadurch werden viele Kenntnisse im Mittelalter gar nicht erst aufgezeichnet.

Die größten Städte, wie Paris, Florenz, Venedig und Genua, zählen nicht mehr als 100.000 Einwohner, und Rom, Bologna und London nur etwa 50.000. Kleinere Städte, in denen durchaus auch große, weltbekannte Kathedralen gebaut werden, kommen auf weitaus geringere Einwohnerzahlen. Wieder und wieder wird Europa in diesen schweren Zeiten von der großen Pest heimgesucht. Der überall gellende Schrei „Der Schwarze Tod!" erschüttert Psyche und Lebensweisen der Menschen und Gesellschaften im Mittelalter. Denn immerhin wird besonders in den Städten die Bevölkerungszahl um fast die Hälfte reduziert.

voraussetzen. Anscheinend bedienen mehrere Personen den Kran, der in ähnlicher Form bereits seit Herons Zeiten angewendet wird.

Bislang sind leider keine technischen Beschreibungen bekannt geworden, die die Präzision der Angaben Vitruvs übertreffen würden. Die wenigen, dafür recht glaubwürdigen Informationen entnehmen wir den in mittelalterlichen Texten von Kodexen, Bibeln und Gebetsbüchern verstreuten Abbildungen, auf denen Baukrane zu erkennen sind. Während auch Baubeschreibungen von Klostern und Kirchen einige Angaben liefern, geben die Werke und Notizen berühmter Architekten kaum Hinweise auf Krane.

Trotzdem und vielleicht gerade deswegen erfolgt der „Kreuzzug der Kathedralen". Von der Größe und dem Schwung der mittelalterlichen Baukunst zeugen vornehmlich in Frankreich Kathedralen, deren Architektur und Ausmaße die Menschen bis ins 20. Jahrhundert mit Staunen erfüllen. Zwischen dem 11. und 14. Jahrhundert, also in einer Zeitspanne von etwa 300 Jahren, werden in Frankreich 80 große Kathedralen und rund 500 große Kirchen gebaut. Zu den bekanntesten zählen die Kathedralen in Chartres (Baubeginn 1194, Turmhöhe 109 m), Notre Dame (Baubeginn 1163, Turmhöhe 69 m) und in Amiens (Baubeginn 1221, Turmhöhe 145 m).

Durch die geringe Zahl der Menschen, die am Bau der gotischen Kathedralen beschäftigt werden können, erstreckt sich die Bauzeit oft auf mehrere Jahrzehnte. Wird die Größe dieser Bauwerke in Relation zur Arbeiterzahl betrachtet, erkennen wir, daß die mittelalterlichen Baumeister äußerst geschickt organisieren können, damit der Einsatz menschlicher Arbeit so gering wie möglich ist. Derartiges Organisieren erfordert die Anwendung von Kranen als wichtiges Hilfsmittel.

Dabei stoßen wir auf einen großen Unterschied gegenüber römischen Baustellen: Von den Römern wurden vergleichsweise niedrige, aus schweren Elementen bestehende Bauwerke mit Hilfe zahlreicher Sklaven auf freien Plätzen errichtet, während die Baumeister nun die gotischen, sehr hohen, geradezu emporsteigenden Kathedralen und Kirchen in engeren städtischen Bereichen mit Hilfe von Lohnarbeitern erbauen. Zudem lassen die auf dem Bauwerk zumeist stark beengten Verhältnisse keine größeren Arbeiterzahlen zu.

Diese Bedingungen führen zur Entwicklung spezieller Krane und Bauvorrichtungen. Dazu zählen beispielsweise Auslegerkrane, die direkt auf den bereits fertiggestellten Bauwerksteilen und seltener auf Gerüsten aufgestellt sind, sowie Treträder und Flaschenzüge zum eigentlichen Heben der Lasten. Ähnliche Krane dienen nun auch dem Bau von Schlössern, Burgen, Befestigungsmauern und anderen großen Anlagen.

Ausleger- und Tretradkrane

Eine der ersten mittelalterlichen Zeichnungen, die einen Baukran zeigen, begegnet uns erst im Jahre 1240 (Bild 13). Dieser Kran, der im zeitgenössischen Latein „Verna" genannt wird, besteht aus Pfosten, waagerechtem Ausleger, Rollenzug, Flaschenzug sowie Hubwinde mitsamt Tretrad. Zum Heben diverser Baumaterialien dient ein Korb, der nach der Entleerung mit einem hängenden Seil wieder heruntergezogen wird.

Zeichnungen aus dem 14. und 15. Jahrhundert zeigen uns ebenfalls Krane, die sich auf oder neben den Bauwerken befinden. Gleich zwei Krane werden um 1350 in einem Bild aus der Weltchronik des Rudolf vom Ems dargestellt, eingesetzt beim Bau eines Turmes (Bild 14). Die schrägen Ausleger beider Krane werden durch Balken gehalten und können offenbar geschwenkt werden. Bei dem linken Kran ist ein Tretrad abgebildet, beim rechten Kran gerade noch ein Tretrad zu erkennen. Die zum Anheben der Steinblöcke dienenden Zangen sind bereits aus griechischer und römischer Zeit bekannt, also seit rund 1.000 Jahren. Ähnliche Säulendrehkrane, jedoch durch zwei Spillräder angetrieben, sind auch aus der um 1430 entstandenen Handschrift des „Anonymus der Hussitenkriege" bekannt.

Eine Abbildung in einem tschechischen Bibeltext, ebenfalls von 1350, enthält eine interessante Krankonstruktion, bei der der Ausleger als Wippbalken in seiner Mitte auf einem vertikalen Pfostenkopf befestigt ist (Bild 15). Dadurch steht die Last im Gleichgewicht mit der Zugspannung des Hubseils der Tretradwinde, so daß auf den vertikalen Pfosten nur eine vertikale Kraft wirkt, also ohne krümmende Spannungen. Auf ähnliche Krane treffen wir in der Legende über die Hl. Hedwig, wo 1454 der Bau der Kirche im schlesischen Trebnitz beschrieben ist.

Ein deutlicher Fortschritt in der Konstruktion und Anwendung von Baukranen mit Treträdern wird uns in der deutschen Bibelhandschrift aus den Jahren 1385 bis 1390 mitgeteilt, die für König Wenzel IV. von Böhmen angefertigt ist (Bild 16). Auf dem Bild werden sogar drei Krane der neuen Bauart gezeigt, bei denen das Tretrad – wie bei einem Kletterkran? – aufwärts wandert und zu diesem Zwecke in einer eigenen Rahmenkonstruktion untergebracht ist. Aus diesen und anderen nicht maßstäblichen Zeichnungen darf geschlossen werden, daß jedes Tretrad von einem Mann anzutreiben ist und daß die Ausleger etwa 3 bis 4 m lang sind.

Bild 14: In der Weltchronik des Rudolf von Ems aus dem 13. Jahrhundert wird der Turmbau zu Babel mit zwei tretradgetriebenen Säulenschwenkkranen veranschaulicht.

Auslegerkrane mit Haspelantrieb

Die mittelalterlichen Baumeister wissen durchaus, wie sie ihre Krane den jeweiligen Baubedingungen anzupassen haben. Wo Krane mit geringerer Hubkraft ausreichen oder wo die Baustellenbedingungen die Verwendung von Treträdern verhindern, werden Auslegerkrane mit Haspelantrieb benutzt (Bild 17). Bei diesen Kranen werden die Seile auch durch Kurbeln, meist aber durch große Handräder bewegt. Die Verbreitung der Kurbelgetriebe, in Europa bereits im 13. Jahrhundert bekannt, steigert den Nutzwert solcher Krane.

Schon 1235 schreibt der französische Baumeister Villard de Honnecourt über einen Kran mit Haspelantrieb. Die Krane müssen einen großen praktischen Wert haben, denn wir erfahren: „Bei diesen Hebemaschinen handelt es sich um die besten Bauanlagen. Die Seilwelle der Maschinen kann viele Male gedreht werden, ohne die Hebemaschine umstellen zu müssen."

Auslegerkrane mit Haspelantrieb sind wohl recht verbreitet. Wir finden sie in englischen Illustrationen aus dem 14. Jahrhundert sowie von 1430 und 1472. Hier werden ebenfalls einige Ausleger mittig durch einen vertikalen Pfosten gestützt, wobei die Ausleger auch als gekrümmte Balken geformt sind. Manche dieser Krane verfügen an Pfosten und Auslegern über Sprossen, die den Zutritt nach oben erleichtern.

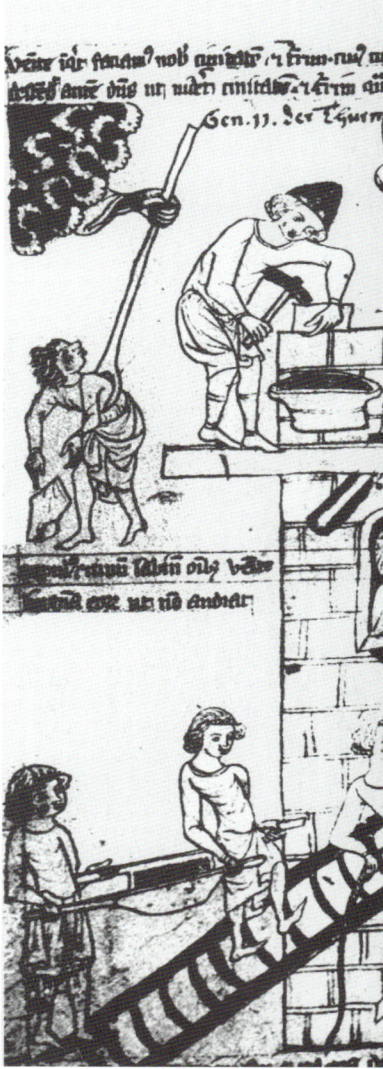

Bild 15: Einen recht fortschrittlichen Hochbaukran mit Wippbalken-Ausleger und Tretradantrieb zeigt uns eine tschechische Bibel aus dem Jahre 1350.

Treträder beim Bau gotischer Kathedralen

Von Treträdern betriebene Hebezeuge sind zweifelsfrei die größten Maschinen auf den Baustellen der mittelalterlichen Kathedralen. Sie werden vorwiegend für den Bau der gotischen Kathedralgewölbe mit 15 bis 16 m Spannweite und 40 bis 49 m Höhe benötigt. Um Holz, Arbeit und Personal einzusparen, wird beim Bau der Gewölbe normalerweise auf Gerüste verzichtet. Deshalb müssen vorgefertigte Holzkonstruktionen wie Gewölbebögen direkt vom Bauplatzniveau auf die entsprechenden Höhen befördert werden.

Für diese und ähnliche Aufgaben werden große Tretradwinden eingesetzt (Bild 18). Derartige Winden sind einfach aufgebaut. Sie setzen sich aus einem großen hölzernen Tretrad und dessen Achse als Seiltrommel zusammen – ähnlich wie zu römischer Zeit. Weil einige dieser Treträder für Umbauten und Renovierungen erneut benutzt werden, bleiben sie in den Dachgeschossen vieler Kirchen und Kathedralen stehen – zur Freude der Menschen, die über sie einige Jahrhunderte später etwas lernen möchten. Beispielsweise wird das Tretrad in der Kathedrale von Canterbury mit beachtlichen 4,6 m Durchmesser auch bei Renovierungsarbeiten im Jahre 1970 noch erfolgreich benutzt!

Bei der Verwendung von Treträdern haben die Baumeister die Wahl zwischen drei Einsatzmethoden: Das Heben von Baustoffen und Lasten mit dem um die Tretradtrommel gewickelten Seil, das Führen des Seils um eine Umlenkrolle über dem Tretrad und schließlich mit einem zusätzlichen Ausleger und einer Haspel. Die Treträder werden auch das Mittelalter überleben und bis weit in das 19. Jahrhundert gelegentlich zum Einsatz kommen.

Für den Menschen des Mittelalters stellen die knarrenden Treträder jedoch manchmal nicht nur etwas Erfreuliches, sondern auch Bedrohliches dar – eine Malerei von 1355 zeigt einen Teufel in einem Tretrad (siehe Bild 48). Viele Menschen sind von der Vorstellung beherrscht, daß der Teufel die Sünder in der Hölle mit Treträdern quält. Deshalb sind einige der vom Teufel betriebenen Treträder mit Messern bestückt. Unter ihnen lodert das Höllenfeuer.

Bild 16: Bei den Tretradkranen aus der „Wenzelsbibel" des 14. Jahrhunderts sind auffällige, neuartige Außengerüste zu entdecken – dienen sie als Klettervorrichtung?

Bild 17: Eine Miniatur aus dem 15. Jahrhundert mit einem handlichen, wahrscheinlich recht verbreiteten Auslegerkran, der auf dem Bauwerk steht und von einer Haspel am Boden angetrieben wird.

Frühe Turmkrane stehen auf Türmen

Aus dem Mittelalter sind einige wenige Darstellungen erhalten, auf denen vergleichsweise sehr große Krane deutlich über das Stadtbild herausragen. In der Meißener Chronik von 1412 sehen wir auf einer Zeichnung über den Stadtbau einen großen Auslegerkran, der beim Bau der Stadtmauer eingesetzt wird. Die Kölner Chronik aus dem Jahre 1499 zeigt uns neben anderen Bildern den Bau von Augsburg, und wir erkennen einen Tretrad-Auslegekran, der sich hoch über die Dächer der Stadt erhebt (Bild 19).

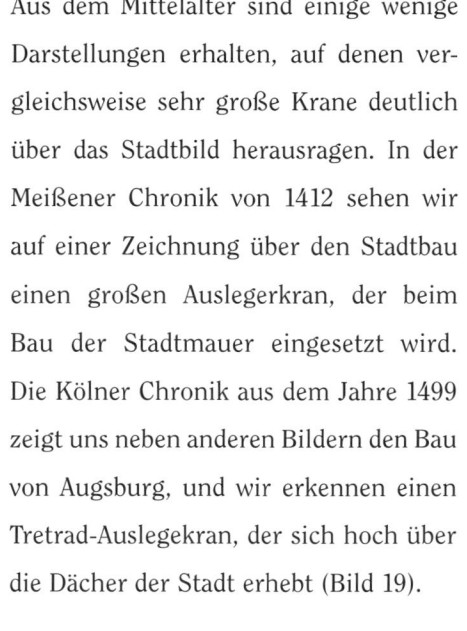

Bild 18: Der Bau gotischer Kathedralen beeinflußt die Entwicklung der Hebezeuge, wobei häufig große Tretrad- oder Haspelwinden im Dachgeschoß stehen und dort auch nach dem Bau verbleiben.

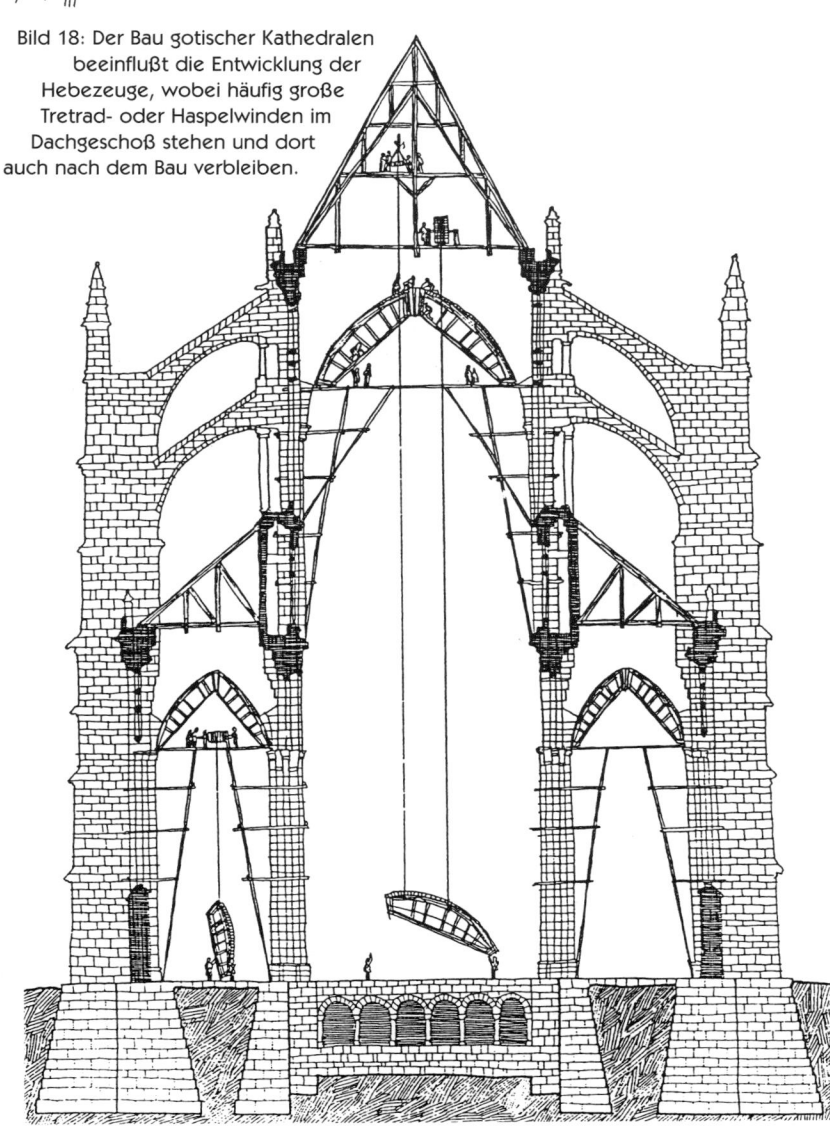

Auf der Zeichnung sieht es so aus, als ob ein Hauptmast mitsamt Tretmühle geschwenkt werden könnte – dann wäre dies in der Tat ein sehr fortschrittlicher Kran. Andererseits haben die Künstler des Mittelalters bedeutende Geschehnisse und Dinge gerne durch Vergrößerung hervorgehoben; wir dürfen solche Darstellungen nicht als maßstäblich betrachten. Da ein großer Baukran in einer Stadt des 15. Jahrhunderts durchaus als ein Symbol für Reichtum und Wohlstand verstanden werden kann, wissen wir leider nicht, ob es sich um einen sehr großen Kran handelt – oder um eine Übertreibung des darstellenden Künstlers, der stolz den technischen Fortschritt präsentieren möchte ...

Ein anderer und sehr berühmter „Turmkran", der Drehkran oben auf dem Kölner Dom, gerät ab 1400 immer wieder ins Blickfeld. Bis ins 19. Jahrhundert wird dieser Kran den größten Teil jener 1,5 Mio. t Gestein heben, die zum Aufbau dieses gotischen Bauwerkes benötigt werden. Als 1347 mit dem Bau der vorderen Turmseite begonnen wird, reichen noch Handwinden und Flaschenzüge. Niemand hat wohl anfangs erwogen, welch ungeheure Schwierigkeiten es bereiten würde, die Steine und Bauteile auf Türme zu schaffen, die 160 m hoch werden sollten. Deshalb wird, als der südliche Hauptturm bei 59 m Höhe anlangt, ein Drehkran zum Heben der bis zu 2,5 t schweren Steine und Figuren errichtet. Mechanik und Statik dieses Kranes basieren weitgehend auf altdeutschen Hafenkranen.

Bild 19: Ein sicherlich nicht maßstäblicher, vielleicht schwenkbarer Tretrad-Baukran mit altbewährter Steinzange beim Bau der deutschen „Stat Augsburch", dargestellt im Jahre 1499.

Ausleger, der das ganze Arbeitsfeld des Südturmes bestreiten kann, um von hier aus auch am Aufbau des Nordturmes und der Kirchenmauern zu helfen (Bild 20). Als ab 1560 die Bautätigkeit ruht, schaut dieser Kran mehr als zwei Jahrhunderte untätig auf die verwaiste Baustelle hinab, und 1693 wird er sogar vom Blitz getroffen. Dank einer großzügigen Spende wird der Kran 1819 für den Weiterbau von Grund auf überholt und die Ausladung auf 17,6 m vergrößert.

Der Domkran, in dessen Innern zwei Treträder untergebracht sind, hat 15,7 m Gesamthöhe und einen 15,4 m langen

Erst am 4. September 1842 wird dieser dauerhafte Kran seine Tätigkeit beenden dürfen, feierlich geschmückt unter dem Jubel tausender Zuschauer, als er einen

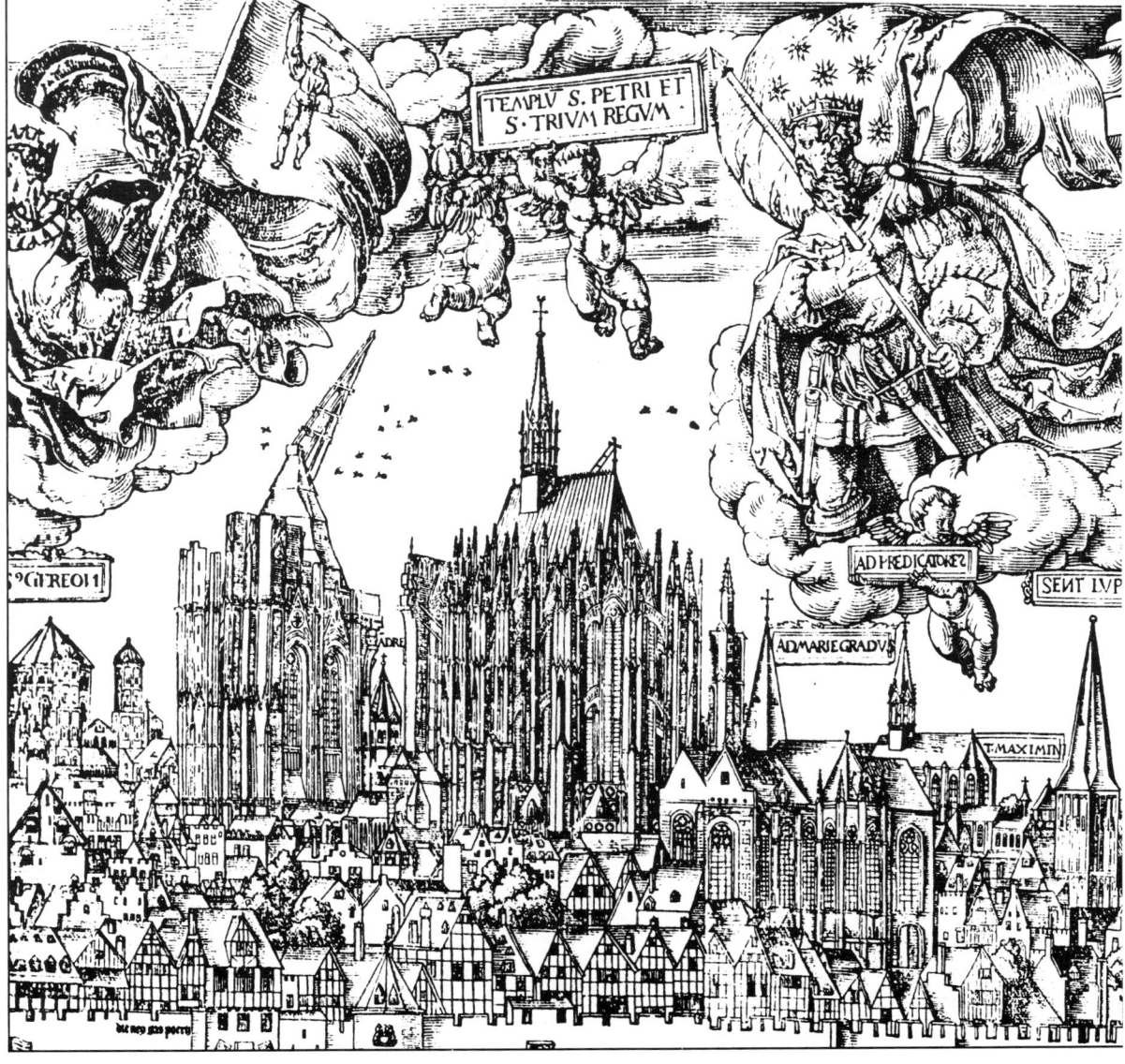

Bild 20: Für mehr als vier Jahrhunderte wird der große Schwenkkran auf dem Kölner Dom zu einem weithin sichtbaren Wahrzeichen der Stadt und damit wohl zum berühmtesten Kran der Geschichte werden – hier ein Holzschnitt von 1531.

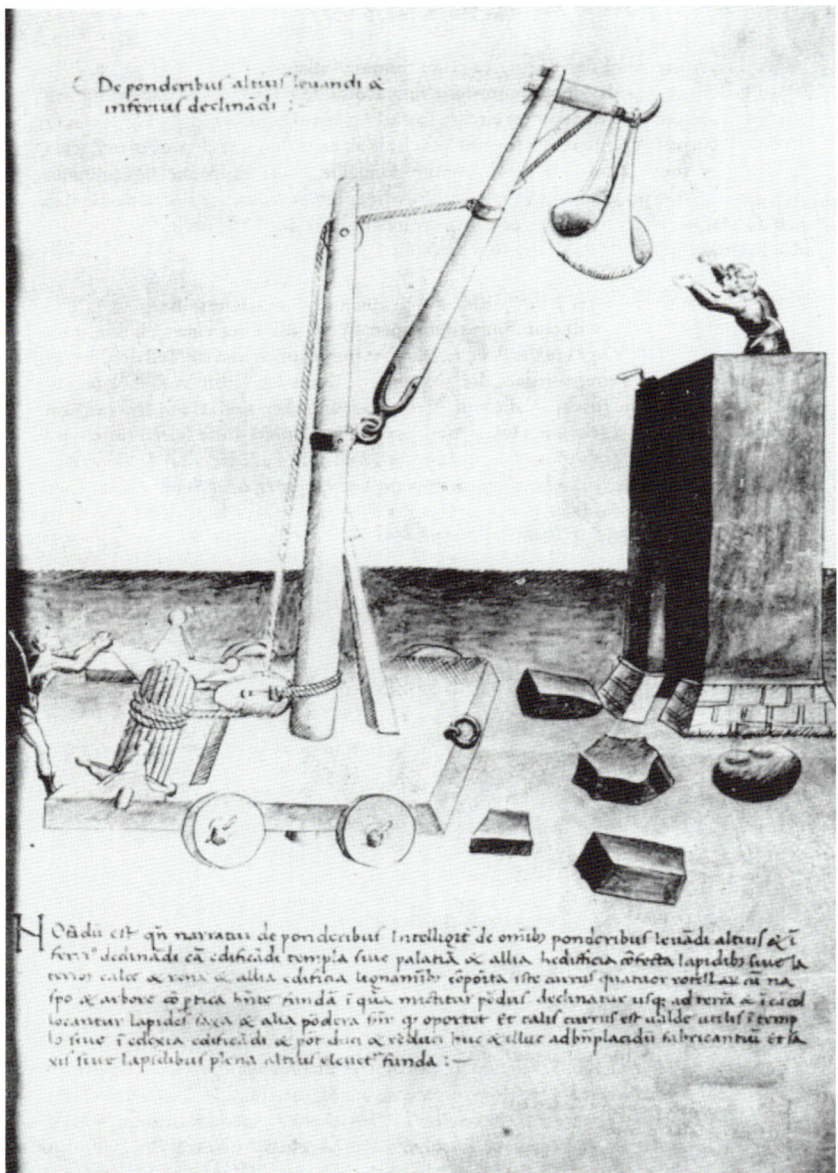

De ponderibus altius leuandi & inferius declinandi:

H Oâdu est qn narratur de ponderibus Intelligit de omibus ponderibus leuadi altius & i ferr' declinade eä ediheade templa siue palana & allia hedihtica coñecta lapidibus siue la emir calce & rena & allia edifitia lignamibus coposita iste autus quatuor vorellax in na spo & arbore co prica huie fundâ i qua mittitur pedus declinatur usq; ad terra & icacel locantur lapides saxa & alia podera sir q oportet & talis curruf est ubilde uellef ferm lo sine fedesia edihende & por dus & redus siue & illue ad hñplacudu fabricantui er fa ui sine lapidibus plena altius eleuet fundă :—

Bild 21: Der italienische Ingenieur Mariano Taccola aus Genua zeigt uns schon 1449 einen echten Mobilkran mit heb- und senkbarem Ausleger und Haspelantrieb.

neuen Grundstein für die Vollendung des Kölner Doms in die Höhe zieht. Zuvor wachte der Ausleger, der Schnabel des „Kranichs", als weitbekanntes Wahrzeichen über der Stadt, und ein ganzes Stadtviertel wird den Namen „Unter Krahnebäumen" erhalten ...

Aus dem Mittelalter erhalten wir auch Nachricht über mobile Krane. Der Militäringenieur Mariano Taccola aus Genua beschreibt im Jahre 1449 einen mit Radfahrgestell in seinem Werk „De rebus militaribus – de machinis" (Bild 21). Bei diesem Kran kann der an einem Hauptmast angelenkte Ausleger abgesenkt werden. Am Auslegerende ist ein Haken angebracht, an dem ein Korb oder Behälter zum Hochreichen von Baumaterialien hängt. Eine Haspel unten am Fahrgestell dient zum Anheben und Absenken des Auslegers.

Wir erhalten von Taccola unter dem Bild eine lateinische Beschreibung: „Zum Bau von Kirchen, Palästen und anderen Objekten müssen Steine, Ziegel, Kalk, Sand und Holz zugestellt werden. Hier stellen wir einen Wagen mit vier Rädern und einer Winde, mit einem Mast und einem Balken versehen, mit Hilfe dessen man Lasten herreichen kann. Der Balken kann bis auf die Erde herabgelassen werden, um die Materialien für den Bau darauf aufzuladen. Unten kann der Wagen hin und her geschoben werden. Durch das Anheben des Balkens können die Baumaterialien nach oben befördert werden."

Von Taccola werden auch ähnliche mobile Krankonstruktionen auf vierrädrigem Fahrwerk beschrieben, die jedoch über einen schwenkbaren Ausleger oder auch über eine seitlich am Fahrwerk angeordnete Tretmühle verfügen. Bei einem solchen Mobilkran für schwerere Lasten laufen die Seile über doppelte Rollenzüge.

Weniger als Baukrane, aber zum Be- und Entladen von Schiffen fungieren fünfrädrige Mobilkrane, bei denen das „Fünfte Rad am Wagen" keinesfalls überflüssig ist, sondern vielmehr beim Heben als rollende Abstützung dient. Mittelalterliche Ingenieure haben demnach den Problemkreis von Kran, Mobilität und Kräftewirkungen weitgehend erfaßt und in ihren Kranen praxisgerecht umgesetzt.

Im Mittelalter entstehen zahlreiche Umschlag- und Hafenkrane, beispielsweise 1337 in Stade (der Kran wird bis ins 19. Jahrhundert betrieben werden!). An dieser Stelle sei auch darauf hingewiesen, daß wir die ebenso interessante Entwicklungsgeschichte der Industrie-, Umschlag-, Hafen- und Werftkrane nicht verfolgen werden, um der „Faszination Baumaschinen" im breiten Feld der Krane so viel Raum wie möglich geben zu können. Nur in Einzelfällen, so bei technischen Meilensteinen, werden wir derartige Krane vorstellen.

Und wir müssen an solche Krane denken, um dem Ursprung des Wortes „Kran" nachzugehen. Schon die ersten langen Ausleger der Umschlagkrane erinnerten an Kraniche, daher auch der Plural „Krane" und nicht „Kräne", und daher auch die Ähnlichkeit in anderen Sprachen. Das englische „Crane" und das französische „Grue" haben jeweils zwei Bedeutungen, nämlich „Kran" und „Kranich". Sogar das griechische Wort „geranos" hört sich ein wenig nach „Kran" an – und heißt nichts anderes als „Kranich" !

Entscheidend ist, daß die grundlegenden Konstruktionen von Baukranen, die bereits in der Antike von Heron und Vitruv vorgestellt wurden, im Mittelalter überleben und uns auch weiterhin begleiten werden, zunächst in die Renaissance. Dies bestätigt den Satz aus Tuchmanns Buch „Der entfernte Spiegel": „ … der Mensch ist immer der gleiche und verliert nichts von seiner Natur, trotzdem sich alles um ihn herum verändert." Und dies betrifft auch Ingenieure und Techniker.

Die Hebkunst lehrt, wie leichter Dingen auch schwere Läst sind fortzubringen

Was kennzeichnet neben vielen anderen Merkmalen eine Industriegesellschaft? Sicherlich die Möglichkeiten zur Serienproduktion – und die gibt es weder in der Antike noch im Mittelalter oder in der Renaissance. Selbstverständlich bietet sich auch nicht der Vorteil, auf detaillierte technische Zeichnungen zurückgreifen zu können. Deshalb muß jeder Baumeister, jeder Zimmermann, jeder Ingenieur konkrete Lösungen für die Bedürfnisse und Möglichkeiten „seiner" Baustelle finden.

Eine universelle und außergewöhnlich fruchtbare wie auch schnelle Entwicklung von Ideen, Lehren, Künsten und menschlichen Aktivitäten taucht zu Beginn des 15. Jahrhunderts in Italien unter der Bezeichnung „Renaissance" auf – als in Mitteleuropa noch spätes Mittelalter und gotischer Baustil herrschen. So überdecken sich im 15. Jahrhundert die beiden kulturellen Epochen; eine technische Trennung läßt sich nicht mit dem Kalender in Einklang bringen. Die technische Entwicklung läßt sich eher mit den geographischen Regionen verbinden.

Bild 22: „Augenscheinliche Fürmalung des obgedachten bast gebräuchlichen und schnellen Zugs nach der Lehr Vitruvii", so stellt sich 1547 Walter Ryff in „Vitruvius Teutsch" die römische Hebetechnik vor.

Im Rahmen der Renaissance bildet sich in der Architektur eine neue Richtung. Man baut Städte, Schlösser, Kirchen, Häuser, Häfen und Kanäle in Anlehnung an den neuen Stil. Bestimmte Baumethoden entstehen und in der Folge auf diese angepaßte Krane und Hebeeinrichtungen. Außerdem wird Ende des 15. und in der ersten Hälfte des 16. Jahrhunderts die Herstellung von Zahnradgetrieben bedeutend vervollkommnet, was für einen kleinen Entwicklungsschub in der Krantechnik sorgt.

Die Baumethoden der Renaissance werden sich bis in die Mitte des 18. Jahrhunderts erhalten, vereinzelt noch länger, und dies trotz der Änderungen in der Architektur des Barock und Klassizismus. Vom technischen Gesichtspunkt ähneln sich die Hebezeuge, so daß der Fortlauf der Jahrhunderte in diesem Zeitraum keinen unmittelbaren Einfluß ausübt.

Die Informationen über Krane und Hebezeuge fließen uns in der Renaissance sehr viel reicher und aussagekräftiger zu als im Mittelalter. Häufig berichten nun Fachleute über Maschinen und Projekte, nicht aber Künstler. So erscheinen in der Renaissance zahlreiche Quellenwerke über Bau und Architektur, über Maschinen und Baukrane. Die Dokumentation wird bei vielen Bauarbeiten klar und tiefschürfend geführt, aber mit künstlerischem Wert im Renaissance-Stil und damit in gänzlich anderer Form als im 20. Jahrhundert.

Nach Angaben des vatikanischen Ingenieurs und Baumeisters Domenico Fontana (1543–1607), dem wir in diesem Kapitel erneut begegnen werden, ist ersichtlich, daß den Baufachleuten der Renaissance Mittel und Hebezeuge zur Verfügung stehen, um schwerste und größte Bauelemente von bis zu 350 t Gewicht heben und aufstellen zu können. Für ein solches Vorhaben werden einzelne Arbeitsgänge mit bis zu 1.000 Menschen präzise, sicher und perfekt durchgeführt. Für architektonische Zwecke unternimmt man in dieser Zeit so schwere Aufgaben wie das Verschieben eines Obelisken um 250 m Distanz. Überliefert

sind uns Seillängen von 300 bis 400 m und Seildurchmesser bis 80 mm.

Die wichtigsten Zugorgane der Krane sind Hanfseil und Kette. Obwohl das Material für Hanfseile größtenteils nach Europa eingeführt werden muß, sind Hanfseile in diesen Jahrhunderten billiger als Ketten, denn es ist noch nicht

möglich, Eisen gleichmäßig genug zu schmieden, um daraus vernünftige Förderketten zu fertigen. Außerdem ist das Eigengewicht einer eisernen Hubkette natürlich sehr hoch, was die mögliche Kranlast schmälert. Ob Hanfseil oder Kette – verschiedentlich „eysern Seyl" genannt – verwendet wird, liegt in erster Linie in den Fähigkeiten des örtlichen Schmiedes begründet, ob er brauchbare Ketten anfertigen kann – oder leider nicht ...

Bild 23: Auch Lorenzo Cesariano versucht um 1521, die Hebezeuge von Vitruv aus römischer Zeit nachzuempfinden, so Flaschenzüge und neigbare Ausleger mit Haspelwinde.

Vitruvs Entwürfe und mittelalterliche Krane

Einen großen Einfluß auf die Ingenieure und Baumeister der Renaissance übt das nunmehr in seinem Ursprung mehr als 1.500 Jahre alte Werk „Zehn Bücher über die Architektur" des Römers Vitruv aus, von dem wir bereits in der Antike lasen. Die 1414 im Kloster von Monte Casino aufgefundene Abschrift sorgt für große Aufmerksamkeit, die 1486 von Gutenberg gedruckten Exemplare nicht minder. Bis 1575 erscheinen mehrere gedruckte Ausgaben, von denen jede nicht nur den aufgefundenen Text Vitruvs in lateinischer Sprache und Übersetzung enthält, sondern auch weitere Kommentare, Erklärungen und Hinweise. Der Straßburger Arzt und Mathematiker Walter Ryff gibt 1547 die erste deutsche Ausgabe in Nürnberg heraus (Bild 22). Dies sind zwar echte Lehrbücher – aber, wie bereits erwähnt, leider nicht mit Originalzeichnungen, sondern mehr oder weniger guten Abbildungen, die von den Herausgebern nach Belieben hinzugefügt werden (Bild 23).

Auf seinem berühmten Bild des Turmbaus zu Babel aus dem Jahre 1563 zeigt uns Pieter Breughel d. Ä. mittelalterliche Baukrane und Bauwinden. Die Genauig-

keit seiner Darstellung zeugt davon, daß er ähnliche Maschinen selbst bei Bauarbeiten beobachtet haben wird, um sie im Bild malen zu können. Dazu zählen ein Auslegerkran mit Haspel und ein Tretradkran mit zwei Treträdern (Bild 24). Der vermutlich drehbare Ausleger ist ummantelt, die von jeweils drei Arbeitern bedienten Treträder sind nicht vor der Witterung geschützt. Eine große Tretradtrommel, um die das Seil außen gewickelt wird, wirkt hingegen nicht ganz realistisch, da das außen geführte Seil leicht abrutschen könnte.

Auch noch ähnlich den mittelalterlichen Kranen ist ein Mastkran mit Haspel beim Palastbau um 1510 bis 1515, dargestellt auf einer Zeichnung des florentinischen Malers Pietro di Casimo (Bild 25). Zur Angleichung an die Baumethoden der Renaissance werden die mittelalterlichen Krane geändert und verbessert, vornehmlich transportable Krane, die auf dem in die Höhe wachsenden Rohbau

Bild 24: Pieter Breughel d. Ä. zeigt 1563 bei seinem Turmbau zu Babel zeitgenössische Krane wie einen gewaltigen Tretradkran, ein als Hubtrommel arbeitendes Tretrad und mehrere Auslegerkrane.

Bild 25: Einfacher Einmastkran mit Haspelantrieb beim Palastbau auf einer Zeichnung von Pietro di Casimo um das Jahr 1510.

aufgestellt werden können. Der Ausleger solcher Krane kann sich um die vertikale Säule drehen, zum Antrieb dient ein Tretrad, das dank einer Überdachung sogar vor Regen schützt.

Einen Auslegerbockkran zeigt uns im Jahr 1564 der spanische Ingenieur Juanelo Turriano (Bild 26). Die Trommel des Tretrades ist so gestaltet und angeordnet, daß sich die vertikale Säule mitsamt Ausleger drehen und trotzdem das Seil auf- oder abgerollt werden kann. Beim Bau des Escorialpalastes bei Madrid werden mindestens zehn dieser Krane eingesetzt – vielleicht einer der ersten „Kranwälder" der Geschichte …?

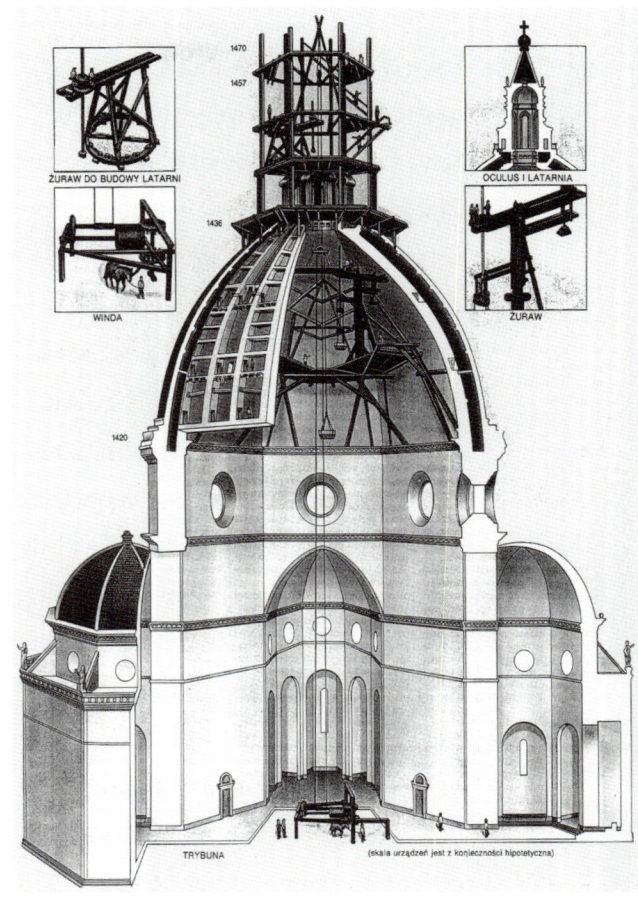

Kuppelbau des Doms zu Florenz

Zeitlich müßten wir nun eigentlich ins Mittelalter zurückkehren, doch Filippo di Ser Brunelleschi (1376–1446) rät uns, diesen Abschnitt aus dem Blickwinkel der Bautechnik zu betrachten und deshalb besser die zeitgleiche Frührenaissance in Florenz zu besuchen. Brunelleschi gewinnt 1420 einen Wettbewerb, der für den Kuppelbau des großen Doms Santa Maria del Fiore ausgeschrieben wird. Es gibt Probleme bei der Abdekkung der zentralen achteckigen Rotunde von 60 m Durchmesser – der Bau des ursprünglich vorgesehenen Holzgerüstes erweist sich als zu aufwendig und daher zu teuer.

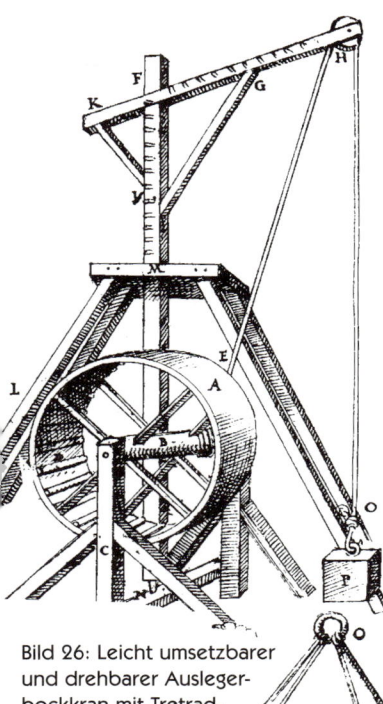

Bild 26: Leicht umsetzbarer und drehbarer Auslegerbockkran mit Tretradantrieb von 1564 vom spanischen Ingenieur Juanelo Turriano.

Brunelleschi stellt nun ein Modell einer achteckigen Doppelhülle vor, das ohne Gerüst auskommt. Ermöglicht wird dies durch eine selbsttragende Verbindung beider Hüllen in allen Bauetappen. Nach außen hin bildet die Hülle das Dach und gibt dem Dom die plastische Form, die innere Hülle wird das Gewölbe für das Zentrum des Doms. Diese Methode ist eine „Mutprobe" für Brunelleschi, aber seine Konstruktion wird zum „Prototyp" für viele Kuppelbauten der Renaissance.

Buonoccorso Ghilberti fertigt nach Beendigung der Bauarbeiten Zeichnungen der Maschinen an. Als Hauptmaschine dient eine große Winde, die in der Mitte unter der Kuppel aufgestellt wird und während der ganzen Bauzeit stehen bleibt (Bild 27). Ein Pferd dreht an einer etwa 4,5 m langen Deichsel den Göpel. Das nach oben beförderte Material wird nun von einer Hebeschraube übernom-

Bild 27: Anordnung der Hebezeuge beim Bau des Doms zu Florenz zwischen 1420 und 1470 mit Göpelwinde, Schraubenkran mit Schwenkausleger und Kran zur Kuppelmontage.

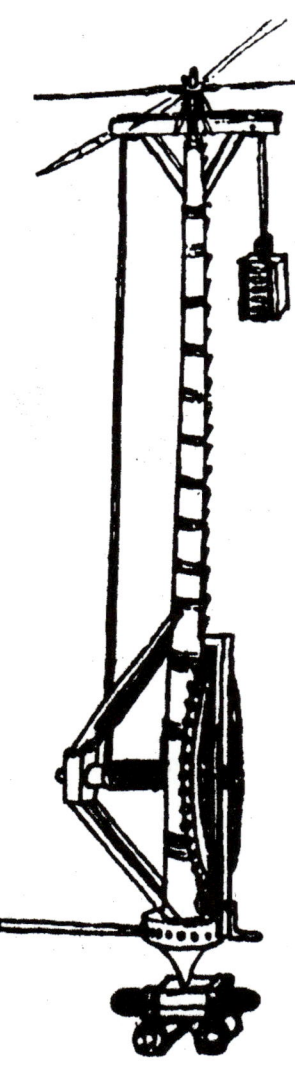

men, die auf einem Podest steht. Dank des Schneckenmechanismus können Lasten ohne aufwendige Brems- und Feststelleinrichtungen beliebig lange gehalten werden.

Zum Bau der gläsernen „Laterne", die die Kuppel krönt, entwickelt Brunelleschi einen weiteren Schraubenkran mit einem Schwenkausleger. Auf diese Weise wird der gesamte Kuppelbau mechanisiert. Jede von Brunelleschi konstruierte Maschine stellt ein reifes Ingenieurswerk dar. Bestimmte Teile wie Finger und Bolzen sind sogar auszuwechseln, um einen reibungslosen Betrieb über wenigstens 50 Jahre Bauzeit zu ermöglichen. Die Maschinenteile werden nach seinen Zeichnungen angefertigt und von außerhalb nach Florenz gebracht, wobei bis zuletzt das Konstruktionsgeheimnis bewahrt bleibt. Übrigens, das große Interesse an den Konstruktionen Brunelleschis wird auch dadurch bezeugt, daß Leonardo da Vinci die Zeichnungen Gilbertis in nur wenigen Jahren kopieren wird …

Leonardo da Vincis Entwürfe

Der typische Kran des 15. und 16. Jahrhunderts ist der mobile Säulenkran mit kleinem Ausleger. Das wohl erste Bild eines derartigen Kranes fertigt Leonardo da Vinci an (Bild 28). Deutlich sehen wir, daß die eigentlich freistehende Kransäule durch vier Querverspannungen oben am Säulenende gehalten wird. Eine Stange am Mastfuß erleichtert das Schwenken dieses vielleicht ersten echten Turmdrehkranes. Die gesamte Konstruktion wird bei Bedarf auf einen

flachen Holzwagen aufgebaut und wandelt sich so zu einem mobilen Hochbaukran.

Diese Krane werden von Leonardo da Vinci (1452–1519) ausführlich erklärt und finden breite Anwendung. In Anlehnung an ein Werk von Nicolo Zabaglia, in dem die Einrichtungen beim Bau der Basilika St. Peter in Rom beschrieben werden, gibt Waclaw Sierakowski, Probst der Krakauer Kathedrale, im Jahre 1759 ein Werk mit dem Titel „Kraftmaschinen oder die Einsparung der menschlichen Gesundheit, um große Lasten zu heben" heraus. Dort wie auch in Zabaglias Werk stoßen wir auf eine Zeichnung eines großen Säulen-Auslegerkranes, sehr ähnlich zu der Darstellung Leonardo da Vincis (Bild 29).

Sogar die vier Verspannungen der Hauptsäule stimmen überein. Mittels einer Verspannung läßt sich auch die Säulenneigung variieren. Beeindruckend ist die klare Darstellung des mehrfach gescherten Flaschenzuges. Die zur Verstärkung wirkenden Überlaschungen sind nicht genagelt, sondern mit Seilen gebunden, da man annimmt, daß Nägel die Bretter und Balken schädigen. Immerhin kennt noch niemand nichtrostendes Eisen …

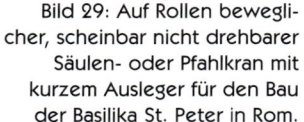

Kehren wir von 1759 zu Leonardo da Vincis Zeit zurück, denn wir wollen keinesfalls zwei seiner zahlreichen Kranentwürfe übersehen, zunächst einen großen schwenkbaren Auslegerkran zum Transport von Steinblöcken, gedacht für den Fundamentbau (Bild 30). Auf einem

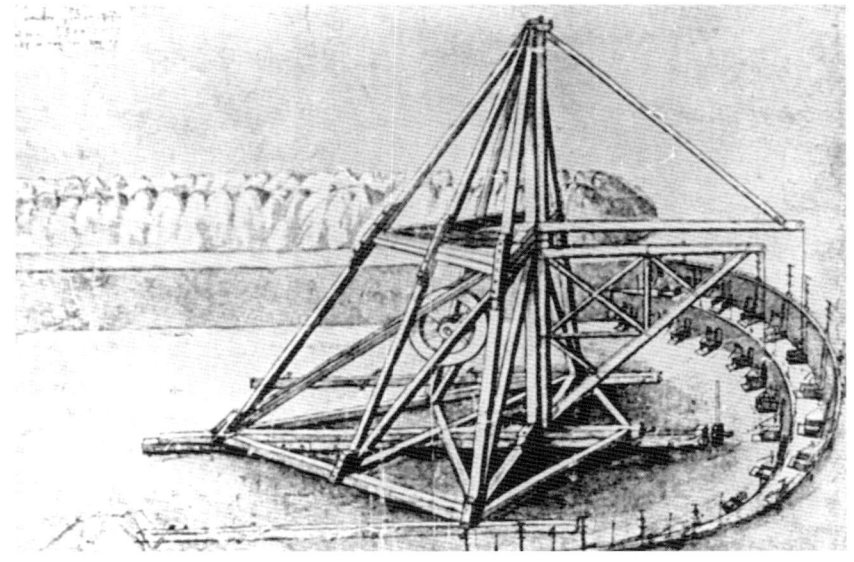

Bild 30: Bereits maßgeschneidert für bestimmte Baustellenbedingungen ist Leonardo da Vincis auf Holzschienen verfahrbarer Tretradkran mit zwei unterschiedlich langen, schwenkbaren Auslegern.

mobilen Rahmen, einem Derrickkran nicht unähnlich, ordnet er gleich zwei schwenkbare Ausleger an. Die Ausleger sind zwar nicht neigbar, dafür aber dem Bauvorhaben angepaßt von ungleicher Länge, und, um das Überschwenken zu ermöglichen, oben oder unten abgespannt. Ein ebenso interessanter Kran zum Verlegen von Steinblöcken verfügt ebenfalls über zwei Ausleger, hier jedoch direkt gegenüberliegend – dies dürfte die Dauer der Arbeitsspiele erheblich verkürzt haben! Schließlich zeigt uns da Vinci auch den ersten regelrechten Drehkran (Bild 31).

Bild 31: Ein früher Drehkran, dessen Drehscheibe sogar auf mehreren Rollen gelagert zu sein scheint, mit Ballastblock als Gegengewicht zum Bau von Kaimauern, gezeichnet von Leonardo da Vinci.

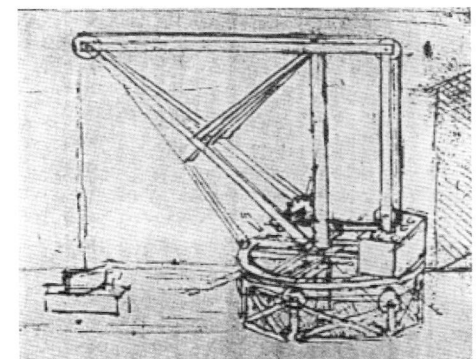

Von Martini über Ramelli, Bessoni und Zonca bis Agricola

Aus den Werken des italienischen Ingenieurs Francesco di Giorgio Martini sind uns aus der zweiten Hälfte des 15. Jahrhunderts Hunderte von Transporteinrichtungen, Hebezeugen, Anlagen zum Umpumpen von Wasser und vieles mehr erhalten. Martini zeigt von Pferden oder Ochsen betriebene Winden und verschiedene Hebezeuge, die in erster Linie auf Schnecken- und Schraubengetrieben basieren. Sogar leicht schräg stehende Seiltrommeln, die das Aufwickeln des Seiles erleichtern, finden Berücksichtigung.

Ein recht kompliziert wirkender Kran von Martini ist in der Lage, sämtliche am Bau benötigten Bewegungen, wie Heben, Verschieben, Schwenken der Last und Verfahren des kompletten Kranes, auszuführen (Bild 32). Ähnliche Maschinen stellt uns auch Guilano de San Gallo zu ähnlicher Zeit vor.

Umstrittenen technischen Wert besitzen die berühmten Zeichnungen und Beschreibungen des italienischen Ingenieurs Agostino Ramelli (1531–1608) aus seinem Werk „Le Diverse et Artificiose Machine del Capitano Agostino Ramelli", das 1588 in italienisch und französisch erscheint. Deutlich stellt Ramelli die Denkweise der Baumeister der Renaissance dar, und seine künstlerischen Zeichnungen besitzen bereits Merkmale technischer Zeichnungen. Viele seiner Zeichnungen werden später auch von anderen Autoren benutzt werden.

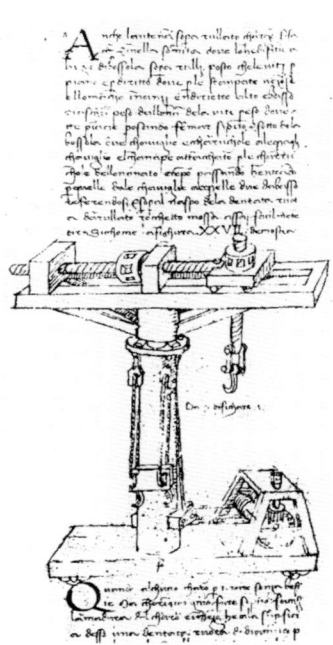

Bild 32: Eine mittels Schraubspindel bewegliche Laufkatze und damit auch eine mechanische Ausladungsverstellung führt uns der italienische Ingenieur Martini vor.

Bild 33: 1588 veröffentlicht der italienische Ingenieur Ramelli in seinem Werk zahlreiche Kupferstiche mit Hebezeugen aller Art, hier eine einfache Seilwinde mit Zahnradgetriebe.

So zeigt das mehrbändige Werk von Hermino Grosso, das 1607 in Leipzig erscheint, mehrere Zeichnungen, die mit denen von Ramelli identisch sind …

Ramelli strebt nach Erhöhung der Windenlast, die natürlich begrenzt ist, da die meisten Winden nach wie vor mit Menschenkraft betrieben werden. Ramelli propagiert in seinem Werk die Kombination von Seil-, Zahn- und Schneckengetrieben, die mittels Haspel, Tretmühle oder Treträdern anzutreiben sind. Dabei schlägt er jedoch auch allerlei kinematische Spielereien und bisweilen sogar Konstruktionen vor, bei denen die Drehmomente an der Handkurbel nicht einmal zur Überwindung der Reibungskräfte gereicht hätten …

Jacob Leupold – wir werden seine Werke bald kennenlernen – wird in kaum hundert Jahren über Ramellis Entwürfe schreiben, „daß es nur Luft Schlösser seyn, und diejenigen, so solche inventiret, nicht gewust, was sie gethan, wie es heute zu Tage noch mit vielen so hergehet, die da vermeinen, wenn sie in einem alten Theatro was erschnappet, sie haben nunmehro Weissheit gefunden, und wollen es dem Archimede selbst zuvorthun."

Eine Illustration Ramellis zeigt uns eine Hubwinde mit Zahnradgetriebe, die durch eine Tretmühle gedreht wird (Bild 33). Eine gänzlich andere Windenbauweise wird mittels Tretrad angetrieben (Bild 34). Auffällig ist auch eine Windenkonstruktion mit zwei Trommeln, die abwechselnd Bauelemente und Materialien heben können. Dieses zeitsparende Doppelhebezeug wird ausgeklügelt durch Zahnräder, Schneckengetriebe und Handkurbel betätigt (Bild 35).

Ramelli ersinnt nicht nur Winden und daraus abgeleitete Hebezeuge, sondern auch einen echten Hochbaukran, auf dessen zwar kurzem, aber schwenkbaren Ausleger samt Gegenausleger eine Winde mit Schneckengetriebe untergebracht ist (Bild 36). Die Seile wickeln sich bei

Bild 35: Gegenläufige Doppelseilwinde von Ramelli, mit der Lasten wechselseitig anzuheben sind. Reibkräfte von Zahnrädern, Schnecken und zahlreichen Lagern müssen auch überwunden werden …

diesem Kran auf zwei Trommeln. Mittels Tretmühle und großer Seiltrommel läßt sich der Ausleger weich und genau schwenken. Der gesamte Kran ist aus Holz, nur die Drehachse des Auslegers ruht in einer Metallfassung.

Mehrere untypische Krane mit langen, schwenkbaren Hebebäumen, allerdings mehr für Umschlag- und Werftarbeiten, stellt der italienische Ingenieur Jacobi Bessoni 1569 in seinem Buch „Theatrum instrumentarum et machinarum" dar. Fraglich ist, ob diese Krane aufgrund ihrer leicht erscheinenden Konstruktion und langen Hebebäume praktische Anwendung finden. Ungewöhnlich ist auch ein großer, von einer Tretmühle betriebener Kran, dessen Hubseil sich an einer schätzungsweise 5 m hohen, vertikalen Schraube auf und ab bewegt.

Der Architekt und Stadtbaumeister des italienischen Padua, Vittorio Zonca (1568–1612), zeigt uns in seinem „Nova theatro" von 1607 einen recht großen Drehkran, der sich wesentlich von anderen Drehkranen unterscheidet, da sich der Ausleger und zwei Windenräder – als Gegengewicht wirkend – gemeinsam um eine Achse drehen (Bild 37). Nach der

Bild 36: Auf Rollen mobiler, schwenkbarer Turmkran, ebenfalls von Ramelli. Eine Haspel dient zum Schwenken, eine Kurbel oben auf der „Drehbühne" zum eigentlichen Lastheben.

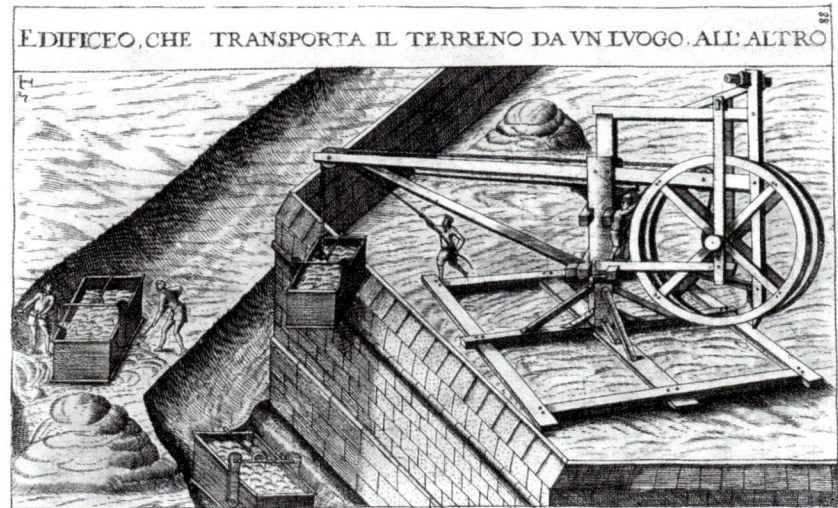

Bild 37: Zwei riesige Windenräder schwenken als Gegengewichte bei dem Kran Zoncas von 1607 um eine Achse. Jeweils ein Erdkasten wird bei großer Untersetzung langsam gehoben, während die Arbeiter den nächsten füllen.

19. und frühen 20. Jahrhunderts häufig benutzten Klappkastenkrane handelt.

Interessante Vorrichtungen und Maschinen für den Bergbau stellt um 1550 Georgius Agricola in seinem zehnbändigen Werk „De re metallica" vor. Darunter ist ein Schwenkkran mit Kurbelantrieb, der zur besseren Festigkeit auch oben an einem Balken angelenkt ist, uns aber mit einer frappierenden Neuigkeit überrascht – die Ausladung ist über eine feststellbare Laufkatze beliebig verstellbar (Bild 38).

Darstellung sieht es so aus, als ob die beiden großen Windenräder wie überdimensionale Haspeln per Hand von einigen wenigen Arbeitern gedreht werden. Beachten wollen wir auch, daß es sich bei diesem Kran um einen direkten Vorläufer der im Tiefbau des späten

Bild 38: Agricolas Schwenkkran mit Kurbel-antrieb – zwar nicht für den Bau, sondern für die Hüttenindustrie bestimmt – verfügt bereits über eine mechanisch feststellbare Laufkatze.

Aufstellen von Obelisken

Wir hörten bereits vom vatikanischen Ingenieur und Baumeister Domenico Fontana (1543–1607). Er gewann einen Wettbewerb, den Papst Sixtus V ausge-schrieben hat, um einen riesigen Obe-lisken als zentralen Akzent vor der Basi-lika aufstellen zu können. Dies erfordert eine Standortveränderung um 256,5 m. Der Obelisk, aus einem Steinbruch bei Assuan in Oberägypten, wurde um 1300 v. Chr. über den Nil nach Heliopolis (bei Kairo) gebracht und dort aufgestellt. Auf

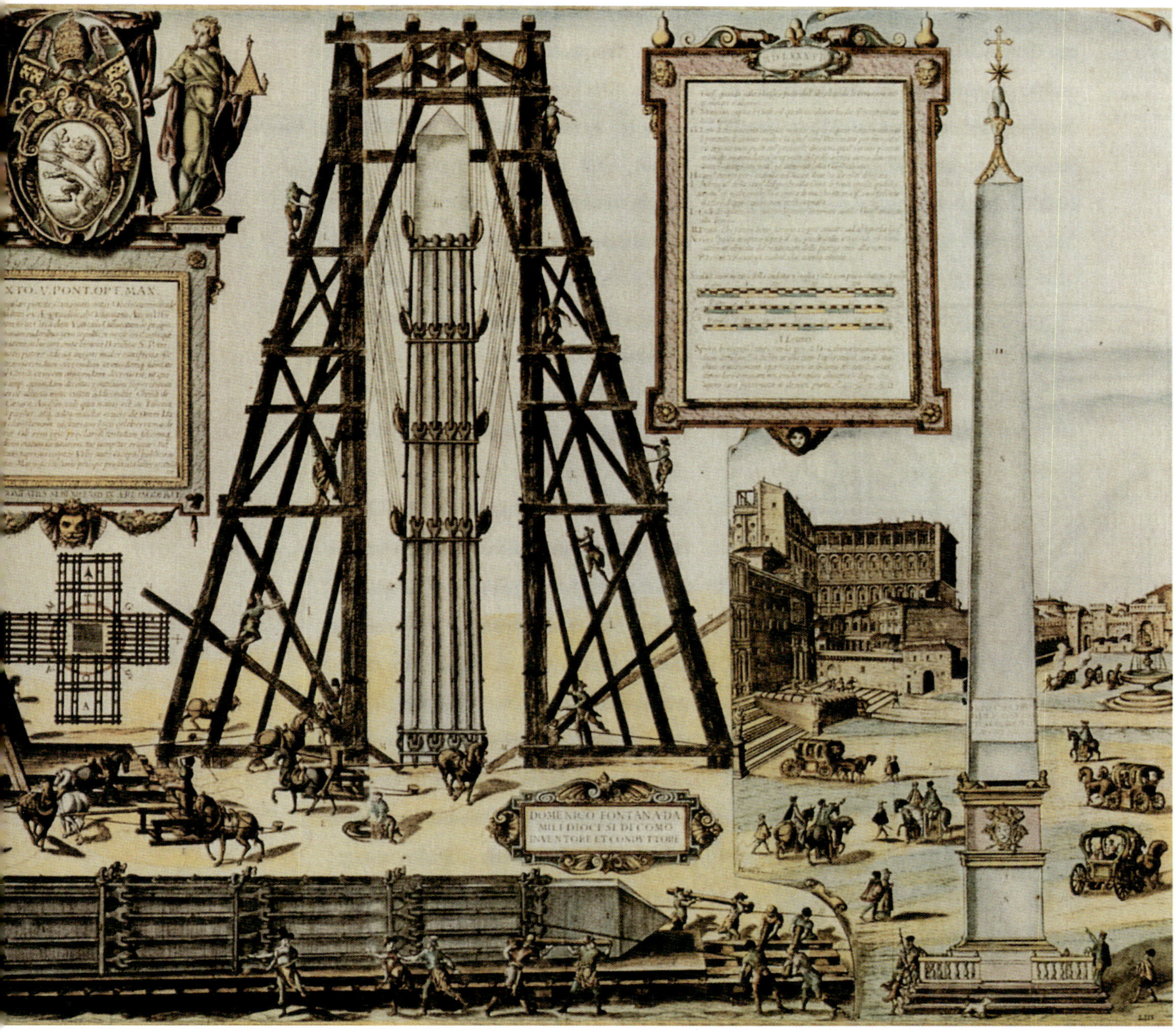

Bild 39: 907 Menschen, 75 Pferde, 40 Tretmühlen und ein riesiges 27,3 m hohes Portalgerüst werden 1586 für das Umsetzen und Aufstellen eines 344,4 t schweren Obelisken benötigt.

Befehl von Kaiser Kaligula wurde der Obelisk nach Rom verfrachtet und dort 41 v. Chr. erneut aufgestellt. Bis 1586 sollte er dort bleiben – am 28. April dieses Jahres geht das dritte Aufstellen dieses Obelisken zum ersten Mal im Detail in die Geschichte ein …

Fontana beschreibt das Projekt 1589 in seinem umfangreichen Werk „Della transportatione dell Obelisco Vaticano". Das Gewicht des Obelisken ist mit 344,4 t genau angegeben. Über dem Obelisken wird ein Portalkran errichtet, ein 27,3 m hohes Gerüst, das von Seilen gehalten wird (Bild 39). Zum Umlegen des Obelisken dienen 40 Hebewinden, die von Tretmühlen angetrieben werden und 7,4 cm durchmessende, jeweils 223 m lange Seile haben. Jede dieser Winden kann 20.000 Liber heben, was 6,6 t entspricht.

Die Zahl der benötigten Menschen und Pferde wird für jede der 40 Tretmühlen genau berechnet: An einer Winde sehen wir 6 Menschen und 2 Pferde, an einer anderen 22 Menschen und 2 Pferde. Außerdem werden 53 Menschen mit dem Ziehen der Nebenwinden beauftragt, und schließlich stehen als Reserve 20 Pferde und 40 Menschen bereit. Unten am Obelisken arbeiten 12 Zimmermänner. Insgesamt befinden sich 907 Menschen und 75 Pferde im Einsatz. Jeder Zimmermann wird mit einem Schutzhelm ausgestattet!

Die Windenarbeit startet jeweils mit einem Trompetensignal und endet mit einem Glockenton. Auf der Baustelle herrscht striktes Sprach- und Schreiverbot, und Unbefugte haben keinen Zutritt. Fontana berichtet uns später, daß es zunächst einen betäubenden Lärm, wie bei einem Erdbeben, gab, verursacht durch die Anspannung der Seile und das Bewegen der hölzernen Gerüste. Doch das Projekt gelingt, es dauert einen Tag.

Während der anschließende Transport über 256 m auf Rollen erfolgt, werden für das Wiederaufstellen des Obelisken erneut Hebezeuge benötigt. Fast sechs Monate später, am 10. September 1586, ertönt das Signal zum Aufstellen. Diesmal stehen 800 Menschen und 140 Pferde bereit. Beim Aufrichten des Obelisken von der horizontalen in die vertikale Position verändern sich unentwegt die Belastungen der 40 Seile – Fontana kann, geradezu intuitiv, die Kräfte benennen. Erneut verläuft die Operation in großer Stille. Nur ein Schrei „Aqua

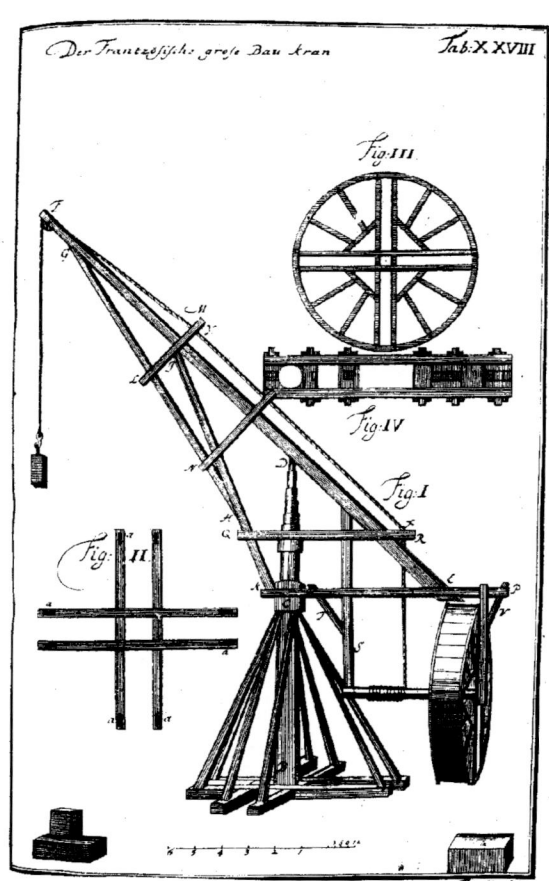

Bild 40: Ähnlich dem Kran von Zonca ist der „französische große Bau Kran", ein voll schwenkbarer Tretradkran, hier in der Darstellung von Jacob Leupold.

alle funi!" ertönt, was bedeutet, daß Wasser auf die Seile geschüttet werden muß, als ein Arbeiter sieht, daß ein Seil qualmt. Er wird anschließend für seine Aufmerksamkeit belohnt.

In Rom werden noch weitere Obelisken verschoben. Es entsteht eine regelrechte Obelisken-Mode, die bis zum Ende des 18. Jahrhunderts andauern wird. Berichtet wird von einem 510 t schweren Koloß bereits zwei Jahre später und im folgenden Jahr von einem 263 t schweren. Stets wird Fontanas Arbeit zugrundegelegt, und laut Zabaglia sollen zwischen 1586 und 1744 mehr als zehn weitere Bücher zu diesem Thema erschienen sein.

Der französische Kran

Breite Verwendung im Bauwesen des 17. und 18. Jahrhunderts finden sich voll um 360° drehende, mobile Krane, die von Jacob Leupold, der uns später noch beeindrucken wird, als „französische Krane" bezeichnet werden (Bild 40). Es ist möglich, daß derartige Krane ursprünglich von Claude Perrault (1613–1688), einem Mitglied der französischen Wissenschaftsakademie, der auch eine Übersetzung von Vitruvs Werk schrieb, konstruiert wurden.

Ein „französischer Kran" besteht aus einem schrägen Ausleger, der auf einer mobilen, hölzernen Bockunterlage aufgestellt ist. Auf der Gegenseite des Auslegers wirkt ein Tretrad mitsamt Seiltrommel gewissermaßen als Gegengewicht und ist zusammen mit dem Ausleger im Vollkreis schwenkbar. Ein durchschnittlich großer Kran kann bei

2,4 m Ausladung rund 6 m hoch heben und erreicht etwa 1 t Tragkraft. Das von einem oder höchstens zwei Menschen betriebene Tretrad ermöglicht eine Hubgeschwindigkeit von annähernd 2 m/min.

Dieser Krantyp erlangt eine so hohe Popularität, daß er auch in der Französischen Enzyklopädie (1751 bis 1781) beschrieben wird (Bild 41). Sein Modell wird im 18. Jahrhundert in Paris als zentrales Ausstellungsstück in der Königlichen Wissenschaftlichen Akademie dienen.

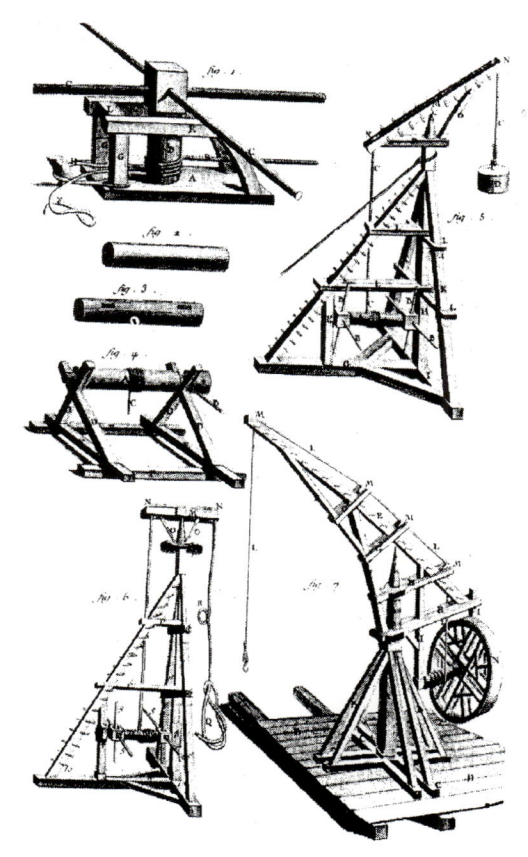

Bild 41: Winden und Baukrane in der Großen Französischen Enzyklopädie von 1751 bis 1781. Unten rechts der weite Verbreitung findende „französische Kran" mit Tretrad am Schwenkarm.

Wichtig ist es, das Tretrad während der Arbeitsunterbrechungen, in denen beispielsweise Material verladen wird, möglichst unbewegt zu halten. Dafür haben einige dieser Krane verschiedene Halteeinrichtungen. Manche Krane verfügen auch über ein handbetriebenes Sprossenrad anstelle des Tretrades.

Perrault und Leupold

Claude Perrault, dem schon der „französische Kran" zugeschrieben werden könnte, veröffentlicht 1666 mehrere Beschreibungen von Krankonstruktionen bei der Französischen Akademie der Wissenschaften. Seine Erklärungen und Zeichnungen wird etwas später Jacob Leupold wiederholen, doch Geduld, zu diesem Thema kommen wir bald.

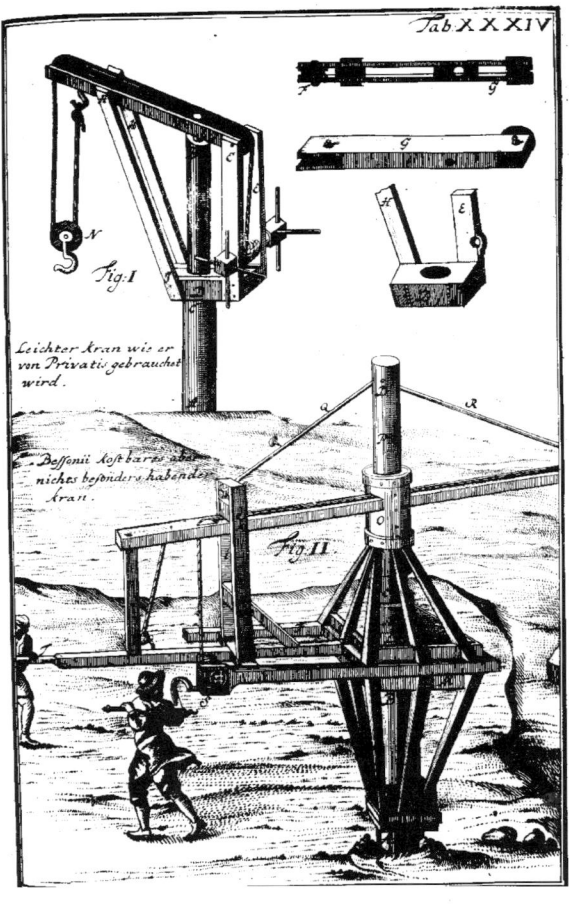

Zu den weiteren Ideen Perraults zählt
ein Auslegerkran, der sich zum Heben
wie auch zum horizontalen Verlagern
eignet. Über ein recht kompliziertes
Seilsystem bewegt sich bei diesem Kran
eine Laufkatze am Ausleger entlang. Die
Laufkatze wird durch zwei Seile bewegt,
die sich auf einer an der Katze befestigten Welle auf- und abwickeln. Durch
die beidseitigen Seile vermeidet Perrault
das Verkanten der rollenden Laufkatze.
Perrault beschreibt diesen Kran als eine
Maschine ohne Reibung und entwickelt
zudem eine Sicherungsklemme zum
Halten eines Seiles (Bild 42). Auf Basis
dieser Konstruktion werden bis heute
Sicherheitsvorrichtungen für Seile und
Winden verwendet.

Jacob Leupold (1674–1727), ein Sachse,
Ingenieur, Gelehrter und auch Direktor
der sächsischen Gruben, spielt eine entscheidende Rolle bei der Verbreitung der
Wissenschaft. Ab 1724 gibt er elf Bücher
heraus, die sämtlich technische Zweige
der Wissenschaft beinhalten, darunter
auch „Theatrum Machinarium oder
Schau-Platz der Heb-Zeuge".

Bei der Vorstellung der Hebezeuge und
Krane beruft sich Leupold ehrlicher-
weise auf die römischen, mittelalterlichen und renaissancischen Konstruktionen und nennt auch die Namen ihrer
Schöpfer. Wichtig sind deshalb für uns
Krane, die wir auf unserer Reise durch
die Vergangenheit noch nicht kennenlernten. Interessant erscheint „ein leichter Kran" für „privatis" Zwecke, für die
Leupold sämtliche Grundbestandteile
angibt (Bild 43).

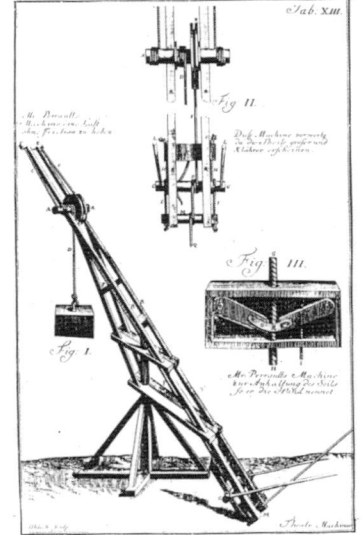

Bild 42: Die Krankonstruktion von
Perrault ist bemerkenswert, weil die
von zwei Seilen bewegte Laufkatze
am Ausleger abrollt und sich damit
ohne Reibung bewegt.

Ein kleiner, mittels Haspel betriebener
Kran mit begrenztem Schwenkbereich
wird von Leupold als „Ein Kran bey Dem
Bau sehr bquem" beschrieben (Bild 44).
Fraglich ist das Problem der Standfestig-
keit oder des Gegengewichtes, sofern
dieser Kran aus dem abgebildeten Zustand
mit Last um 90° nach vorn schwenkt.
Einen universell nutzbaren Kran mit
Haspel und Zahnradgetriebe bezeichnet
Leupold als „Ein Hebezeug oder Kran-
nich der so wohl zum Wasserbau als
aus und einladen der Güther bey denen
Schleusen zu gebrauchen" (Bild 45).

Wie konstant die Krantechnik in diesen Jahrhunderten trotz aller kleinen Fortschritte bleibt, zeigt ein Bild
vom Brückenbau über die Pegnitz
bei Nürnberg von 1728 (Bild 46). Wir
erinnern uns an einen sehr ähnlichen
Auslegerbockkran des spanischen Inge-

Bild 43: „Leichter Kran wie er
von Privatis gebraucht wird" von
Jacob Leupold um 1724. Darunter
„Bessonii kostbarer aber nichts
besonders habender Kran".

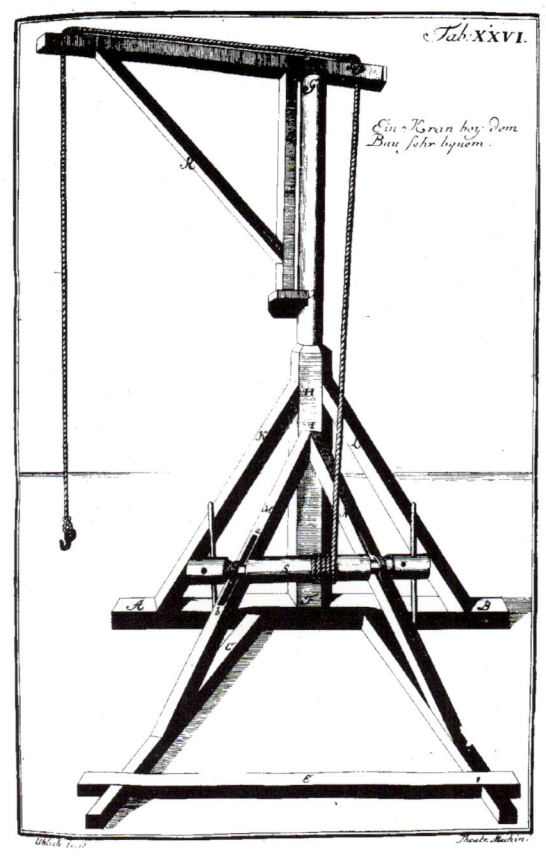

nieurs Juanelo Turriano (siehe Bild 26). Andererseits wird im Jahre 1758 zum Aufstellen der bronzenen Reiterstatue Ludwig XV. auf den hohen Denkmalsokkel eine Vorrichtung gebaut, die schon alle Merkmale moderner Laufkrane aufweist, aber natürlich noch durch und durch handbetrieben ist (Bild 47).

Lebende Motoren

In all den von uns durchreisten Jahrhunderten sind Treträder die populärste Antriebseinrichtung für Krane und Hebezeuge und für viele andere Maschinen. Treträder erscheinen schon in der Antike (siehe Bild 10), und auf ihre frühe Anwendung im Mittelalter weist eine Nachricht aus dem Jahr 1174 hin. Bildliche Darstellungen und Texte lassen darauf schließen, daß Treträder in nahezu unveränderter Form bis in die Mitte des 19. Jahrhunderts überdauern. Die Hafenkrane aus der Zeit um 1850 werden die Vollendung und gleichzeitig auch das Ende der Tretradkrane darstellen. Bedeutend erscheinen daher nach wie vor die Parameter der „lebenden Motoren", die Kraft, Geschwindigkeit und Leistung in Abhängigkeit von der Arbeitszeit betreffen.

Informationen zu diesem Thema erscheinen schon seit dem 17. und 18. Jahrhundert und behandeln das menschliche Gewicht beim Tretradantrieb. Jacob Leupold erklärt in seinem bereits erwähnten Buch, „wie die Krafft auszurechnen, so durch die Schwere der Thiere und Menschen, so wohl in als auf perpendicular und inclinirenden Rädern geschicht". Und Solski schreibt 1630,

daß ein Mensch, der ein Tretrad antreibt, „100 Funt in sich selbst wiegt", was etwa 45 kg entspricht. Leupold geht davon aus, daß die meisten Menschen 1 bis 1,5 Zentner, also 50 bis 75 kg, wiegen. (Dies scheint die Annahme zu bestätigen, daß die damaligen Menschen kleiner und leichter sind als die des ausklingenden 20. Jahrhunderts.) Nach einer alten Faustformel leistet ein Mensch also kurz-

Bild 44: Deutlich betont Jacob Leupold bei diesem Schwenkkran die Vorzüge für den Bau, denn Aufbau und Handhabung dürften tatsächlich recht bequem sein.

Bild 45: Für den Güterumschlag und für den Wasserbau bestimmt Jacob Leupold diesen einfachen Schwenkkran mit Haspelantrieb und Dreibockgerüst.

Bild 46: 1735 erscheint das Buch „Merkwürdigste Brücken aus allen vier Teilen der Welt" von Carl Christian Schramm, darin zwei Krane beim Brückenbau über die Pegnitz.

Bild 47: Zum Aufstellen der Reiterstatue Ludwig XV wird ein hohes Gerüst um den Denkmalsockel erbaut, die Statue mit einem Laufkran angehoben und bewegt.

zeitig etwa 1/10 PS, bei andauernder Arbeit jedoch höchstens 1/20 PS.

Die Leistung der Tretradkrane, auch bei vier Treträdern mit jeweils 7 m Durchmesser und 1,4 m Breite wie beim berühmten Krantor zu Danzig von 1442, ist naturgemäß gering, weil selbst beim gleichzeitigen Einsatz von sechs oder acht Arbeitern in den Treträdern eine Gesamtleistung von nur etwa einer halben Pferdestärke zur Verfügung steht. Erst als der ohnehin beschränkte Raum auf dem Rad immer mehr ausgenutzt werden muß, macht das Tretrad der Kurbel Platz.

Gefährlich kann die Arbeit im Tretrad werden, sofern bei zu schweren Lasten im Grenzbereich gearbeitet wird – falls die Arbeiter im Tretrad ihren Halt verlieren und das Rad durch die abstürzende Last beginnt, sich schnell rückwärts zu drehen. So etwas kann bereits passieren, falls einer der Arbeiter im Rad stolpert und fällt. Deshalb verleiht noch im späten 18. Jahrhundert die englische Society of Arts einen Preis für eine Sperrvorrichtung gegen das überraschende Rückwärtsdrehen.

Baukrane und Bauhebezeuge werden demnach auch noch bis weit in das 19. Jahrhundert durch menschliche, seltener durch tierische Kraft angetrieben – obwohl in vielen anderen Technikbereichen Wasser- und Windantriebe verbreitet waren und sich langsam die Dampfmaschine durchsetzt, nachdem die „Newcomensche Feuermaschine" seit 1705 im englischen Bergbau bekannt ist und James Watt 1769 für seine Dampfmaschine ein Patent erhält. Erst die Dampfkraft wird die über 2.000 Jahre währende Fronarbeit im Tretrad ersetzen, die im Laufe der Jahrhunderte zigtausende Menschen leisten mußten (Bild 48).

Bild 48: Ein Teufel im Tretrad, das im Höllenfeuer steht, mit Messern bestückt ist und arme Sünder quält, auf einer Malerei aus dem Jahre 1355.

III.

1800 bis 1899

Krane nehmen Gestalt an

Die industrielle Revolution, die schon im 18. Jahrhundert einen lawinenartigen Verlauf nimmt, übt erst in der zweiten Hälfte des 19. Jahrhunderts auf die Konstruktion von Baukranen allmählichen Einfluß aus. Besonders durch den Bedarf an großen Stahlkonstruktionen für den Verkehrswegebau, also für Eisenbahnen, Kanäle und Häfen, werden leistungsfähige und praxisgerechte Baukrane benötigt.

Die Entwicklung der technischen Wissenschaften, vor allem der für das Bauwesen so bedeutenden Statik und Materialkunde, die Entstehung technischer Hochschulen und Akademien, erweitert das Wissen der zeitgenössischen Ingenieure und Techniker. Zudem werden die Beschreibungen einzelner Maschinen und technischer Lösungen vorangetrieben und vertieft, so daß das gesammelte Wissen besser weitergegeben und an anderer Stelle genutzt werden kann.

Bis zu dieser Wende sind die Baumeister und Ingenieure auf Krane und Hebezeuge angewiesen, die den sich wandelnden Stilen und Formen der Architektur –Gotik, Renaissance, Barock und Neoklassizismus – ohne nennenswerte Änderungen der Maschinentechnik dennoch angeglichen waren. Das Erscheinungsbild der Krane überdauert viele Jahrhunderte, und daran ändern auch die ersten Krane des 19. Jahrhundert nichts (Bild 49).

Holz war der Baustoff des Kranbaues bis zum Beginn des 19. Jahrhunderts, nun endlich – nach mehr als drei Jahrtausenden – tritt eine Wende ein: Der neue Werkstoff Gußeisen ist da. 1776 wurde die erste gußeiserne Brücke mit 31 m Spannweite in England über den Severn bei Walbrookdale errichtet. Nur 58 Jahre später finden wir 1834 den ersten gußeisernen Kaikran, und zwar von der Firma Hick & Rothwell in Bolton bei Manchester (Bild 50). Dieser Kran bringt es auf 2 t Tragkraft. Schon 1838 folgt ein weiterer Gußeisenkran in Neuburg am Rhein.

Sehr beschleunigt wird der Kranbau durch die Bedürfnisse der Werften, denn ab etwa 1830 hält Eisen als Baustoff auch Eingang in den Schiffbau, so daß – einhergehend mit dem Wachsen der Schiffsabmessungen – die herkömmlichen Hilfsmittel zum Heben nicht mehr ausreichen. Die Konstrukteure sind gefordert, stärkere, höhere und beweglichere Krane zu schaffen.

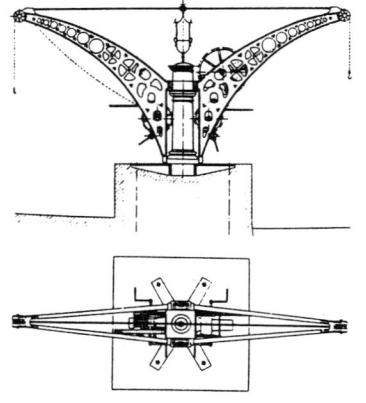

Bild 50: Der erste gußeiserne Kaikran, erbaut von Hick & Rothwell, mit 2 t Tragkraft und einem mit Empire-Ornamenten verzierten Doppelausleger für 4,8 m Ausladung.

Jedoch, so ganz trennen möchte man sich vom jahrtausendelang bewährten Holz noch nicht. Viele Krane werden nun aus einem „Übergangswerkstoff" – aus Holz und Blechträgern – gefertigt. Holz wird bis weit ins 20. Jahrhundert bei vielen Kranen bevorzugt, besonders in Amerika auf Baustellen in holzreichen Gegenden. In solchen Fällen werden nur die eisernen Beschlagteile vom Kranbauwerk geliefert und die Holzteile am Einsatzort eingefügt. Die Ausgestaltung der Krane zu Formen, die sich jeglicher Verwendungsart anzupassen vermögen, wird erst durch das filigrane Geflecht stählerner Bänder ermöglicht werden…

1834 ist das Jahr einer Erfindung, die dem Kranbau eine entscheidende Wende geben wird: Der deutsche Oberbergrat Albert ersinnt das Drahtseil. Zwar wurden schon bei Leonardo Drahtseile

erwähnt, sogar bei Ausgrabungen in Pompeji tauchen Drahtseile auf, doch die Nomenklatur zeigt Abweichungen: Im ausgehenden 18. und im frühen 19. Jahrhundert versteht man unter Drahtseilen eine geschweißte oder geflochtene Kette, auch ein Drahtbündel mit parallelliegenden Drähten, die in gewissen Abständen mit Klammern oder Drahtumwicklungen zusammengehalten werden. Neu ist jedoch das aus einzelnen Drähten zusammengedrehte Drahtseil, das Albert nach intensiven Studien für den Harzer Bergbau entwickelt. Die Drahtseile finden aufgrund ihrer Festigkeit und trotzdem hohen Biegsamkeit sehr schnell große Verbreitung.

Der neue technische Fortschritt im Rahmen der Industrialisierung beflügelt einige Konstrukteure zu schönen Ideen. Bereits 1843 stoßen wir auf einen zwar noch handbetriebenen, aber dennoch bemerkenswerten Portalkran zum Umsetzen von Equipagen (Bild 51). Dieser Entwurf darf als früher Versuch gelten, den Kombiverkehr Straße-Schiene schnell und bequem betreiben zu können.

Nicht vergessen wollen wir auch einen Gärtner, dem die Fertigteilindustrie allerhand zu verdanken hat und der damit – wenn auch indirekt – die Kranhersteller bei der Entwicklung immer leistungsfähigerer Maschinen fordern

Bild 51: Mit einem handbetriebenen Portalkran sollten um 1843 Equipagen vom Kutschenchassis auf die hochmodernen Eisenbahnwaggons umgesetzt werden.

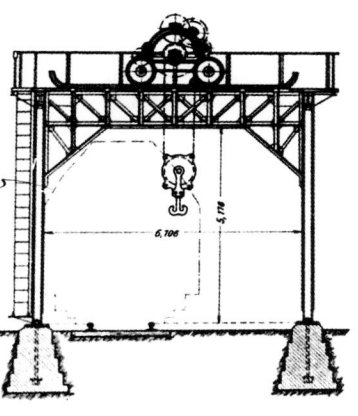

wird. Joseph Monier, Gärtner im Dienste des französischen Kaisers Napoleon III, betreut exotische Bäume und Kakteen, die in großen Töpfen aus Stein und Holz gehalten werden. Bei Versuchen, noch größere Töpfe aus Beton zu gießen, bemerkt Monier, daß die Wurzeln seine Werke sprengen, da Beton nicht auf Zug, sondern nur auf Druck beansprucht werden darf. Schließlich bringt ihn ein Drahtzaun im Gemüsegarten auf die Idee, in den Beton ein Drahtnetz als Verstärkung, als Armierung, mit einzugießen, das die Zugkräfte aufnehmen kann. Die versuchsweise hergestellten 50 Töpfe halten jahrelang und spornen Monier zu weiteren Versuchen an: Aus „Eisenbeton" stellt er Rohre, Balken, Wasserbehälter, Eisenbahnschwellen und sogar ganze Brücken her und erhält für seine „Moniereisen" 1867 und in folgenden Jahren zahlreiche Patente.

Im Kranbau zeichnet sich eine Wende ab, als sich der Engländer William Fairbairn 1850 eine ausgeklügelte Auslegerkonstruktion patentieren läßt. Er kommt auf die Idee, zwei bogenförmige Eisenplatten so zusammen zu nieten, daß ein bogenförmiger Ausleger entsteht. Die neuen Ausleger sind wesentlich stabiler als die bisherigen geraden, hölzernen oder eisernen Ausleger – und durch die Bogenform zudem auch sehr viel besser für Be- und Entladearbeiten geeignet. Deshalb werden die Fairbairn-Krane bevorzugt in Häfen eingesetzt. Sechs handbetriebene Krane läßt Fairbairn im eigenen Werk in Manchester für einen Hafen nahe Devonport bauen. Später werden zahlreiche englische und

auch deutsche Firmen mit dampfgetriebenen Fairbairn-Kranen folgen.

Auf eine andere, zunächst natürlich gar nicht auffällige Sensation stoßen wir 1874 in Norddeutschland: Ausgehend vom Brückenbau, hält auch im Kranbau der Gitterträger zuerst in Deutschland seinen Einzug. Als erste bescheidene Ausführung darf der Bockkran gelten, der in diesem Jahr im Güterbahnhof von Hannover aufgestellt wird (Bild 52). Zum erstenmal bestehen auch die Beine eines solchen Kranes aus Eisen, die Laufbahnträger sind statisch ganz korrekt durchgebildete Gitterträger, deren Krafteinleitung und Anbindung in die Beine hervorragend gelöst sind.

Obwohl das Alte Ägypten weit zurückliegt und andere Götter verehrte, schätzen doch viele christliche Würdenträger bis hin zu Päpsten nach wie vor die wunderschönen Obelisken. So stoßen wir am 25. Oktober 1836 erneut auf eine Aufstellung eines solchen Steinriesen, diesmal in Paris. Dieser 15,4 m hohe und 236 t schwere Obelisk wurde 1400 v. Chr. in Ägypten geschaffen, nach Paris gebracht und mittels derrickähnlicher Montagemaste aufgerichtet, also anders als vor 250 Jahren in Rom (siehe Kap. 2). Sämtliche Seile werden von insgesamt 480 Arbeitern in Tretmühlen aufgewickelt. Es scheint symptomatisch, daß man zu dieser Zeit die Menschenkraft nicht durch die bereits verfügbare Dampfmaschine ersetzt ...

Bild 52: Gitterträger werden 1874 bei diesem 2 t hebenden, dampfgetriebenen Bockkran verwendet, eingesetzt auf einem norddeutschen Güterbahnhof.

Dampf sorgt für ein wenig Mobilität

Ob wohl jemand wagt, an einem britischen Nebelmorgen im Jahre 1802 im Londoner Vorort Islington an Mobilkrane zu denken? Wahrscheinlich nicht. Dennoch rumpelt an diesem Morgen der Urahn auch aller Fahrzeugkrane durch die Straßen, nämlich Richard Trevithicks „automobile" Dampfmaschine, das erste selbstfahrende Fahrzeug namens „London Carriage". Allerdings, die Probefahrt geht schief, das Vehikel landet in Blumenbeeten. Und so rückt unser imaginärer Mobilkran zunächst wieder in die ferne Zukunft …

… denn so recht trauen möchte man den Dampfungetümen nicht, zumindest dann nicht, wenn sie die Schienen verlassen und als Dampftraktoren (auch Lokomobile oder Traction Engines genannt) das gewohnte Bild auf den Straßen zerschnaufen. 1831 wird der in England langsam einsetzende Lastentransport über Straßen durch einen schlechten Witz um Jahre zurückgeworfen. Der „Red Flag Act" schreibt vor, daß vor jeder Dampfzugmaschine in 55 m Abstand ein Mann vorweg gehen und mit einer roten Fahne Fußgänger und Fuhrwerke vor dem motorisierten Monster warnen muß. Erst 1878 wird dieses Gesetzt geändert, der Abstand zwischen Mann und Maschine darf auf 18 m schrumpfen, die Höchstgeschwindigkeit in Ortschaften nun 3,2 km/h und im freien Land sogar 6,4 km/h betragen (das sind 2 bzw. 4 mph).

Unaufhaltsam, mit hohen Wolken und lautem Zischen, kommt jedoch das Dampfzeitalter abseits der Straßen in Schwung: Um 1837 werden in englischen Fabriken und in der Landwirtschaft bereits etwa fünftausend automobile und stationäre Dampfmaschinen eingesetzt – dagegen nur etwa zweihundert in Frankreich und ganze hundert in Deutschland.

Trotz der gesetzlichen Einschränkungen finden die Lokomobile schnell Freunde. 1856 produziert die englische Firma Clayton & Shuttleworth bereits 2.200 solcher straßengängiger Dampfmonster. Den englischen Markt teilen sich fünfzehn Hersteller. In Deutschland wird diese Entwicklung ab Mitte des Jahrhunderts von Firmen wie Alban, Borsig, Buckau/Wolf, Hanomag, Hoppe, Lanz und Wöhlert aufgenommen.

Auf die Idee, die selbstfahrenden „Dampfer" auch als Krane nutzen zu können, kommen 1868 Konstrukteure von Aveling & Porter, einem weltberühmten Hersteller von Dampftraktoren und -walzen sowie anderen Baumaschinen. Sie stellen damit den ersten nicht schienenabhängigen, selbstfahrenden Mobilkran auf die Räder! Ein Nachfolger von „Little Tom", so heißt dieser Kran, erscheint 1874 und bietet schon 2 t Tragkraft – ohne Abstützung, während des Fahrens (Bild 53). Prompt erhält der Kran 1876 bei der Königlichen Landwirtschaftlichen Gesellschaft eine Goldmedaille, zwei Jahre später bei der Pariser Weltausstellung eine weitere.

Die ersten Dampfkrane sind keine Krane

Obwohl aus späterer Sicht die Idee nahe liegt, Haspeln, Kurbeln und Treträder durch Dampfmaschinen zu ersetzen, ist der erste dampfgetriebene Kran gar kein echter Kran, sondern ein Bagger. Während der erste richtige Dampfkran im Jahre 1851 für den Hafen des englischen Dover gebaut wird und seinen Dampf aus einer feststehenden Kesselanlage über eine unterirdische Dampfleitung durch die hohle Kransäule erhält, erblickt der zweifellos allererste Dampfkran bereits 1839 das Licht der Welt. Es ist der Hochlöffelbagger des Amerikaners William Smith Otis. Dieser erste Dampfkran (und erste Trockenbagger) wird in „Faszination Baumaschinen – Erdbewegung durch fünf Jahrhunderte" ausführlich in Bild und Text erklärt.

In Otis amerikanischer Patentschrift Nr. 1089 vom 24. Februar 1839 heißt es in wörtlicher Übersetzung: „... ein Schürfkübel spezieller Bauweise, der von einem Kran bewegt wird und das Erdreich direkt von der Wand abgräbt, wo die Ausschachtungen gemacht werden

sollen." Und weiter: „Die Zeichnungen, die diesen Erklärungen beigefügt sind, zeigen einen Kran, den ich für Ausschachtungen verwende. Dieser Kran steht auf einem beweglichen Wagen, der sich auf einer vorübergehend gelegten Schiene bewegt, und ist so vorgesehen, daß die vom Schürfkübel genommene Erde von ihm angehoben wird, wobei das Drehen des Kranes zu dem Punkt, wo die Last abgeschüttet wird, ob in Kästen oder Wagen, mit großer Präzision erfolgt." Betrachten wir außerdem die Patentzeichnung, verstehen wir, daß Otis tatsächlich nicht nur den ersten Trockenlöffelbagger, sondern auch den ersten maschinell angetriebenen Kran baut, und damit natürlich auch den ersten Dampfkran (Bild 54).

Die Patentschrift wird auf einen „Crane-Excavator" (Kran-Bagger) erteilt, und so nennen der junge Bauunternehmer Otis und sein Freund Charles Howe French diese Maschine auch. Wir werden sehen, daß die enge Verwandtschaft zwischen Kran und Bagger – parallel mit den zwar wenigen, aber bis nach England und Rußland ziehenden Exemplaren des „Crane Excavators" – auch in Europa Spuren hinterläßt, sowohl bezüglich der Konstruktion als auch der Terminologie.

Bild 53: Dies ist (fast) der erste selbstfahrende Mobilkran – eine englische Aveling „Crane Engine" von 1874 auf Basis einer dampfgetriebenen Zugmaschine.

Bild 54: „... zeigen einen Kran, den ich für Ausschachtungen verwende. Dieser Kran steht auf einem beweglichen Wagen ..." schreibt der Amerikaner Otis in der Patentschrift des ersten Hochlöffelbaggers von 1839 – und damit ist dies auch der erste maschinengetriebene Kran der Welt!

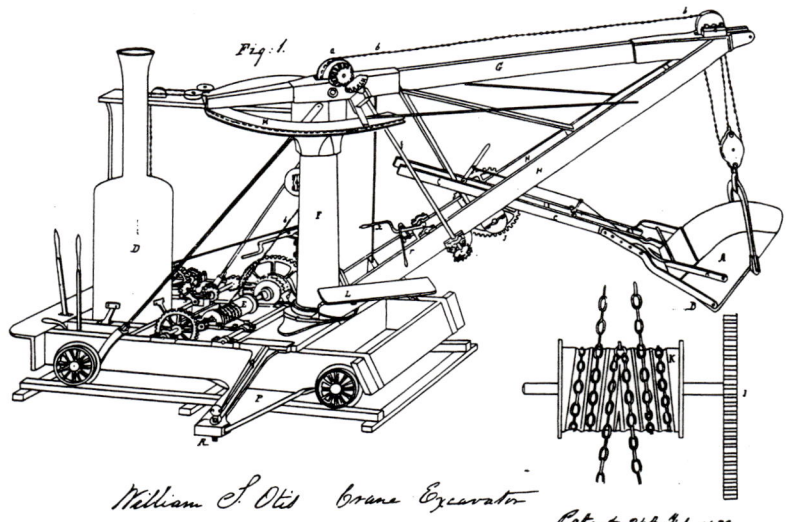

Bild 55: Ein Dampfkran der englischen Firma Smith aus Rodley wird 1884 vom Bauunternehmer Whitaker mit einem Baggerlöffel ausgestattet und so zum ersten voll schwenkbaren Bagger.

Beim Bau der britischen Kanäle und Bahntrassen gelangen sogenannte „Crane Navvies" zum Einsatz. Als „Navvy" wird ein fleißig schaufelnder Arbeiter bezeichnet, meist sind dies Iren; das Wort stammt aus dem Kanalbau und ist von „Navigator" abgeleitet. Der Bauunternehmer Whitaker aus Leeds entwickelt um 1884 den wohl ersten voll schwenkbaren Löffelbagger, indem er eine Baggerausrüstung an einen schienenverfahrbaren Dampfkran der englischen Firma Smith aus Rodley anbaut (Bild 55). Diese Firma stellt übrigens seit 1840 handbetriebene Krane und seit 1860 recht fortschrittliche Dampfkrane her. Später nimmt Whitaker sogar Produktion und Verkauf seiner „Jubilee Crane Navvies" auf. Ähnliche Maschinen mit Baggerausrüstung werden von John H. Wilson aus Liverpool, den Gebrüdern Priestman aus Hull und vom später berühmten Baggerhersteller Ruston-Dunbar gebaut.

Ebenso verwandt sind Krane und Rammen. Beim Rammen muß der schwere Rammbär zahllose Male hochgezogen werden, um dann mit Wucht auf das Rammgut schlagen zu können. Dies verlangt nach starken Winden und stabilen Auslegern. Die Franzosen Couvreaux und Combe (auch aus „Faszination Baumaschinen – Erdbewegung durch fünf Jahrhunderte" bekannt) konstruieren um 1855 einen schienenverfahrbaren Dampfkran, der auch als Ramme eingesetzt wird (Bild 56).

Schnell expandierende Eisenbahnen fordern Kranbauer

Das 19. Jahrhundert ist die Zeit der Dampfmaschinen (nicht unbedingt nur Lokomotiven!) und der Eisenbahnen. Der mit aller Kraft betriebene Bau der Eisenbahnen, vornehmlich in Großbritannien, hinterläßt auch im Kranbau seine Spuren. Wo früher bei geringen Geschwindigkeiten von etwa 5 km/h gemächliche Vierspänner mit Lasten von höchstens 3 t fuhren, rollen nun schwere Züge mit mehr als 140 t Masse und der achtfachen Geschwindigkeit dahin. Um den stählernen Ebenen der Schienenstränge die Wege zu bereiten, sind außerdem sich weit spannende Brücken oder hohe und breite Tunnelportale vonnöten – sämtlich verlangt dies nach neuen Baumethoden und entsprechend geeigneten Kranen.

So entsteht die erste eiserne Brücke schon zwischen 1776 und 1779 in England bei Coalebrookdale und hat immerhin 31 m Spannweite. 1846 bis 1850 setzt der Sohn des großen George Stephenson das von seinem Vater begonnene Eisenbahnwerk durch die Schaffung der ersten gewaltigen Eisenbahnbrücke fort. Für den Bau der 559 m langen Britannia-Brücke über den Menai-Sund an

Bild 56: Der dampfgetriebene Kran der Franzosen Couvreux und Combe von 1855 kann auch als Ramme verwendet werden.

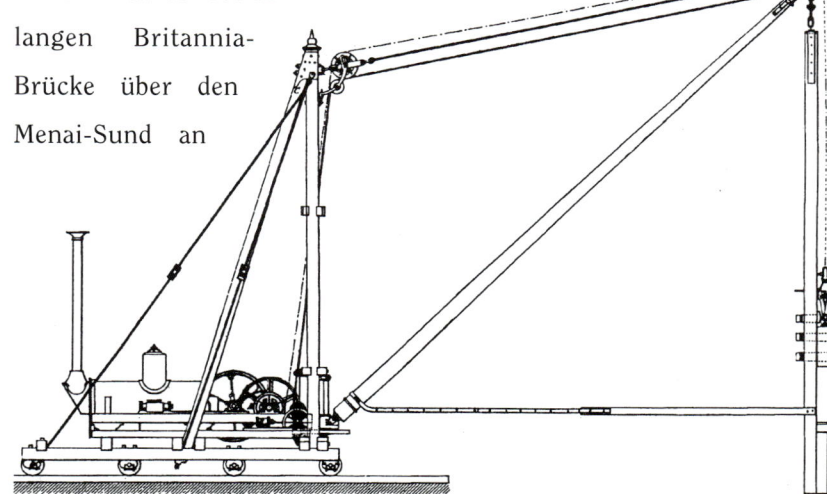

der Westküste von Wales werden die zwei riesigen, vorgefertigten und jeweils 143 m langen sowie 1.690 t schweren Kasten-Hohlprofile auf fünf Pontons eingeschwommen und mittels starker hydraulischer Pressen innerhalb von 17 Tagen (!) um 31 m angehoben (Bild 57).

Vielfach werden jedoch noch mit Handkurbeln, Tretmühlen oder Pferdegöpeln betriebene, hölzerne Krankonstruktionen verwendet. Dabei handelt es sich vorwiegend um einfache Derrick- oder Ladebaumkrane (Bild 58). Ähnliche Krane bleiben beim Eisenbahnbau bis zum Ende des 19. Jahrhunderts nahezu standardisierte Hebezeuge, obwohl die meisten erst maßgeschneidert von

den Baumannschaften an den Baustellen errichtet werden.

Auf welche außergewöhnliche Weise handbetriebene Hebezeuge in diesen Jahren genutzt werden, zeigt uns eine Darstellung aus Frankreich aus dem Jahre 1870. Über einen 11,5 m langen Wipphebel, ebenfalls von einem Arbeiter betätigt, werden mittels Handkurbel fast 2 m lange Schiebkarren in 9,2 m Höhe befördert und dort auf einem Holzsteg bis zum Abkippen weiter geschoben (Bild 59). Die gewagte Konstruktion ist immerhin fast 18 m hoch.

Wieder und wieder sind wir Kinder des 20. Jahrhunderts verpflichtet, vor den Ingenieurbauleistungen dieser Zeit den Hut zu ziehen. Der Engländer Isambard Kingdom Brunel, einer der berühmtesten Ingenieure und Baumeister des

Bild 57: Schier unglaubliche Hubleistungen werden 1849 vollbracht: Beim Bau der Britannia-Brücke drücken hydraulische Pressen die 1.690 t schweren Kastenprofile in 17 Tagen 31 m hoch.

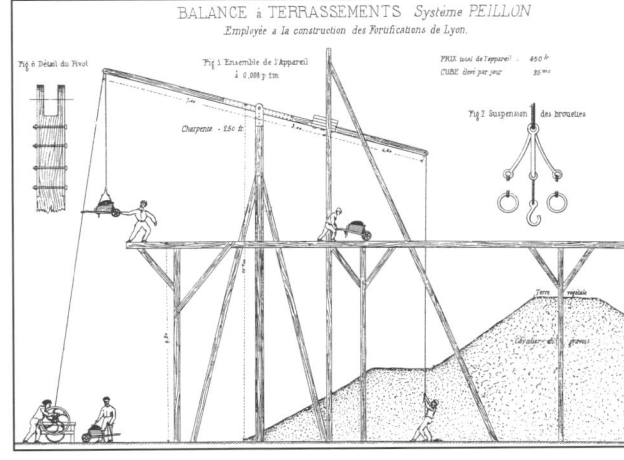

Bild 59: Mittels Handzug betätigter französischer Wipphebelkran von 1870 zum Anheben gefüllter Schiebkarren um 9,2 m Höhendifferenz.

Bild 58: Zwei hohe hölzerne Ladebaumkrane mit Handkurbeln beim Bau des Portals für den Primrose Hill-Eisenbahntunnel in England im Jahre 1837.

Bild 60: Beim Bau der Royal Albert Bridge 1858 wird gerade das große vorgefertigte Segment auf der Cornwall-Seite in die endgültige Position gebracht und das der Devon-Seite für den Hub vorbereitet.

Bild 61: Freibau der 107 m hohen Müngstener Brücke mit einem dampfgetriebenen Drehkran, der dem Brückenfortschritt folgt, und vielen schwindelfreien Arbeitern …

19. Jahrhunderts, entwirft als eines seiner letzten Meisterstücke die Royal Albert-Eisenbahnbrücke, die in Cornwall die mehr als 300 m weite Bucht des Tamar queren soll. Für den Bau der Brücke plant er die Vorfertigung, den Transport und das Einheben der beiden wahrhaft gigantischen Brückensegmente der Hauptbrücke ein (Bild 60).

Ein auffälliger Dampfdrehkran unbekannter Herkunft wird auch beim Bau der 1897 fertiggestellten Kaiser-Wilhelm-Eisenbahnbrücke über das Wuppertal nahe dem deutschen Müngsten betrieben. Bei 170 m Spannweite und 107 m freier Höhe des Mittelbogens gilt diese Brücke als die weitest gespannte Bogenbrücke auf dem europäischen Festland. Beim sogenannten Freibau der Brücke können keine Stützgerüste errichtet werden, was leistungsfähige Krane oben auf dem Brückenbau erfordert. Der mit dem fortschreitenden Brückenbau mitwandernde Kran auf Schienenfahrwerk und mit ungewöhnlichem Parallelausleger könnte von der Maschinenfabrik Augsburg-Nürnberg (MAN) stammen (Bild 61).

Krane beim 8. Weltwunder

Vielleicht noch erstaunlicher sind die Leistungen, die zwischen 1883 und 1890

beim Bau der überwältigenden Forth Bridge vollbracht werden. Die Brücke verkürzt die Zugfahrtzeiten zwischen dem Norden Schottlands und dem Süden um rund eine Stunde. Mit 2,53 km Länge, 48 m Gleishöhe über dem Wasser, 110 m Gesamthöhe sowie 54.160 t verarbeitetem Stahl und 6,5 Mio. Nieten mit 4.200 t Gewicht wird die Forth Bridge nicht nur die erste Stahlbrücke, sondern über lange Zeit auch die größte Brücke der Welt sein (Bild 62).

Sich der Bauleistung bewußt, sagt der Konstrukteur der Forth Bridge, Benjamin Baker, der für den Brückenbau geadelt wird: „Der Eiffelturm ist ein törichtes Stück Arbeit, häßlich, übel proportioniert und von keinem wirklichen Nutzen." Seine Brücke ist mehr als dreimal so groß, quer über einen Meeresarm gebaut, und wird für mindestens ein Jahrhundert sehr nützlich sein. Gerne wird man mehr als 100 Jahre später noch von einem „8. Weltwunder der Neuzeit" sprechen, von einem schottischen Wahrzeichen.

Beim Bau der Forth Bridge gelangen neben mehr als 4.000 Arbeitern rund um die Uhr Hand- und Dampfkrane aller Art zum Einsatz. Darunter Winden, Schwenk-, Derrick-, und „Goliath"-Krane, also Portalkrane. „Krane werden an jeder möglichen Stelle errichtet, um den Bauablauf zu beschleunigen", heißt es in einer Beschreibung. Der federführende Bauunternehmer William

Bild 62: Ganze Kranwälder auf einem der drei Hauptpfeiler der gigantischen Forth Bridge, die mit 54.160 t verbautem Stahl und 2,53 km Länge für viele Jahre die größte Brücke der Welt sein wird.

Arrol entwirft spezielle Kranbühnen, die jeweils einen druckwasser-hydraulischen Kran mit einer Nietmaschine für 40 t Preßdruck und einen „Jubilee"-Dampf-schwenkkran zum Einheben der vorge-bogenen Stahlteile tragen (Bild 63).

Im September 1889 dienen die Ausleger zweier „Jubilee"-Krane zur ersten inoffi-ziellen Überbrückung des Firth of Forth: Ein wagemutiger (oder leichtsinniger) „Brigger" verbindet die beiden Ausleger mit einer waagerechten Leiter und krab-belt in 61 m Höhe über dem Wasser zum Ausleger des Kranes, der auf dem zwei-ten riesigen Brückenpfeiler steht …

Die englische Kranindustrie bildet sich

Springen wir – nein, nicht von der Brücke, sondern ein wenig in der Zeit zurück, um zu erforschen, wo die Ursprünge für die Kranvielfalt auf der Forth Bridge zu finden sind. Eine außergewöhnliche Antriebsart wird zunächst den englischen Kranbau prägen, den im 19. Jahrhundert fortschritt-lichsten der Welt. Schon 1826 konstruiert Joseph Bramah, der Erfinder der hydrauli-schen Presse, einen Kran mit Druckwasser-antrieb, der gegenüber dem Handantrieb zunächst jedoch kaum Vorteile bietet.

Erst 1846 baut William George Arm-strong den ersten brauchbaren Druck-wasserkran für den Kai von Newcastle -on-Tyne (Bild 64). Dieser Kran verfügt schon über drei Druckwasserkolben für verschiedene Laststufen, die mit 6 bar Druck aus einer Wasserleitung gespeist werden. Die Kolben heben die Last über einen Kettenrollenzug, ein weiterer Druck-

zylinder übernimmt das Schwenken des Auslegers.

1851 entwickelt Armstrong den Druck-wasser-Akkumulator, einen Zylinder mit gewichtsbelastetem Kolben, mit dem Druckwasser zu spei-chern und je nach Bedarf zu entnehmen ist. 1862 wird in Harburg bei Hamburg der erste deutsche Druckwasserkran in Betrieb genommen. Die in großen Stückzahlen gebauten hydraulischen Krane kommen hauptsächlich in Häfen und Werften und in der Stahlindustrie zur Anwendung, da dort stationäre Dampfanlagen zur Verfü-gung stehen.

Fleißig wird nun der Kranbau in England betrieben. Besonders von der Firma G. Stothert & Co. aus Bath, die später als Stothert & Pitt Bekanntheit erlangt. Handbetriebene Krane gehören längst zum Programm, 1853 folgt ein Dampfkran für einen Steinbruch bei Bath. Verloren in den Fluten des Avon sind mitsamt dem Firmenarchiv leider genauere Angaben über den ersten „Locomotive Steam Crane", die erste Kranlokomotive, die nach Untersuchungen der englischen Zeitschrift „Engineer" von 1909 ebenfalls von Stothert & Pitt stammen soll.

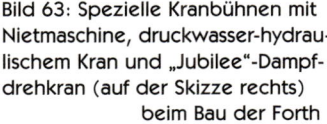

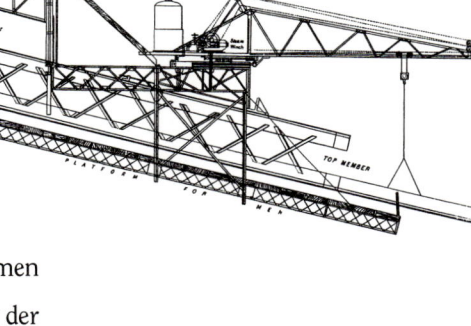

Bild 63: Spezielle Kranbühnen mit Nietmaschine, druckwasser-hydrau-lischem Kran und „Jubilee"-Dampf-drehkran (auf der Skizze rechts) beim Bau der Forth Bridge.

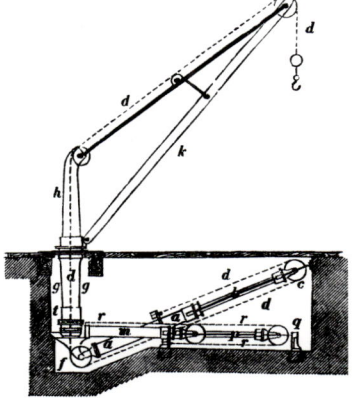

Bild 64: Erster hydraulischer Druck-wasserkran des Engländers Armstrong mit Druckzylindern und Kettenrollen-zug; eine Kranart, die im 19. Jahrhun-dert weit verbreitet ist.

1864 baut G. Stothert den ersten voll schwenkbaren Dampfkran, der rund 6 t wiegt und 1867 in Paris eine Goldmedaille erhält (Bild 65). In „The Cambrian" wird der Kran anschaulich beschrieben: „Dies ist eine höchst ingeniöse Maschine, patentiert von G. Stothert aus Bath, mit einem beweglichen Kessel und Antrieb auf der einen Seite und einem Kran auf der anderen. Er arbeitet mit der höchsten Genauigkeit und Schnelligkeit, hebt eine Last von drei Tonnen mit größter Leichtigkeit, und fährt, falls erforderlich, entlang der Schienen."

Bild 65: Dies könnte der erste voll schwenkbare Dampfkran sein, erbaut im Jahre 1864 von der englischen Firma Stothert & Pitt. Der Dampfkessel dient als Kontergewicht.

Ein baugleicher Kran wird um 1883 mit einem vom Engländer Joseph Henry Wild patentierten Greifer eingesetzt. Wild tat sich mit Robert Pitts Sohn Walter zusammen, was später zur Gründung von Stothert & Pitt führt. Die patentierten Greifer finden bis etwa 1927 äußerst breite Verwendung an Kranen aller Art, ebenso die 1875 von William Dent Priestman erfundenen Zweischalengreifer als echte Konkurrenzprodukte. Die dazugehörenden, ab 1877 von Priestman gebauten „Crane Grabs" (Kran-Greifer) werden über etwa ein halbes Jahrhundert das wichtigste

Produkt dieser Firma. Um 1890 entwikkelt Stothert & Pitt dampfgetriebene Auslegerkrane in sehr fortschrittlicher Bauweise (Bild 66).

1869 entsteht in Ipswich, Suffolk, eine neue Firma, die sich aus einer Abteilung von Ransome, Sims & Head, einem Hersteller landwirtschaftlicher Produkte, bildet und zunächst Eisenbahnausrüstungen produziert und Brücken baut. Die neue Firma wird von den Herren J. A. Ransome, R. J. Ransome und R. C. Rapier gegründet und als Ransomes & Rapier berühmt. Schon 1875 rollen die ersten Eisenbahnkrane für China aus dem Werk, und 1888 werden die ersten der dampfgetriebenen „Titan"-Krane für 30 t Tragkraft gebaut. Diese Krane gelten bald als leistungsfähige „Baukrane" und sind beim Molenbau sehr beliebt (Bild 67).

Bild 66: Massiver „Titan"-Kran von Stothert & Pitt zum Heben bis zu 50 t wiegender Steine beim Molenbau; die Arbeiter vor Laufkatze und Dampfkessel geben einen Eindruck von den Abmessungen.

Bild 67: Dampfgetriebener „Titan"-Kran von Ransomes & Rapier für 30 t Tragkraft mit großem Kesselhaus beim Molenbau von Seaham.

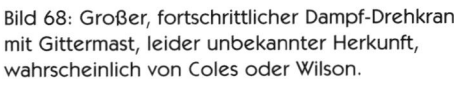

Bild 68: Großer, fortschrittlicher Dampf-Drehkran mit Gittermast, leider unbekannter Herkunft, wahrscheinlich von Coles oder Wilson.

Wegen des zunehmenden Welthandels erlangen die Schiffahrt und damit auch der Hafen- und Molenbau große Bedeutung, wobei die hohe Tragkraft der „Titan"-Krane den Baufortschritt durchaus beschleunigt, da schwere Steinblöcke gehoben und eingebaut werden können. Beim Molenbau kurz vor der Jahrhundertwende gelangen auch schon Dampf-Gittermastkrane zum Einsatz, ebenfalls mit 30 t Tragkraft, aber leider unbekannter Herkunft (Bild 68).

1884 erleben wir die Gründung der später ebenso bekannt werdenden englischen Firma Herbert Morris & Bastert Limited (heute zu Harnischfeger gehörend) bei Loughborough in Leicestershire, wo zunächst Windenblöcke und Seilrollen produziert werden. Für den ersten Schwerlastkran zeichnet 1875 die Firma Taylor & Co. verantwortlich, er wird für die Dundeedocks in Birkenhead geliefert (Bild 69). Bei 17 m Ausladung werden beachtliche 70 t Tragfähigkeit erreicht. Hub- und Schwenkwerk werden von je einer Zwillingsdampfmaschine angetrieben. Besonderes Augenmerk verdient das Schwenkwerk, denn zum erstenmal wird ein freilaufender Walzendrehkranz für die Drehscheibe genutzt.

In erster Linie mit Kranen weltbekannt wird auch die englische Firma Coles aus Southwark bei London. Henry James Coles gründet sein kleines Ingenieurbüro 1879 in Räumen, in denen zuvor seine früheren Angestellten fleißig waren. Coles war zunächst bei dem Gießereiunternehmen Appleby Bros. tätig, das sich in dieser Zeit auch sehr in der vielversprechenden Krantechnik engagierte. 1867 präsentiert Appleby in Paris einen Dampfkran in Blechträgerbauweise auf Schienen (Bild 70) und 1873 bei der Wiener Weltausstellung den ersten Kaikran für 5t Tragkraft mit Dampfantrieb auf einem torförmigen Wagen, einem Portal. Dieser Kran wird für lange Zeit als Norm für Kaikrane betrachtet.

Bild 69: 1875 baut die englische Firma Taylor & Co. einen dampfgetriebenen Schwerlastkran für 70 t Tragkraft, der auf einem freilaufenden Rollenkranz schwenkt.

Appleby Bros. zählt durchaus zu den Begründern der Krantechnik. Obwohl Henry James Coles 1875 zum stellvertretenden Geschäftsführer ernannt wird, verläßt er – gerade 32 Jahre alt – das Unternehmen, das nach Greenwich umziehen möchte. Coles startet in einem „Büroableger" von Appleby sein später weltumspannendes Unternehmen. Drei seiner Brüder, Frederick, Walter und Ernest, ebenfalls vorher bei Appleby angestellt, begleiten ihn bei dem mutigen Schritt. Schon nach wenigen Jahren erhält er die ersten Patente, später werden Dutzende folgen. 1898 verlagert er seine expandierende Firma nach Derby, einem wichtigen Industriezentrum und Herz der Eisenbahnindustrie.

Bild 70: Firmengründer Henry James Coles ist zunächst bei der englischen Firma Appleby Brothers tätig, die 1867 diesen Dampfkran mit Fahrantrieb baut.

Einer der ersten Coles-Kataloge zeigt 1887 einen dampfgetriebenen „Goliath Crane" – so werden in England Portalkrane genannt – der für den Hafenbau in Griechenland konstruiert wurde und bis zu 24 t wiegende Steinblöcke heben und auf den Kranschienen verfahren kann (Bild 71). In einem späteren Katalog von 1894 tauchen solche Krane allerdings nicht mehr auf.

Häufige Verwendung finden um 1890 schienengeführte Dampfschwenkkrane mit angehängten Greifern. Im Tragkraftbereich von 2 bis 10 t werden von Coles nun jährlich im Durchschnitt 15 bis 20 Dampfschwenkkrane gefertigt, von denen schon etwa die Hälfte in alle Welt bis nach China und Rußland exportiert wird (Bild 72). 1894 wird ein derartiger Kran mit 15 t Tragkraft gebaut. Um 1897 stellt Coles sogar einen hydraulischen Dampfdrehkran auf Schienen vor, wahrscheinlich den einzigen dieser Art. Kompakte, druckwasserbetriebene Krane sind nur von Coles bekannt (Bild 73).

Anfänge des deutschen Kranbaues

Um 1812, als in Deutschland die Kruppsche Gußstahlfabrik in bescheidenstem Umfang entsteht, begegnen uns mit Friedrich Wilhelm Harkort und Heinrich Daniel Kamp zwei Pioniere dieser Zeit. Im Juni 1819 wirbt Harkort in England Arbeiter und Ingenieure an und kauft allerlei Maschinen. Schon im Herbst des gleichen Jahres gründet er zusammen mit Kamp die Mechanische Werkstätte Harkort & Co. Zunächst werden jedoch

keine Krane, sondern Dampfmaschinen, Dampfhämmer sowie verschiedene Bergbau-Fördereinrichtungen und -pumpen produziert. Der Kupferschmied Ludwig Stuckenholz tritt 1827 als Geselle in die Mechanische Werkstätte Harkorts ein und richtet bald eine kleine Kupferschmiede zur Herstellung von Dampfkesseln, Pumpen und Feuerspritzen ein.

1862 gründen ein Ingenieur und ein Kaufmann in Duisburg ihre Firma Bechem & Keetman und bauen Hilfsmaschinen für die verschiedenen Betriebe der Eisenhüttenindustrie, später auch Gesteinsbohrmaschinen. Mit Harkort, Stuckenholz, Bechem & Keetman fügen sich die Mosaiksteine zu einem Bild, denn …

… große Zeiten stehen der Mechanischen Werkstätte Harkort & Co. bevor, wird diese doch – umbenannt in Märkische Maschinenbau-Anstalt – das Stammwerk eines der bedeutendsten deutschen Industrieunternehmen und des später weltbekannten Kranherstellers Demag werden. Nach Fusion der Märkischen Maschinenbau-Anstalt mit der Ludwig Stuckenholz AG, beide aus Wetter, und der Duisburger Maschinenbau AG (vormals Bechem & Keetman) sowie der 1896 gegründeten Benrather Maschinenfabrik AG bei Düsseldorf wird im Jahre 1910 die Deutsche Maschinenfabrik entstehen, die ab 1926 rund um den Globus unter dem Namen Demag bekannt wird.

Bild 71: Dampfgetriebener „Goliath"-Kran (Portalkran) aus dem Jahre 1887 von Coles für 24 t Tragkraft mit schweren Kettenzügen; für den Hafenbau in Griechenland bestimmt.

Bild 72: Coles baut schon früh Dampfkrane mit 360° Schwenkbereich, hier mit Greifer beim Caissonbau für den Blackwall Tunnel in England.

Über die Firma, in der der gesamte deutsche Kranbau wurzelt, erfahren wir am 3. August 1877 aus der englischen Zeitschrift „Engineering": „Die Firma Ludwig Stuckenholz verdient vollste Anerkennung für den Entwurf und die Konstruktion von Hebezeugen jeder Art, besonders deren mit Antrieb durch schnellaufende Seile." Der Inhaber Rudolph Bredt wird als der erste und größte Kranbaumeister Deutschlands in die Geschichte eingehen. Er studierte in Karlsruhe und Zürich Maschinenbau und Mathematik, war anschließend in Berlin und Bremen tätig, von wo ihn sein Weg nach England führte, in das „gelobte Land der Technik, in dem man viel lernen kann", wie Matschoss in „Ein Jahrhundert deutscher Maschinenbau" beschreibt.

Im englischen Crewe glückt es Bredt, bei einem der bedeutendsten zeitgenössischen Ingenieure, bei Ramsbottom, der 1861 in einer Kesselschmiede erstmals einen Laufkran über ein Transmissionsseil antreibt, in die Lehre zu gehen. In der großen Lokomotiv- und Maschinenfabrik findet er eine bescheidene Stelle im Zeichensaal. Mit besonderem Eifer studiert er den Kranbau und lernt die von Bessemer entworfenen hydraulischen Krananlagen kennen.

Nach Deutschland zurückgekehrt, beteiligt sich Rudolph Bredt an der anfangs noch kleinen Fabrik von Stuckenholz, die auf seine Veranlassung 1867 den Kranbau aufnimmt. Durch Bredt wird Stuckenholz zum ersten Kranbauwerk Deutschlands, das – aufgegangen in der Demag – Weltruhm erwirbt. Zunächst

bringt Bredt den Laufkranantrieb von einer ortsfesten Dampfmaschine aus über Treibseile zu höchster Vollendung, bis 1887 der erste elektrisch betriebene Einmotor-Laufkran für eine Werft gebaut wird. Auch für Werften liefert Bredt die sogenannten Fairbairn-Krane mit gekrümmtem Ausleger, die in England große Verbreitung erlangten. Seine zählen zu den größten und sind bei 30 t Tragkraft und 13,5 m Ausladung noch handbetrieben.

1885 wird ein „technisches Wunder" der Firma Stuckenholz am Kranhöft im Hamburger Hafen für die Finanzdeputation der Stadt aufgestellt: ein drehbarer Hafenkran mit 150 t Tragkraft bei 17,3 m Ausladung des Haupthakens von der Drehachse (Bild 74). Dieser „ortsfeste Riesen-Drehkran" ist weltweit der erste drehbare Kran mit einer solchen Tragkraft. Obwohl Hafen- und Werftkrane nicht Gegenstand unserer Zeitreise sind, möchten wir doch bei

Bild 74: 1885 der größte Kran der Welt, gebaut von Stuckenholz, für 150 t Tragkraft bei 17,3 m Ausladung im vollen Schwenkbereich, dampfgetrieben und mit Gall'scher Kette als Lastorgan.

einigen herausragenden Entwicklungen kurz Halt machen.

Mehrere Tage muß dieser Kran mit 200 t Probebelastung arbeiten. Der zunächst dampfgetriebene, ab 1925 elektrisch angetriebene Hamburger Drehscheibenkran gilt als größter der Welt und ist über 50 Jahre fleißig, bevor er 1937 „als abgängig erklärt und zum Abbruch bestimmt" wird. Der Kran gilt zudem als großer technischer Fortschritt, denn die üblichen Hafenkrane dieser Zeit werden als Scherenkrane (ähnlich Derrickkranen) gebaut und können daher nur eine sehr begrenzte, gerade Strecke vom Ufer aus bestreichen.

Mehr für Bauarbeiten, seien es Brücken-, Hafen- oder Molenbau, eignen sich die Schwimmkrane dieser Zeit. Wie bei den Erdbaumaschinen begegnet uns auch hier die Entwicklung der Krane gemäß der vorherrschenden Fortbewegungs- und Transportarten der jeweiligen Zeitphasen: Zunächst spielen Schwimmkrane eine große Rolle, später schienenverfahrbare Krane zur Blütezeit der

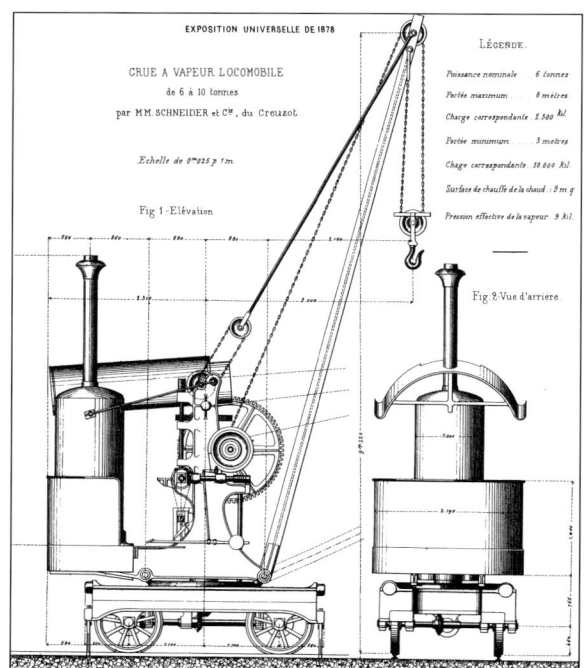

Eisenbahnen, und anschließend straßenverfahrbare Krane im Zeitalter der „AutoMobilität".

Für „Riesenschwimmkrane" berühmt wird die deutsche Firma Duisburger Maschinenbau AG (vormals Bechem & Keetman), ab 1910 ebenfalls zur Deutschen Maschinenfabrik AG (ab 1926 Demag) gehörend. Der erste wird 1886 als Mastenschwimmkran mit 40 t Tragkraft bei 13,5 m Ausladung über Pontonkante gebaut, und zwar für die Wasserbauinspektion Duisburg-Ruhrort.

Wie in England werden in Deutschland kurz vor der Jahrhundertwende Dampfkrane mit Greifern als Krane für Umschlagarbeiten verwendet. Bekannt hierfür sind die frühen Krane von Bünger & Leyrer, Jäger und von Bechem & Keetman (Bild 75). Große Umschlagkrane werden auch von der Firma Carl Hoppe aus Berlin gebaut, auch druckwasserbetriebene wie ein Kohlenschüttkran von 1889 mit 26 t Tragfähigkeit.

Ein grundlegender Wandel im Kranbau zeichnet sich mit der Einführung des elektrischen Kranantriebes ab, nachdem die Elektricitäts-Gesellschaft Helios in Köln einige ihrer Betriebslaufkrane 1885 versuchsweise mit Elektromotoren ausstattet und die Firma Stuckenholz für

Bild 75: Großer „Lokomotiv-Dampfdrehkran" der deutschen Firma Bechem & Keetman (später Demag) von 1890; außergewöhnlich ist der Kübel mit Bodenklappen.

Bild 76: Dampfgetriebener, 9,2 m hoher „Grue à Vapeur Locomobile" der französischen Firma Schneider & Cie. aus dem Jahre 1878; die Höhen-/Längenrelationen der Zeichnung stimmen nicht.

die Blohm & Voss Werft 1887 ihren ersten elektrisch betriebenen Laufkran liefert. Durch den elektrischen Antrieb verschwinden die massigen Kessel und Druckwasserzylinder, die Steuerung wird einfach und beweglich. An Stelle des auf ganzer Länge knicksteifen Auslegers tritt das leichte Fachwerk aus U- und Winkeleisen. Da die Ausbildung der Statik einerseits und die Entwicklung des elektrischen Antriebs andererseits in Deutschland emsig betrieben werden, ist es verständlich, daß hier der Kranbau um die Jahrhundertwende besonders aufblüht. 1900 werden im Hamburger Hafen bereits 58 Elektrokrane mit 1.000 kW Gleichstrom bei 550 V Spannung von einem Kraftwerk versorgt.

Bild 77: Riesiger Link-Belt-Dampfkran von 1890, schon mit hochgesetztem Fahrerstand zur Verbesserung der Sicht; der Arbeiter rechts ist ein guter Größenvergleich.

Krane in aller Welt

In Frankreich baut die Firma Schneider & Cie. aus Creuzot schon um 1878 einen schienenverfahrbaren, um 360° schwenkbaren Dampfkran für 2,5 t Tragkraft und 8 m größte Ausladung (Bild 76). Die französische Firma Decauville bietet um 1890 schon eine Kranbaureihe, in erster Linie stationäre, aber leicht transportierbare Krane und um 360° schwenkbare Krane auf Decauville-Schmalspurgleisen. Während diese Krane handbetrieben sind, wird auch ein voll schwenkbarer Dampfkran genannt, von dem leider keine Einzelheiten bekannt sind.

Kennzeichnend für den französischen Kranbau dieser Zeit ist das Streben nach außergewöhnlichen Maschinenelementen und Lösungen wie Schraubenspindelantrieben, Riemenantrieben über Kurbelscheiben oder absonderliche Spiralschnecken. Um die Mitte des 19. Jahrhunderts beginnt der französische Kranbau gegenüber dem englischen und später auch deutschen zurückzubleiben, vornehmlich bei den Antrieben, die nur für kleine Geschwindigkeiten und Leistungen geeignet sind. Blicken wir deshalb von Europa über den Großen Teich in das Land der unbegrenzten Möglichkeiten und …

… hören dort, daß der Amerikaner William Dana Ewart 1874 ein Patent für eine Kette mit auswechselbaren Gliedern erhalten hat – die Basis aller späteren Antriebsketten! Nach einer Ausstellung in Chicago werden von der neu gegründeten Ewart Manufacturing Co. zunächst Kettenantriebe produziert. Doch der Erfinder ruht nicht, sondern versucht rastlos, den Kettenantrieb in allen Bereichen der Technik anzuwenden. Dies führt 1880 zur Gründung der Link-Belt Machinery Co. in Chicago. Dem Materialumschlag und -transport verwandt sind Krane, und so ist es nur zu verständlich, das uns schon nach wenigen Jahren, nämlich um 1890, der erste Link-Belt-Dampfkran aus eigener Fertigung auf breiter Schienenspur entgegenrollt (Bild 77).

Oliver T. Crosby und Frank J. Johnson rufen 1882 in St. Paul im US-Bundesstaat Minnesota die American Manufacturing Company ins Leben, aus dem sich später ein weiterer überaus berühmter Kranhersteller bilden wird: die American Hoist & Derrick Company, auch unter Amhoist und American bekannt. Anfänglich werden allerdings hand- und pferdebetriebene Winden, bald jedoch auch hölzerne Derrickkrane gebaut (Bild 78). 1885 ist ein wichtiges Jahr für die Firma – der Bau fahrbarer Derrickkrane in hölzerner Ausführung für 4 t und in Stahlbauweise für 5 t Tragkraft wird aufgenommen. Zehn Jahre später entsteht der weltgrößte „Locomotive Crane", ein dampfgetriebener 400-t-Koloß auf Schienen mit 45 t Tragkraft und einem 23 m langen Ausleger, für den Hafenumschlag bestimmt. Für etwa zwanzig Jahre wird dieser Kran Rekordhalter sein.

Nach einem tödlichen Unfall mit einem Industrie-Portalkran entschließt sich der Amerikaner H. A. Shaw im Jahre 1887, einen sicheren Portalkran, angetrieben von drei Elektromotoren, zu bauen. Shaw wendet sich an die benachbarte junge amerikanische Firma Pawling & Harnischfeger. Bereits 1888 verläßt der erste Portalkran neuer Bauart das Werk – als Urahn sämtlicher späterer, besonders im 20. Jahrhundert berühmt werdender P&H-Krane.

Bild 78: Mittels Pferdegöpel angetriebener, schwenkbarer Mastkran der American Manufacturing Co. zum Heben schwerer Steinblöcke.

Gäbe es weit vorausschauende, internationale Fachzeitschriften, würden wir 1895 von der Gründung der Kato Iron Works in Japan erfahren. So geht diese Neuigkeit aber an den Kranbauern des 19. Jahrhunderts vorbei. Nur wir Zeitreisenden wissen, daß der Name Kato später einmal im Kranbau eine gewisse Rolle spielen wird... Wenige Jahre zuvor, 1888, wird bei der japanischen Besshi-Kupfermine eine eigenständige Werkstatt- und Maschinenbauabteilung angesiedelt. Auch hiervon nimmt kein zeitgenössischer Kranbauer Notiz, doch aus dieser Werkstatt entsteht später immerhin einmal der Kranbauer Sumitomo.

Gut gemischte Bagger, Rammen und Krane

Ab 1839 trafen wir auf verschiedene Krane, die eigentlich keine waren, sondern vielmehr Bagger. Daran ändert sich auch in den letzten Jahrzehnten des 19. Jahrhundert nichts. Im Gegenteil, der vehemente Bahnbau in den Vereinigten Staaten und die in dieser Zeit gar nicht so seltenen Entgleisungen führen zu einer anderen Entwicklung.

Aus sogenannten „Wrecking Cranes", das sind mobile Bergekrane auf Schienen, bildet sich eine neue Baggerform, der Eisenbahnbagger, auch „Railroad Shovel" genannt. Der Vorläufer aller berühmten Marion-Bagger, konstruiert von Henry M. Barnhart und Edward Huber, wird in der amerikanischen Patentschrift Nr. 285.100 von 1883 als „Traveling Crane", also als fahrbarer Kran, bezeichnet. Die ersten Marion-Maschinen werden

Bild 79: In der Patentschrift von 1883 wird der Vorläufer aller Marion-Bagger noch als „Traveling Crane" (fahrbarer Kran) vorgestellt; daraus entstehen später die „Wrecking Cranes" (Bergekrane).

unter dem Namen „Barnhart's Steam Shovel and Wrecking Car" bekannt, da nach Abnahme des Löffelstiels für den Baggerbetrieb einwandfreier Kranbetrieb möglich ist (Bild 79).

Die Verwandtschaft beider Maschinen wird auch von anderen Firmen betont, um zu zeigen, daß die dampfgetriebene Basismaschine äußerst vielseitig als Bagger oder als Kran arbeiten kann (Bild 80). Diese Vielseitigkeit wird von amerikanischen Bahngesellschaften sehr geschätzt, denn wir befinden uns in einer Zeit, in der entgleiste Lokomotiven und Waggons zur Tagesordnung gehören und Nordamerika noch sehr dünn besiedelt ist, also längst nicht allerorten geeignete Maschinen verfügbar sind.

Deshalb werden derartige Kombimaschinen vor der Jahrhundertwende von mindestens einem Dutzend amerikanischer Hersteller gebaut. Sie dienen als Baukran, als Bagger und auch als Ramme entlang der Bahntrassen oder beim Bau neuer Eisenbahnstrecken. Der Vorläufer der späteren Bucyrus-Bagger und -Krane, der „Thompson Steam Excavator and Derrick", hebt beispielsweise als Kran im ganzen 180°-Schwenkbereich 15 t.

Schon um 360° schwenkbar präsentiert sich ein amerikanischer „Barnhart Log Loader" für die Forstwirtschaft, der sich als dampfgetriebener Kran auf Flachwagen über die gesamte Zuglänge bewegen kann. Dieser Kran, von dem 160 Exemplare gebaut werden, ist der erste voll schwenkbare Kran amerikanischer Bauweise (Bild 81).

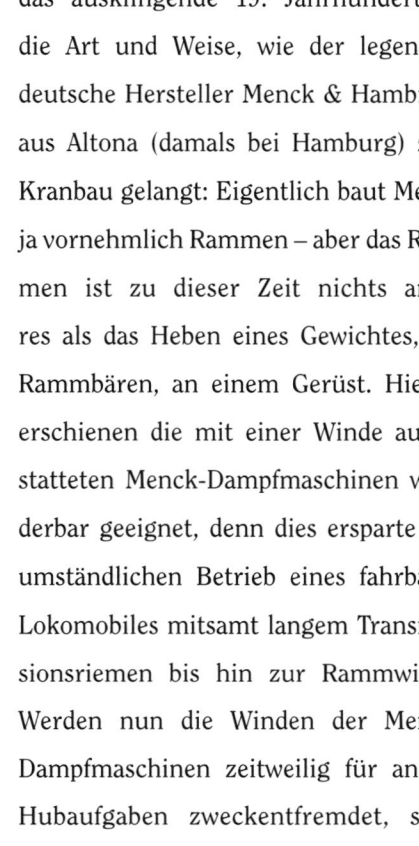

Ebenso typisch wie bemerkenswert für das ausklingende 19. Jahrhundert ist die Art und Weise, wie der legendäre deutsche Hersteller Menck & Hambrock aus Altona (damals bei Hamburg) zum Kranbau gelangt: Eigentlich baut Menck ja vornehmlich Rammen – aber das Rammen ist zu dieser Zeit nichts anderes als das Heben eines Gewichtes, des Rammbären, an einem Gerüst. Hierfür erschienen die mit einer Winde ausgestatteten Menck-Dampfmaschinen wunderbar geeignet, denn dies ersparte den umständlichen Betrieb eines fahrbaren Lokomobiles mitsamt langem Transmissionsriemen bis hin zur Rammwinde. Werden nun die Winden der Menck-Dampfmaschinen zeitweilig für andere Hubaufgaben zweckentfremdet, steht plötzlich ein Kran vor uns …

Ende der achtziger Jahre wird bei Menck mit dem Bau von „Dampf- und Handkrähnen" auf Schienen begonnen. 1891 heißt es: „Die Krähne dieser Liste sind Krähne nach dem Drehscheibensystem, bei welchem der obere drehbare Theil des Krahnes sich um eine Mittelwelle auf einer Kreisschiene dreht" (Bild 82).

Bild 80: Zwischen 1880 und 1900 sind Krane und Bagger genauso verwandt wie später als Universalkrane, wie diese Anzeige klar veranschaulicht.

Bild 81: Der „Barnhart Log Loader" (Holz-Lader) der Marion Power Shovel Co. ist 1886 der erste voll um 360° schwenkbare Dampfkran Amerikas.

Bild 82: Vom Rammen- zum Kranbau kommt die legendäre deutsche Firma Menck & Hambrock. Hier von 1894 ein „fahrbarer Dampfkrahn mit Dampfkessel, welcher eine Kipptonne trägt".

Doch bereits zum Ende dieses langen Jahrhunderts zeichnet es sich ab, daß mühsame, langsame und wenig kraftvolle Handarbeit zunehmend durch Maschinenkraft ersetzt wird, denn ab 1884 werden in den Verkaufslisten von Menck & Hambrock nur noch „Dampfkrähne und elektrische Krähne" genannt.

Die in diesen Jahren aus dem technisch fortschrittlichen England nach Deutschland gelangende Kunde über die ersten Bagger verunsichert auch deutsche Fachleute, so daß sie wie ihre amerikanischen und englischen Kollegen nicht recht wissen, welche Terminologie zu wählen ist. Krane, wenn auch nicht maschinengetrieben, sind seit langem bekannt, und wie wir bereits sahen, auch unmittelbar mit den ersten Baggern verwandt. Deshalb werden die ersten Greifbagger auch in Deutschland „Drehkräne", die ersten Löffelbagger „Kranschaufler" genannt. Der erste Menck-Baggerentwurf von 1899 wird folgendermaßen beschrieben: „Der Bagger besteht aus einem fahrbaren Dampfkrahn, welcher sich durch Dampfkraft auf einem Gleise fortbewegen kann und welcher an seinem Ausleger einen Baggereimer mit Stiel, den Löffel, trägt."

Turmkrane wachsen nur langsam in die Höhe

Die im Rahmen der Industrialisierung und der Landflucht schnell wachsenden Städte führen zu veränderten Baumethoden – in einer enger werdenden Welt bleibt den Menschen nur der Ausweg in die Höhe. Um schnell hoch bauen zu können, werden geeignete Hebezeuge benötigt, was die Entwicklung von Hochbaukranen forciert.

Doch dies geht langsamer vonstatten als in anderen Bereichen des Kranbaues. Auf den ersten hochinteressanten Turmkran des 19. Jahrhunderts stoßen wir erst 1867 beim Bau der Kirche Notre-Dame des Champs (nicht zu verwechseln mit der berühmten Kathedrale Notre-Dame). Dieser vom Franzosen M. Lancelot konstruierte Kran besteht aus „sorgfältig zusammengefügten" Holzbalken und ist bereits schienenverfahrbar, und zwar innerhalb des Rohbaus (Bild 83).

Die beiden Winden des Kranes können sich hoch oben entlang eines Balkens bewegen, ähnlich wie bei einem Portalkran. Angetrieben werden die Winden

Bild 83: Ein dampfgetriebenes und schienenverfahrbares Turmkranungetüm von 1867, konstruiert vom Franzosen Lancelot, mit zwei Laufkatzen-ähnlichen Winden.

Bild 84: Auch im 19. Jahrhundert begegnet er uns, der mehr als vier Jahrhunderte alte und 1819 komplett überholte Riesenkran auf dem Turmtorso des Kölner Doms.

über Seilzüge durch eine kompakte, 4 PS starke Dampfmaschine im großen, zentralen Maschinenhaus des Kranes. Diese Dampfmaschine übernimmt auch das Verfahren auf den Schienen. „Der Kran kann Steine von 3 bis 4 Kubikmetern – 7.500 bis 10.000 Kilogramm – heben und kostet 25.000 Francs."

Verweilen wir noch einen Moment bei den himmelhohen Kranen für den Kirchen- und Kathedralenbau. Ein Jahr später, also 1868, wird der große, über lange Zeit auch als Wetterfahne dienende Riesenkran des Kölner Doms, über den wir ab 1400 mancherlei erfahren haben (siehe Bild 20), abgebrochen, nachdem er ab 1846 durch „Versatzmaschinen", wahrscheinlich eiserne Winden und Flaschenzüge, ersetzt wird (Bild 84). Ab 1869 übernimmt ein 8 PS starker Dampfkran die Arbeit, der seinen Dampf von einem am Turmfuß untergebrachten Kesselhaus erhält. Dazu wird die Rohrleitung im Turminnern hochgeführt. Durch diesen Kran reduziert sich die Hubzeit je Stein von rund 45 auf nur noch 3 Minuten! Der Kran erweist sich als gute Konstruktion, und 1880 kann der Kölner Dom glücklich vollendet werden.

Eigentlich präsentieren sich Turmkrane noch nicht sehr ausgewachsen, wie der erste kleine Hochbaukran der deutschen Werkzeug- und Maschinenfabrik Carl Peschke aus Zweibrücken zeigt (Bild 85). Sowohl bezüglich der Höhe als auch der Ausladung von nur 1,35 m ist er noch recht bescheiden. Es darf wohl angenommen werden, daß die Kransäule auch wesentlich höher ausgeführt werden kann. Die Seilwinde wird manu-

ell betätigt, denn der erste elektrische Industriekran ist gerade mal neun Jahre alt. Später entstehen aus diesen kleinen Kranen die berühmten Pekazett-Turmkrane. Peschke produziert außerdem „Patent-Sicherheits-Winden mit Centrifugal-Bremsregulator und Friktionsantrieb", Schnellflaschenzüge und fahrbare Patent-Drehkrane mit 1 bis 4 t Tragkraft (Bild 86). Solche Krane werden auf hohen Gerüsten mit oberer Schienenführung, sogenannten Etagengerüsten, auch als Hochbaukrane betrieben.

Weitere Grundsteine für die Turmkranentwicklung werden gelegt: Die 1854 im deutschen Heilbronn als Eisengießerei gegründete Firma Julius Wolff & Compagnie richtet ihr Augenmerk ebenfalls auf den Bau von Hebezeugen. 1898 kann ein handbetriebener Gießerei-Drehkran geliefert werden. Bald kommen Drehkrane mit gußeiserner Fundamentplatte und Gegengewicht sowie „Normale Eisenbahnwaggonkrane" für bis zu 10 t Tragkraft hinzu – auf die später international bekannten Turmdrehkrane müssen wir leider bis zum nächsten Jahrhundert warten. Übrigens, 1898 erfahren wir von der Gründung der deutschen Firma Ibag, die in den 20er Jahren auch interessante Turmdrehkrane baut.

Einen anderen Kran, zwar auf keinem Turm, aber als Säulenmast ausgeführt, bietet die englische Firma Herbert Morris & Bastert speziell für Kranmontagen an (Bild 87). Um die Jahrhundertwende können hiermit schwere, mehr als 20 t wiegende Kranbauteile in große Höhen von bis zu 24 m angehoben werden.

Bild 85: Bescheidener Anfang des Turmkranbaues bei der deutschen Firma Carl Peschke (später Pekazett) im Jahre 1894 mit einem Säulenkran für 1,35 m Ausladung.

Bild 86: Schienenverfahrbarer Peschke-Drehkran mit Kurbelantrieb für den Hochbau – die Schienen werden auf hohen, stabilen Etagengerüsten angeordnet.

Am Rande bemerkt...

Lastmomentbegrenzer sind noch ein Fremdwort, so daß das leidige Thema längst bekannt ist – Baustellenmannschaft und Kranführer überschätzen die Fähigkeiten ihrer Krane, wenn beispielsweise beim Molenbau wuchtige Steinblöcke ins Pendeln geraten. Dann kann ein riesiger 30-t-Kran schon einmal in die Tiefe stürzen und nur noch als Wrack geborgen werden (Bild 88).

Bild 87: Montagemast der englischen Firma Morris & Bastert für bis zu 20 t schwere Kranteile, die über zwei Flaschenzüge in die Höhe befördert werden.

Bevor wir dieses Jahrhundert verlassen, fällt unser Blick noch auf zwei vielversprechende Entwicklungen: Am Abend des 28. Februar 1888 hat ein irischer Tierarzt und Vater ein bedeutendes Werk vollendet: Nach zahlreichen Versuchen mit Holzscheiben, Gummistücken, Leinwand und Schläuchen sind die Hinterräder des Dreirades seines Sohnes mit Luftreifen versehen, die Straßenunebenheiten wunderbar abfedern. Dr. Dunlop, so heißt der unbekannte Tierarzt, läßt sich die Idee patentieren, findet aber zunächst keinen Gummihersteller, der sich mit diesen merkwürdigen Luftreifen beschäftigen möchte ...

Im Oktober 1896 baut Gottlieb Daimler in Bad Cannstadt bei Stuttgart den ersten von einem Verbrennungsmotor angetriebenen Lastwagen – mit 4 PS Leistung und, na

Bild 89: „Hippomobile", der praktische Mobilkran der französischen Firma Grues Besnard, auch am Einsatzort bereits auf vier umkehrbaren Rollen voll mobil!

ja, nur 1,2 t Leergewicht. Obwohl dieses „Pferdefuhrwerk ohne Pferde" noch nicht viel mit den Lastwagen des 20. Jahrhunderts gemeinsam hat, kommt uns doch eine Idee – könnte man auf Basis solcher Luftreifen und selbstfahrender Vehikel nicht frei verfahrbare, schienenunabhängige, schnelle Auto- bzw. Fahrzeugkrane basteln? Die Zukunft wird hier allerlei Überraschungen bereit halten, doch zunächst müssen wir uns noch 20, 30 oder 40 Jahre gedulden ...

... oder einen echten Mobilkran in Frankreich bestellen, bei der Firma Grues Besnard aus Paris (Bild 89). Als „Hippomobile" bezeichnet, wird dieser Mobilkran mit Pferdekraft von Baustelle zu Baustelle gezogen. Wie durchdacht die Konstruktion ist, zeigen die vier kleinen, während der Fahrt umgekehrt anmontierten Stützrollen an den vier Ecken des Grundrahmens. Werden sie nach unten gedreht, bleibt der Kran auch während des Einsatzes mobil, also verschiebbar, und dies auf sicherer Stützfläche. Krane nehmen also durchaus schon Gestalt an!

Bild 88: Wrack eines großen, 30 t hebenden Dampfkranes, der beim Molenbau in Port Talbot mitsamt seiner Standbasis abgestürzt ist.

IV.

1900 bis 1919

Mobiler, stärker, höher ...

Bild 90: Kran-Lokomotive „Stanghow" von 1902, in ihrer konventionellen Bauweise ein typischer Vertreter dieser in ganz Europa weit verbreiteten Krangattung.

Die technische Revolution im Bauwesen erfolgt erst zu Beginn des 20. Jahrhunderts, während sie in der Industrie schon im 19. Jahrhundert und eher stattfindet. Noch deutlicher trifft diese Spaltung auf die Kranentwicklung zu. Während Krane für den Schiffbau und Hafenumschlag schon seit mehreren Jahrhunderten genutzt werden, bleibt ihr Einsatz im Bauwesen weiterhin begrenzt.

Obwohl Krane, wie wir erfahren werden, weiterhin sehr häufig im Tiefbau verwendet werden – ja, im Tiefbau! – setzt die Mechanisierung im Hochbau erst viel später ein. Besonders auf dem Land wird noch mit fast mittelalterlichen Methoden gearbeitet. Mittelständische Bauunternehmen, auch in Klein- und Kreisstädten, besitzen mit großer Wahrscheinlichkeit keinen Baukran, keinen Bauaufzug, ebenso weder Betonmischer noch Kreissäge. Nach wie vor wird im herkömmlichen Hochbau alles in Handarbeit erledigt, sei es der Transport von Backsteinen, Ziegeln und Bauholz in die Höhe oder das Mischen und Befördern von Beton und Mörtel.

Die Krantechnik wird also keinesfalls vom herkömmlichen Hochbau geprägt, sondern vielmehr von dem Kranbedarf in Industrie, Häfen und Werften. Für Bauarbeiten werden Krane nur in bestimmten Bereichen benötigt, so beim

Bahn- und Gleisbau, beim Brücken-, Schleusen-, Hafen- und Molenbau, beim Baustoffumschlag und im Tiefbau. Das Heben großer, vorgefertigter Komponenten beschränkt sich gegenwärtig nur auf den Brücken- und Molenbau.

Unaufhaltsam wandeln sich aber Bild und Konstruktion aller Krane: Der Wunsch, Krane „freier" und mobiler abseits von Schienen betreiben zu können, die interessanten Neuigkeiten über Elektro- und Verbrennungsmotoren, die Verfügbarkeit belastungsfähigerer Stahlseile und Stahllegierungen und der gegenüber dem Schienen- und Wasserverkehr immer stärker einsetzende Straßenverkehr wird die Krantechnik nun durchgreifend ändern.

Frühe Mobilkrane auf Lokomotiven

Alle wesentlichen Transporte und Maschinenbewegungen, auch im Bauwesen, finden mit dem beginnenden 20. Jahrhundert entweder auf dem Wasser oder auf Schienen statt. Dies prägt selbstverständlich auch jetzt noch die Kranlandschaft. So begegnen uns weiterhin allerlei unterschiedliche Krangebilde auf Schienen ...

Dazu gehören zweifellos auch die recht merkwürdig aussehenden Kran-Lokomotiven, nicht zu verwechseln mit den „Locomotive Cranes", die wir noch kennenlernen werden. Kran-Lokomotiven basieren, wie die Bezeichnung vermitteln soll, auf Dampflokomotiven, haben jedoch einen meist über dem Lokführerstand aufmontierten Drehkran (Bild 90).

Bild 91: Die größte je gebaute Kran-Lokomotive hebt eine Last von 8 t bei 4,9 m Radius und basiert –wie alle anderen Kran-Lokomotiven– auf einer vollständigen Eigenkonstruktion.

Entstanden sind die Kran-Lokomotiven in England schon zur Mitte des 19. Jahrhunderts. Eine frühe Kran-Lokomotive wurde beispielsweise 1875 von der Firma Manning, Wardle & Co. Ltd. mit einem 3-t-Kran von Joseph Booth & Brothers aus Rodley gebaut. Halten werden sich die Kran-Lokomotiven als wendige Mobilkrane in Hafenanlagen, beim Holz- und Industrieumschlag und bei Bahnbauarbeiten bis in die 30er Jahre. Bekanntester Hersteller dürfte die britische Firma Andrew Barclay, Sons & Co. Ltd. aus Kilmarnock sein, von dem die größte Kran-Lokomotive der Welt geliefert wird (Bild 91). In Deutschland baut die Firma Borsig aus Berlin herkömmliche Kran-Lokomotiven.

Während die meisten dieser Krane mehr wie gewöhnliche Lokomotiven aussehen, gibt es auch schon Konzepte, die sich davon befreien und den Kran in den Vordergrund stellen. So beispielsweise von den deutschen Firmen Bechem & Keetman, Benrather Maschinenfabrik sowie Stuckenholz (später Demag), letzterer mit einer speziellen Auslegerform, die es gestattet, den nächstfolgenden, mit dem Kran zu einem Rangierzug zusammengekuppelten Waggon über eine hohe Bordkante zu entladen (Bild 92).

Die Mehrzahl der Kran-Lokomotiven ist, wie üblich, dampfgetrieben. Ganz vereinzelt werden jedoch auch schon elektrische gebaut, beispielsweise mit Oberleitungs-Stromzuführung von dem englischen Kranbauer Cowans & Sheldon aus Carlisle (Bild 93). Um die Vorzüge des sauberen elektrischen Antriebes auch ohne äußere Stromzuführung nutzen zu können, werden manche Kran-Lokomotiven auch von Akkumulatoren-Speichern als Stromquelle angetrieben (Bild 94).

Bild 92: Bei dem „fahrbaren Drehkran mit Dampfantrieb" mit 4 t Tragkraft und 5 m Ausladung geht die deutsche Firma Stuckenholz schon andere Wege als bei üblichen Kran-Lokomotiven.

Bild 93: Da der Ausleger der 2 t hebenden elektrischen Kran-Lokomotive nicht zu heben ist, darf die Stromversorgung über die Oberleitung erfolgen.

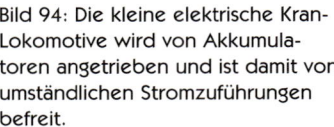

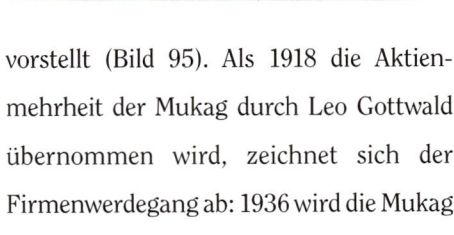

Bild 94: Die kleine elektrische Kran-Lokomotive wird von Akkumulatoren angetrieben und ist damit von umständlichen Stromzuführungen befreit.

Universalkrane
fahren auf Schienen

Im vergangenen Jahrhundert bewiesen sie ihre Nützlichkeit, nun gelangen sie in Scharen auf den Markt, die schienengeführten Umschlag- und Universalkrane, meist dampfgetrieben, bald auch elektrisch. In Europa und den Vereinigten Staaten nehmen zahlreiche Firmen die Produktion derartiger Krane auf, so daß zu dieser Zeit durchaus von einer eigenständigen Krangattung gesprochen werden darf. Da sich diese Umschlag- und Universalkrane in der Regel auf Schienen der Normalspur bewegen, entsteht in Deutschland die Bezeichnung „Normalkrane".

Viele solcher Krane werden auf kurzen Schienensträngen auch auf Baustellen aller Art betrieben, vergleichbar mit den Turmkranen oder Autokranen späterer Zeiten. „Dieser Vielseitigkeit entsprechend ist der zahlenmäßige Bedarf wesentlich größer als bei irgendeiner anderen Drehkranart, so daß bei diesen Kranen die Normalisierung am weitesten gediehen ist", heißt es in einem zeitgenössischen Fachbuch. Hier rührt der Begriff „Normalkran" nicht von der Schienenspur her, sondern betrifft vielmehr eine gewisse Standardisierung.

Von Mukag, einem längst vergessenen Namen der deutschen Kranindustrie, vernehmen wir erstmals 1906. Es ist die Abkürzung der soeben in Düsseldorf gegründeten Maschinen- und Kranbau AG, die 1910 ihren ersten Dampfkran auf Schienen, ebenfalls ein Normalkran,

Bild 95: Als „Lokomotivkran, auf Normalspur laufend, bis 10.000 kg Tragkraft" wird dieser Kran der deutschen Maschinen- und Kranbau AG (Mukag, später Gottwald) bezeichnet.

vorstellt (Bild 95). Als 1918 die Aktienmehrheit der Mukag durch Leo Gottwald übernommen wird, zeichnet sich der Firmenwerdegang ab: 1936 wird die Mukag in die Gottwald KG umbenannt.

Wie Firmen doch wandern – die Gottwald-Teleskopkranreihe wird einmal zu Krupp und damit dann auch zu Grove gelangen, und die Gittermastkranreihe später einmal zum deutschen Industrieunternehmen Demag gehören, das sich ab 1910 zu formen beginnt: In diesem Jahr schließen sich die Märkische Maschinenbau-Anstalt Ludwig Stuckenholz, die Duisburger Maschinenbau AG (vormals Bechem & Keetman) und die Benrather Maschinenfabrik zur Deutschen Maschinenfabrik zusammen, die sich ab 1926 unter dem Namen Demag Weltruf erarbeitet. Schon kurz nach der Jahrhundertwende präsentiert Bechem & Keetman interessante Universalkrane (Bild 96).

In Deutschland bauen außerdem die Ardeltwerke aus Osnabrück, Fröde & Brümmer aus Siegmar, die Fürst Stollberg-Hütte aus Ilsenburg, Menck & Hambrock aus Hamburg sowie Mohr & Federhaff aus Mannheim Normalkrane; in England sind die Namen Coles und Priestman untrennbar mit dieser Kranart verbunden. Ähnliche Krane werden zudem von John H. Wilson aus Liverpool produziert, uns schon bekannt aus dem letzten Jahrhundert für fortschrittliche Kranbagger (Bild 97).

Bild 96: „Lokomotiv-Dampfdrehkran" der deutschen Firma Bechem & Keetman von 1903 als Hochbaukran mit 3 t größter Tragkraft und 11 m Lastradius, leider ohne Höhenangabe.

1907, zwei Jahre nach dem Tod von Henry Coles und im Jahr der Gründung der Henry J. Coles Ltd. durch seinen ältesten Sohn Harry, verläßt der bislang größte 40-t-Eisenbahnkran die London Crane Works von Coles in Derby (Bild 98). 1913 stellt Coles einen schienengeführten Kran vor, der erstmals weder über Dampfmaschine noch Elektromotor verfügt. Stattdessen werden die Kranbewegungen durch einen der noch ziemlich ungewohnten Benzinmotoren und ein Kettengetriebe ausgeführt.

Bild 98: Schwerer Dampfdrehkran mit 40 t Tragkraft von Coles aus dem Jahre 1907; das Geländer vor dem Dampfkessel kann als Größenvergleich dienen.

In den Vereinigten Staaten werden die Umschlag- und Universalkrane „Locomotive Cranes" genannt und von Firmen wie American Hoist & Derrick, Bay City, Brown Hoisting, Bucyrus, Harnischfeger, Koehring, Link-Belt, Marion, Speeder, Thew und Universal hergestellt.

Die Brownhoist-Dampfkrane der Brown Hoisting Machinery Co. aus Cleveland, Ohio, werden bereits seit 1880 gebaut und leisten mit dem patentierten Zweischalengreifer, so der Hersteller, beim Baustoffumschlag so viel wie 20 bis 40 Arbeiter. In zweiachsiger Ausführung heben die Krane 10 t, in vierachsiger bis zu 15 t (Bild 99). Betont wird zudem, daß

die Krane jederzeit auch als Ramme oder mit Elektromagnet betrieben werden können, und sogar ein Sonderausleger für den Einsatz als Dampfbagger ist lieferbar.

Bei den „Locomotive Cranes" von Link-Belt wird die einfache, kompakte Bauweise hervorgehoben, so daß dem Kranführer viel Platz zur Verfügung steht (Bild 100). Viele der Link-Belt-Krane werden bereits elektrisch angetrieben oder verbrennen als fortschrittliche Dampfkrane keine Kohle, sondern Rohöl. Einige haben, wie schon in den 90er Jahren des letzten Jahrhunderts, einen erhöhten Fahrerstand, damit die Sicht des Kranführers nicht beeinträchtigt wird.

Noch rollen die meisten Umschlag- und Universalkrane – wie auch Bagger – auf Schienen. Weil beim rauhen Baustelleneinsatz schon einmal ein Bagger aus den Schienen springen oder gar umkippen kann, sind bei umfangreichen Bauarbeiten stets auch Bergekrane mit dabei – die, so wissen wir aus dem vergangenen Jahrhundert, noch direkte Verwandte der Dampfbagger sind. Weltweit bekannt sind die leistungsfähigen Bergekrane, die „Wrecking Cranes" der amerikanischen

Bild 97: Dampfdrehkran der englischen Firma John H. Wilson für 5 t Tragkraft, hier 1905 vom Bauunternehmen S. Pearson & Son in New York eingesetzt.

Bild 99: Ein 15 t hebender, vierachsiger Brownhoist „Locomotive Crane" von 1913 mit Greifer und großer Ausladung beim Verladen von Baustoff in Ohio.

Firmen Bay City, Marion und Bucyrus (Bild 101).

Doch schon kommt eine tiefgreifende Veränderung auf die schienengeführten Universalkrane zu: Ab etwa 1912 tauchen in den Vereinigten Staaten die ersten Bagger auf Raupenfahrwerken auf, in den 20er Jahren auch in Europa. Die Erfahrungen auf vielen Baustellen zeigen bald, daß Krane auf Raupenketten sehr viel freier und flotter einzusetzen sind als auf den starren Schienen, die den Aktionsradius der Baustellenkrane unverrückbar einschränken.

Deshalb werden sich in wenigen Jahren viele Universalkrane in Raupenkrane wandeln. Aus ihnen entstehen die bis in die 60er Jahre bekannten Universal-Seilbagger, oder auch anders herum, aus den Seilbaggern entstehen die Raupenkrane. Die technische Entwicklung beider Maschinengattungen hat sich hier gegenseitig beeinflußt, verwischt, und ist für spätere Generationen nicht mehr deutlich voneinander zu trennen.

„Zum Teil sind die Krane auch so normalisiert, daß ihre Hauptteile mit denen von Löffelbaggern entsprechender Größe übereinstimmen, so daß auf diese Weise Krane und Bagger in einer Reihe hergestellt werden können. Besonders ist das in den USA der Fall, wo sowohl die Löffelbagger als auch die Normalkrane auf Raupen eine außerordentliche Verbreitung erfahren haben", werden wir in wenigen Jahren aus der Fachpresse erfahren.

Ach, wen hätten wir da fast übersehen? Einen dampfgetriebenen Universalkran auf schienenunabhängigen Stahlwalzen, den „Moore Speedcrane" – immerhin ein Urahn vieler später sehr bedeutender und berühmter Raupenkrane. Die Brüder Roy und Charles Moore aus Chicago lassen ihre „Speedcranes" in Ft. Wayne im US-Staat Indiana bauen. 1916 wird eine zukunftsträchtige Entwicklung eingeleitet, denn drei Aktionäre der 1902 von Elias Gunnell und Charles C. West gegründeten Schiffswerft Manitowoc bekunden ihr Interesse, ein Sand- und Kiesunternehmen zu erwerben.

In diesem Unternehmen arbeiten acht „Moore Speedcrances" (Bild 102). Da sich diese Maschinen außerordentlich bewähren, entschließt sich Manitowoc, die Krane unter Lizenz zu bauen und die Konstruktion von Roy Moore überarbeiten und modernisieren zu lassen, vor-

Bild 100: Neben der robusten Bauweise wird bei diesem „Locomotive Crane" von Link-Belt 1914 betont, wie groß und übersichtlich der Arbeitsplatz des Kranführers ist.

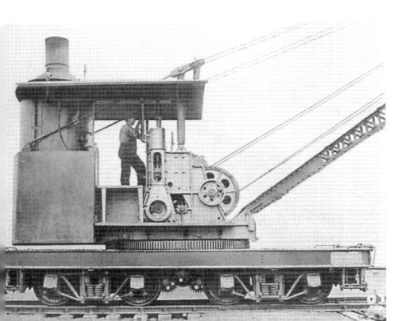

Bild 101: Auch das sind Aufgaben für „Baukrane": Gigantische Bergrutsche verschütten beim Bau des Panama-Kanals viele Bagger, so daß die Bucyrus „Wrecking Cranes" gefordert sind.

Bild 102: Der dampfgetriebene und immerhin nicht auf Schienen stehende, sondern auf Stahlwalzen sehr mobile „Moore Speedcrance" ist der Vorläufer aller Manitowoc-Raupenkrane.

rangig hinsichtlich Benzinantrieb und Raupenfahrwerken. Dies wird ab 1925 zum ersten legendären „Manitowoc" führen...

Wenn am Kran der Kasten klappt ...

Um die Jahrhundertwende bis weit in unser 20. Jahrhundert gelangen Krane, die mit den Umschlag- und Universalkranen recht eng verwandt sind, häufig in einem Baubereich zum Einsatz, wo sie niemand vermuten würde – im Tief-, Graben- und Kanalbau. Aushubarbeiten werden normalerweise mit Kran und Klappkästen durchgeführt, die zwischen etwa 0,3 und 1,2 m³ Erdreich fassen. Die Dampfkrane sind eine willkommene Ablösung für die bislang bei solchen Arbeiten über dem Graben aufgestellten, aber kaum mobilen und umständlich zu handhabenden Bockkrane.

Die Klappkästen stehen auf der Grabensohle, werden von Hand gefüllt und dann durch einen Kran nach oben gezogen, geschwenkt und in Loren oder seitliche Halden entleert. Der Kran kann dazu die ganze Grabenlänge bestreichen. Die Kranschienenbahn ist entweder unmittelbar neben dem Graben angeordnet oder auf beiden Grabenseiten, so daß der Kranwagen portalartig den Graben überspannt. Die hierfür verwendeten Dampfkrane wiegen rund 6 bis 14 t und heben bis zu 4 t (Bild 103).

Außer den Klappkästen können Hersteller wie Menck & Hambrock auch noch andere Fördergefäße wie Klappmulden, Kipptonnen oder Beton-Versenkkästen liefern. Die Klappkästen werden vom Kranführer „von seinem Standort aus geöffnet und geschlossen". Die Ausleger der Krane sind gerade, nicht verstellbare Profileisen-Konstruktionen, als Sonderausführung gibt es jedoch auch geknickte oder verstellbare Ausleger. Krane mit Klappkästen finden große Verbreitung, sei es für den Graben- und Kanalbau oder den Fundamentaushub, beim Schleusenbau oder dem Ausheben großer Baugruben (Bild 104).

Frühe Mobilkrane – dampfgetrieben!

Die ersten Mobilkrane – wenn wir die nur auf den Wellen mobilen Schwimmkrane und die nur auf Schienen mobilen Eisenbahnkrane einmal außer Acht lassen – sind eigentlich nicht so, wie wir Krankenner aus dem 20. Jahrhundert uns das vielleicht vorstellen würden. Sie entstehen vielmehr aus den „Traction Engines", den Lokomobilen, die, sofern sie als schwere Dampfzugmaschinen betrieben werden, „Road Locomotives" heißen.

Solche Zugmaschinen werden in England häufig dazu benutzt, große Bauteile wie Kessel, Gußteile oder Dampfmaschinen recht weit zu transportieren. Da wäre es doch praktisch, gleich einen Kran für das Abladen und Einheben der Lasten dabei zu haben. Nun sind fast alle Krane dieser Zeit dampfgetrieben, so daß es naheliegend ist, den Kran mit dem Lokomobil zu kombinieren.

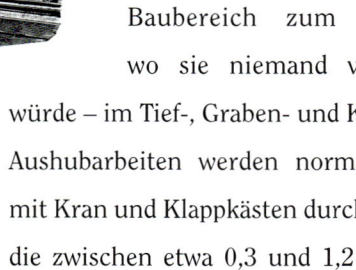

Bild 103: Der von Menck & Hambrock gebaute „Dampfkrahn mit langem Unterwagen, welcher einen Kasten mit Bodenklappen trägt", überspannt den sicher verbauten Kanalgraben und befördert Aushub in Schmalspurwaggons.

Bild 104: Aushubförderung mit Klappkästen oder Kipptonnen ist in Europa weit verbreitet, hier mit einem Mobilkran von Grues Besnard auf Rollen und Schienen.

Auf diese Weise werden – wohl ausschließlich in England – die sogenannten „Crane Engines" entwickelt. Die erste trafen wir bereits 1874 (Bild 53). Im Jahr 1905 nimmt die Firma Clayton & Shuttleworth aus Lincoln die Produktion solcher Krane für maximal 4,5t Traglast auf. Um 1910 konstruiert Aveling & Porter „Crane Engines" mit einem um 180° schwenkbaren Ausleger, denn mit dem üblichen starren Ausleger müssen die Maschinen für jeden Hub vielfach hin- und herrangieren (Bild 105). Die 180°-Krane erscheinen jedoch recht instabil. Nach der Jahrhundertwende wird auch John Fowler den Bau von „Crane Engines" aufnehmen, teilweise mit angebauten Kranen von Smith aus Rodley (von denen wir schon im 19. Jahrhundert hörten) für Traglasten bis 6 t.

Die Konstrukteure dieser Zeit sind erfahren genug, als „Crane Engines" nicht einfach die herkömmlichen Dampfzugmaschinen zu nutzen. Vielmehr wird ein stärkerer Hauptrahmen verwendet. Der Drehzapfen, um den die Vorderachse lenkt, ist stabiler ausgeführt, und ab 6 t Hublast lagert das Maschinengewicht nicht mehr auf den vorderen Blattfederpaketen, sondern auf zwei starren Abstützungen – dies bringt allerdings den Nachteil mit sich, die Vorderachse ab 6 t Hublast nicht mehr lenken zu können (Bild 106).

Die rund 23 t schweren „Crane Engines" von Fowler fahren bis zu 30 km/h schnell und werden von Montageunternehmen auch vermietet. Dabei legen sie manchmal so weite Strecken zurück, daß je zwei „Driver" (Maschinenführer mit Fahrlizenz) und zwei „Steersmen" (Steuermänner, nur zum Lenken) mitfahren und schichtweise in einem Wohnwagen – zwischen „Crane Engine" und Transportanhänger – schlafen. Dadurch kann ein solcher Montagezug samt Kran und Mannschaft rund um die Uhr unterwegs sein und dabei beträchtliche Strecken bewältigen!

Die letzten neuen „Crane Engines" werden in den späten 30er Jahren schnaufen, gebaut von der englischen Firma MacLaren-Leeds. Große Verbreitung erlangen diese praktischen Maschinen nicht, sie bleiben über die rund 60 Jahre ihres Daseins nur in wenigen Stückzahlen hergestellte Außenseiter. Aber eines haben die „Crane Engines" allen in den folgenden Jahrzehnten entstehenden Mobil- und Autokranen voraus – sie dürfen ihre Last auch über öffentliche Straßen bis zum Bestimmungsort ziehen!

Autokrane –
was soll aus ihnen werden?

Noch im letzten Jahrhundert sind sie gestartet, nun kommen auch Lastwagen langsam ins Rollen. Hanomag baut 1905 den ersten Dampflastwagen, weil findige Konstrukteure überlegen, ein Lokomobil zu bauen, das obendrein auch noch

Lasten tragen kann. Aber einen Kran auf einen Lkw setzen, vielleicht nur einen ganz kleinen? Noch liegt der Gedanke fern…

Bild 107: Ist dies der erste Lkw-Ladekran? 1915 entdecken wir ihn in Amerika, angebaut an die Ladefläche eines allradgetriebenen und -gelenkten Jeffery Quad.

…aber einige Jahre später, um 1915, kommt uns auf einer staubigen Straße irgendwo in den Vereinigten Staaten ein recht bemerkenswerter Lastwagen entgegen. Es ist ein Jeffery-Quad (ab 1916 zu zigtausenden als Nash-Quad gebaut), allein schon bemerkenswert wegen seines Allradantriebes und der neuartigen Allradlenkung. Am Ende der Ladefläche hat ein unbekannter Erfinder einen kleinen Lkw-Ladekran aufgebaut, der nun den Lastwageneinsatz auf angenehme Weise vielfältiger gestaltet (Bild 107).

Bild 108: Die Allgemeine Elektricitäts-Gesellschaft (AEG) baut einen kompakten, selbstfahrenden Mobilkran, der elektrisch durch Akkumulatoren angetrieben wird.

Ein kleiner, recht schöner Mobilkran taucht um diese Zeit auch in Deutschland auf, gebaut von der Allgemeinen Elektricitäts-Gesellschaft AEG (Bild 108). Dieser „elektrische Kraftwagen-Kran" wird von einer eingebauten Akkumulatoren-Batterie abgasfrei angetrieben und eignet sich daher besonders für den Industrieeinsatz. Mancherlei Mobilkrane werden auch ganz bequem als „Velozipedkran" mit Menschenkraft angetrieben, was selbstverständlich für ausreichende Mobilität sorgt, allerdings nur auf recht ebenem, hartem Untergrund und weniger auf rauhem Baustellengelände (Bild 109).

Bild 109: Der fahrbare Handkran, auch Velozipedkran genannt, ist bei Hub- und Umschlagarbeiten wegen seiner einfachen Handhabung und Bauweise sehr verbreitet.

Einen genaueren Blick verdienen auch die eigentümlichen Mobilkrane der französischen Firma Grues Besnard, die uns

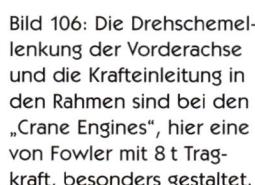

schon im ausklingenden 19. Jahrhundert mit einem pferde-mobilen Kran verblüfften. Das Konzept hat sich bewährt, wie wir sehen, denn inzwischen wurde das Pferd durch den neumodischen, schnelleren, nie müden oder hungrigen Lkw ersetzt (Bild 110). Da liegt es nahe, noch einen Schritt weiter zu gehen,

den Grundrahmen des Kranes etwas zu verändern und so den Kran gleich auf ein Lkw-Chassis aufzusetzen, einem Kran-

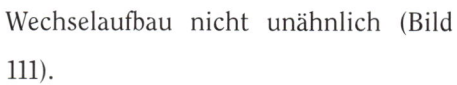

Wechselaufbau nicht unähnlich (Bild 111).

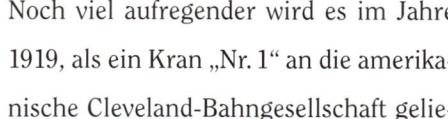

Noch viel aufregender wird es im Jahre 1919, als ein Kran „Nr. 1" an die amerikanische Cleveland-Bahngesellschaft gelie-

Bild 106: Die Drehschemellenkung der Vorderachse und die Krafteinleitung in den Rahmen sind bei den „Crane Engines", hier eine von Fowler mit 8 t Tragkraft, besonders gestaltet.

Bild 110: Der ursprünglich vom Pferd gezogene Mobilkran von Grues Besnard wird nun hinter einen neumodischen Lkw gespannt und ist damit noch schneller geworden.

Bild 111: Früher Autokran von Grues Besnard, aufgesetzt auf ein Lkw-Chassis, mittels Holzböcken abgestützt und von Hand über Seilzug schwenkbar.

Bild 112: Dies ist wahrscheinlich der erste echte Autokran, ein Mack-Chassis mit einem Kranaufbau der International Crane Co. (zu Thew Lorain gehörend) von 1919.

fert wird. Der voll schwenkbare Kran-
oberwagen stammt von der International
Crane Co., und – dies läßt uns aufhor-
chen – das straßengängige Chassis von
Mack. Wir haben also wirklich den ersten
Autokran der Welt vor uns (Bild 112).

Er ist leider ein Kind des 1. Weltkrieges,
als die Amerikaner 125 schnell fahrbare
Krane zum Lastenumschlag in französischen Häfen wünschen und niemand
so etwas liefern kann. Die Armee greift
somit auf herkömmliche schienenfahr-
bare Krane zurück. Die Thew Shovel
Company aus Lorain im Staate Ohio
erkennt aber die Möglichkeiten, die in
der ursprünglich gewünschten Krankon-
zeption stecken, läßt Ingenieure an der
Idee arbeiten und ruft die International
Crane Co. ins Leben. Schnell werden
in den 20er Jahren weitere Firmen wie
Coles in England – übrigens auch als
Resultat dieser Anfrage aus den Tagen
des 1. Weltkrieges – sowie Bay City und
Harnischfeger-P&H die phantastische
Idee aufgreifen und ähnliche Lastwagen-
krane bauen, doch warten wir ab …

Aufgewachsen
in den Weiten der Ölfelder

Wir hätten eigentlich schon im letzten
Jahrhundert einen großen Umweg zu
den Ölfeldern Amerikas in Kauf nehmen
sollen. Dort werden die Gestelle zum
Heben und Aufstellen der Bohrgestänge,
die wir als Bohrtürme kennen, Derricks
genannt. Das Prinzip des Derrickkranes
ist eigentlich viel älter und geht bis auf
mittelalterliche Konstruktionen zurück
– nur hießen solche Krane eben nicht
Derricks. Dieser Begriff taucht im Kran-

bau erst um die Jahrhundertwende aus
dem Amerikanischen auf.

Bekannte Hersteller von Derrickkranen
sind die American Hoist & Derrick Co.
und die norddeutsche Firma Schmidt-
Tychsen aus Kiel und Hamburg. Die
Derrickkrane von Schmidt-Tychsen „für
jeden Verwendungszweck in Holz- und
Eisenkonstruktion" werden mit Tragkräften von bis zu 60 t in verschiedensten
Versionen geliefert, die Derricks für 3,
5, 10, 15 und 20 t Tragkraft mit 9 bis
23 m Mastlänge und 14 bis 20 m Auslegerlänge sogar „normalisiert" in Serie
gebaut (Bild 113). Für hölzerne Derrickkrane produziert Schmidt-Tychsen
Beschläge aller Art. Die Derrickwinden
können „durch Dampf-, Benzol- oder
Elektromotor betrieben werden", für
normale Lasten und für Einseilgreifer-
betrieb stehen Dreitrommelwinden, für
Zweiseilgreiferbetrieb Viertrommelwin-
den zur Verfügung. Bei einigen Derrick-
kranen ersetzt ein ein- und ausziehbarer
Ausleger die Verfahrbarkeit.

Leicht zu montierende, recht kleine
Derrickkrane, speziell für den Hoch-
und Tiefbau entwickelt, werden auch von
der deutschen Maschinen- und Feldbahn-
fabrik C. Tobler aus Berlin angeboten. Mit
„Hand- oder Kraftbetrieb", also dampfgetrieben, sind die Krane für beliebige
Tragkräfte und Ausladungen lieferbar.

Bild 113: Spezial A-Rahmen-Derrick-
kran von Schmidt-Tychsen, beim Bau
eines Wasserkraftwerkes auf einem
Rahmengerüst stehend, das auf
Rohre aufgeschnürt (!) ist, die berg-
auf montiert werden.

Auf der anderen Seite der Größenskala sind die schweren Dampfderricks für den Brücken- und Molenbau angesiedelt, die wir demnächst auch noch besuchen werden …

Derrickkrane sind bei Bauvorhaben dieser Zeit die Schwerlastkrane schlechthin. Moderne sind bereits nicht mehr dampfgetrieben, sondern elektrisch (Bild 114). Während auf Europas Baustellen die meisten Derrickkrane stationär betrieben werden, wird das bewährte Derrickkonzept in den Vereinigten Staaten auch weiterhin auf die Eisenbahnkrane, auf die „Wrecking Cranes" übertragen und gelangt beispielsweise beim Brückenbau zur Anwendung. Derartig modifizierte Krane verfügen dann über wesentlich längere Ausleger von bis zu 15 m Länge, eine reichlich verstärkte Abspannung für bis zu 30 t Tragkraft, und schwenken auf einer Standbasis, die – ebenfalls schienengeführt – vor dem eigentlichen Eisenbahnkran angeordnet ist (Bild 115).

Bild 115: Außergewöhnlicher Dampf-Derrickkran auf Basis eines „Wrecking Cranes" für Normalspurschienen, hier mit vorgelagerter Stand- und Schwenkbasis für den Ausleger.

Titanen für den Schiffs- und Molenbau

In den ersten Jahrzehnten unseres Jahrhunderts kommt dem Schiffsverkehr noch eine immense Bedeutung zu, so daß entsprechende Krane benötigt werden – für Werften, für Hafen-, Kanal- und Molenbau. Demzufolge entstehen wahrhaft gigantische Schwimmkrane. Schon 1904 werden von der Duisburger Maschinenfabrik (später Demag) welche mit 140 t Tragkraft und 13,5 m Aus-

ladung bei voller Drehbarkeit gebaut. Und 1909 folgt bereits ein Schwimmkran mit 265 t Tragkraft, erbaut von Bechem & Keetman. Der aufgerichtete Ausleger ist über Deck 84 m hoch. Die Duisburger Maschinenfabrik liefert derartige Krane in erster Linie an Werften, sogar bis nach Japan, 1914 allerdings auch die beiden Riesenkrane „Ajax" und „Herkules" für den Bau des Panama-Kanals (Bild 116). In England werden große Schwimmkrane von Cowans & Sheldon aus Carlisle gebaut und ebenfalls weltweit verkauft.

Verharren wir noch etwas bei den Werften. Von besonderer Bedeutung für die Entwicklung sogenannter Schwerlast-

Bild 114: Elektrisch betriebener Derrickkran von Morris & Bastert; wie bei fast allen Derricks erfolgt das Schwenken, indem der Ausleger per Hand herumgezogen wird.

Bild 116: Von der Duisburger Maschinenfabrik werden die 150 t hebenden Schwimmkrane „Ajax" und „Herkules" für die Riesenbaustelle Panama-Kanal gebaut.

krane ist das Jahr 1900, als die Benrather Maschinenfabrik AG (später Demag) die ersten Krane nach Hammerbauart entwickelt. Diese Form bewährt sich so, daß anschließend fast alle Riesenkrane auf der ganzen Welt ähnlich gebaut werden, wobei die deutschen Krane in die

dieser Kran alles bisher Dagewesene weit hinter sich. Bei 34,5 m Ausladung sind 250 t Tragkraft und bei 53 m sogar noch 110 t möglich (Bild 118). Das Hauptstahlseil, in zwölf Strängen geführt, hat 52 mm Durchmesser. Damit auch größere Schiffe kein Hindernis darstellen, wird bei diesem Kran zum ersten Mal der 55 m lange Ausleger hochklappbar eingerichtet; er kommt dann auf 104 m Höhe über dem Wasserspiegel. Der auf dem 93 m langen Obergurt des Auslegers fahrende Hilfsdrehkran bestreicht mit Lasten bis zu 10 t ein Arbeitsfeld von 147 m Durchmesser.

Bild 118: Weltgrößter Kran ist 1913 der bei 34,5 m Ausladung 250 t hebende Riesen-Hammerkran der Benrather Maschinenfabrik; seine E-Motoren leisten 524 PS, für die Bedienung sind drei Mann erforderlich.

Bild 117: „Electrischer Riesenkrahn" von 1900 als erster großer Hammerkran der Benrather Maschinenfabrik für 150 t Tragkraft und 200 t Probelast bei 22 m Ausladung.

ganze Welt, auch in das Ursprungsland des Kranbaues, nach England, exportiert werden. Der erste Hammerkran erreicht bei 22 m Ausladung eine Tragkraft von 150 t, seine Katzfahrbahn befindet sich in 28 m Höhe, bei fast baugleichen Kranen sogar bald in 47,5 m (Bild 117). 1913 kann das Unternehmen stolz feststellen, daß es über die Hälfte aller „Riesenkrane" auf der Welt geliefert hat, und zwar 38 Krane mit 100 t Tragkraft und mehr, 26 Krane mit 150 t Tragkraft und mehr, 7 Krane mit 200 t Tragkraft und mehr und 5 Krane mit 250 t Tragkraft.

Mit 250 t Tragkraft? Ja, denn was nun schon technisch möglich ist, beweist der erste Riesen-Hammerkran der Benrather Maschinenfabrik. Für die Hamburger Blohm & Voß-Werft 1913 gebaut, läßt

Durchaus ähnlich zu den Hammerkranen sind die englischen „Titan"-Krane, seit

dem späten 19. Jahrhundert in erster Linie bekannt durch die Firmen Ransomes & Rapier und Stothert & Pitt. Diese Krane gelangen zwar auch in Werften und Häfen zum Einsatz, demonstrieren ihre Leistungen aber auch bei dem in vielen

Bild 119: Für den Bau der 122 m langen Ricasoli-Mole in Malta bereiten schwere, dampfgetriebene Derrickkrane die Laufbahnen für die Portalkrane vor.

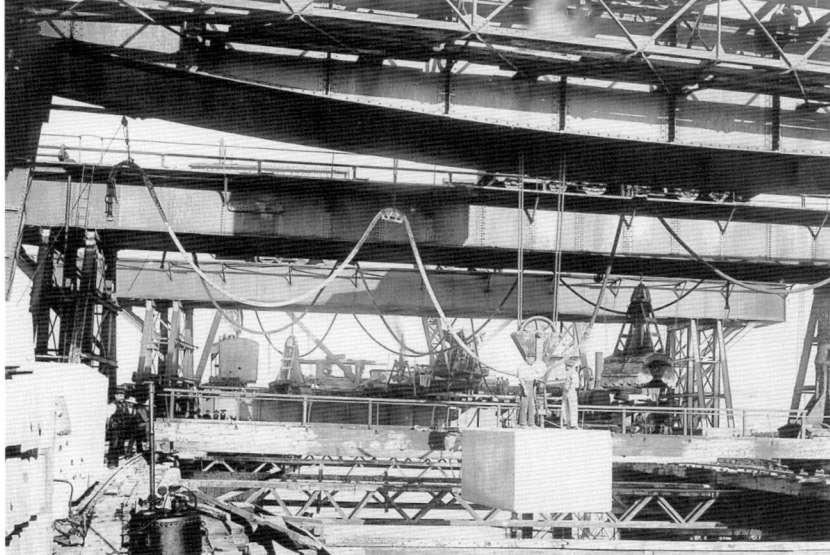

Bild 120: Die vorgefertigten, 25 bis 42 t schweren Betonklötze werden von großen, dampfgetriebenen „Goliath Cranes" (Portalkrane) eingebaut, die die gesamte Molenbreite überspannen.

Fahrbahnen für die „Goliath Cranes", die Portalkrane, die den eigentlichen Molenbau durchführen (Bild 119). Für den Bau beider Molen werden in einem eigens errichteten Werk 115.000 m³ Betonklötze vorgefertigt, jeder wiegt zwischen 25 und 42 t und wird nach einem komplizierten Schachtelsystem an genau zugeordneter Stelle eingebaut. Für diese Arbeiten sind mehrere dampfgetriebene „Goliath Cranes" mit bis zu 50 t Tragkraft vorhanden (Bild 120).

Das Bauvorhaben gestaltet sich schwierig. Einer der Derrickkrane an der St. Elmo-Mole bricht zusammen, im Februar 1904 stürzen zwei Krane bei einem Sturm in die See, und im November 1904 sorgt ein weiterer schwerer Sturm dafür, daß der große „Goliath Crane" der St. Elmo-Mole mitsamt der rechten Kranfahrbahn in den Fluten verschwindet. Trotz dieser Hürden werden die Molen 1909 mit nur fünf Monaten Terminüberschreitung fertiggestellt und widerstehen fortan allen Stürmen des 20. Jahrhunderts …

Häfen im großen Maßstab durchgeführten Molenbau.

Beim Bau von Molen und Wellenbrechern werden die größten Baukrane dieser Zeit eingesetzt. In den frühen Jahren des neuen Jahrhunderts erlangt hier besonders das größte Bauunternehmen der Welt, S. Pearson & Son Limited aus England, einen hervorragenden Ruf. Durch Pearsons Molenbau mittels großer, vorgefertigter Betonelemente entstehen berühmte Tiefseehäfen, so beispielsweise aufgrund der im englischen Dover gewonnenen Erfahrungen ab 1903 in Malta mit zwei 14,6 m breiten, 122 und 378 m langen Molen in bis zu 15 m Wassertiefe.

Schwere Dampf-Derrickkrane übernehmen hier zunächst den Bau der

Kabelkrane queren Schluchten

Nun endlich, nach mehr als 4.000-jähriger Krangeschichte, wenden wir uns auch einer Krangattung zu, die eigentlich zu den ältesten überhaupt gehört. Gemeint sind die früher als Seilriesen bezeichneten Kabelkrane, direkte Enkel der einfachsten Seil- bzw. Hängebahnen. Schon bei antiken Völkern finden wir solche Einrichtungen, jedoch nicht als Kran, sondern als Transportmittel zum Überqueren unzugänglicher Schluchten und reißender Flüsse. Zum Aufhängen der Lasten dienten zunächst Astgabeln,

Bild 121: Dieser feststehende Kabelkran von Bleichert mit 768 m Spannweite und 12 t Tragkraft überwindet für den Kraftwerksbau im Gebirge 448 m Höhenunterschied.

die bis ins 20. Jahrhundert noch beim Holztransport zu Tal Verwendung finden, bei richtigen Kabelkranen jedoch durch einen Taublock ersetzt werden.

Seilriesen oder Kabelkrane kommen hauptsächlich auf Baustellen im Gebirge oder bei sehr weiter Lastenbeförderung, beispielsweise dem Staudammbau, zum Einsatz. Unterschieden wird zwischen ortsfesten, schwenkbaren sowie parallel oder kreisförmig fahrbaren Kabelkranen, wobei sich die parallel fahrbaren auf Großbaustellen als die praktikabelsten Krane erweisen. Da die Abfahrstelle zumeist höher liegt als die Ankunftstelle, kann der Transport der am Kabelkran hängenden Lasten praktischerweise durch die Schwerkraft erfolgen.

Die ersten Kabelkrane mit etwa 150 m Spannweite wurden von Henderson in Aberdeen errichtet. Kabelkrane bewähren sich besonders als Montage- und Zulieferkrane bei umfangreichen Bauingenieurarbeiten. Weltweit berühmt für Kabelkrane werden die deutsche Firma A. Bleichert & Co. aus Leipzig und auch die Firma J. Pohlig AG. Nach der Fusion beider Unternehmen entsteht Pohlig-Heckel-Bleichert (PHB).

Ein früher deutscher Kabelkran wird 1902 an einen Steinbruch geliefert. Ab 1908 baut Bleichert schon Kabelkrane für 422 und 445 m Spannweite, 100 m Hubhöhe und 3 t Tragkraft, bald können die Spannweiten auf fast 800 m und die Tragkräfte auf bis zu 20 t gesteigert werden (Bild 121). Leistungsfähige Kabelkrane werden in diesen Jahren auch von den deutschen Firmen Allgemeine Trans-

Bild 122: Auf Schienen verfahrbare, bis zu 30 m hohe Kabelkrane leisten auf Großbaustellen beim Transport von Baumaterial und Beton unschätzbare Dienste.

portanlagen Gesellschaft (ATG), Unruh & Liebig sowie Lauchhammer und der italienischen Firma Ceretti & Tanfani konstruiert.

Auf Großbaustellen, so beim Staudammbau, gelangen ebenfalls riesige Kabelkrane für den Transport von Sand, Steinen und Beton zum Einsatz. Die Türme dieser schienenverfahrbaren, beim Schleusenbau verwendeten Kabelkrane sind bis zu 30 m hoch und tragen mehr als 60 mm durchmessende Stahlseile (Bild 122). Kabelkrane haben allerdings, besonders bei großen Spannweiten, einen unvermeidlichen Nachteil – sie kommen beispielsweise bei 5 t Tragkraft und 450 m Spannweite aufgrund der großen Entfernungen auf nur etwa 12 Lastspiele pro Stunde.

Gebäude wachsen, Turmkrane wachsen

Mit der Jahrhundertwende und der sich in allen Lebensbereichen auswirkenden Industrialisierung, einhergehend mit der Landflucht in vielen Ländern Europas, erlangt der Hochbau in den Städten eine ganz andere Bedeutung. Besonders der beginnende Stahlbetonbau verlangt nach leistungsfähigen Hebezeugen. Förmlich zu spüren ist in dieser Zeit der Wunsch, moderne Krantechnik auch im Hochbau praktisch nutzen zu können, um nicht jeden Stein und jeden Mörteleimer mühsam per Hand oder Kurbelwinde in die Höhe befördern zu müssen.

Und plötzlich schießen die Turmkrane fast wie Pilze aus dem Boden – wer dieses Konzept wirklich erfunden, das erste Mal praktikabel und baustellentauglich realisiert haben mag, verliert sich im Staub der Archive. Dennoch dürfen wir uns nicht täuschen – die wirklich breite Verwendung von Turmkranen wird erst in den 50er Jahren beginnen, zuvor und jetzt in den ersten Jahren des 20. Jahrhunderts sind und bleiben sie Außenseiterkrane.

Ein wenig klingen noch die „Versetzmaschinen" des vergangenen Jahrhunderts durch, wenn wir kurz nach der Jahrhundertwende über „Fahrbare Kranmaste zum Versetzen von Werksteinen und zur Beförderung von Baumaterialien" lesen. Derartige Krane werden „kauf- oder leihweise" von der deutschen Kranbau-Gesellschaft Voss & Wolter aus Berlin-Reinickendorf angeboten und bieten immerhin schon bis zu 2 bis 5,5 t Tragkraft (Bild 123).

Bild 124: Die französische Firma Grues Besnard bereichert den Hochbau um echte Turmkrane mit schwenkbarem Derrickausleger im Traglastbereich zwischen 0,25 und 2 t.

Bild 123: Schon um die Jahrhundertwende baut die deutsche Firma Voss & Wolter „fahrbare Kranmaste zum Versetzen von Werksteinen und zur Beförderung von Baumaterialien".

Erneut treffen wir in dieser Zeit auf den französischen Kranhersteller Grues Besnard, uns bereits von Tiefbau- und mancherlei Mobilkranen her bekannt. Die bewährte Besnard-Krankonstruktion läßt sich nämlich ohne weiteres nicht nur auf mobile Basisrahmen setzen, sondern auch auf hohe Turmmasten – und schon steht uns ein Turmkran im Traglastbereich von 0,25 bis etwa 2 t zur Verfügung (Bild 124). Die Winden der Besnard-Turmkrane werden von Hand, mit Benzinmotor oder elektrisch betrieben, wobei die Elektrowinde dann stets unten im Turm angeordnet ist.

Der immerhin 472 Seiten umfassende Gesamtkatalog des englischen Winden- und Kranherstellers Herbert Morris & Bastert Limited aus dem Jahre 1910, in dem eine schier unglaubliche Vielfalt von Haken, Flaschenzügen, Winden, Kettenzügen, Kranbahnen, Portal-, Schwenk-

und anderen Industriekranen aufgeführt wird, zeigt uns auch eine ganze Reihe interessanter Hochbaukrane.

Als „Travelling Mast-Cranes" (fahrende Mast-Krane) bezeichnet, können die patentierten Turmkrane von Morris & Bastert den jeweiligen Baustellenbedingungen individuell angepaßt werden – ein sehr moderner Service für den Kunden. Ebenso erstaunlich sind die Kranschienen, die äußerst raumsparend entlang einer vertikal errichteten Kranlaufbahn verlaufen (Bild 125). Diese

bis 30 m hohen Krane mit 3 bis 11 m Ausladung erfolgt elektrisch.

Ebenfalls elektrisch, ebenfalls auf Kranschienen arbeiten die Hochbaukrane der deutschen Firma Carl Peschke, die in vielen Jahren mit ihren Pekazett-Turmkranen Erfolge erzielen. Für die Funktionen Heben/Senken, Schwenken und Fahren sind drei Elektromotoren vorhanden. Bei 5 t Gewicht hebt dieser Kran bis zu 4 t, der Ausleger reicht 3,5 m weit – ziemlich stabil muß daher das Etagengerüst sein, das deshalb von starken Abstützungen gesichert wird (Bild 126).

Bild 126: Von der deutschen Firma Peschke werden elektrische Drehkrane mit bis zu 4 t Tragkraft auf hohe Etagengerüste gesetzt und dienen nun als Hochbaukrane.

Bild 125: Die fahrenden Mast-Krane der englischen Firma Morris & Bastert bewegen sich entlang raumsparender, weil vertikaler Kranschienen, die auch um Kurven führen können.

Kranbahn ist, da an den Seiten der zu errichtenden Bauwerke entlang führend, zumeist geradlinig, kann aber auch um Kurven führen.

Das etwa im unteren Mastdrittel befindliche Kranführerhaus bewegt sich mit dem Mast entlang der vertikalen Kranbahn, wobei sowohl das Kranfahren als auch das Schwenken per Hand ausgeführt werden. Der Windenantrieb dieser je nach Größe 1 bis 5 t hebenden, etwa 8

Wir sehen, daß es sich bei diesen Hochbaukranen noch nicht um Turmkrane handelt, wie sie später üblich sein werden. Vielmehr stellen diese frühen Hochbaukrane mehr oder weniger stabile Turmgerüste dar, auf die oben ein starrer, schwenkbarer oder auch verfahrbarer Kran montiert ist (Bild 127). Entsprechend gering ist die Ausladung und damit auch die zu bestreichende Fläche.

Nicht drehbare Turmkrane mit 10 t Tragkraft, 30 m Ausladung und bis zu 22 m Hakenhöhe werden in Deutschland auch von der Deutschen Maschinenbau AG in Duisburg (später Demag) sowie Gauhe, Gockel & Cie. aus Oberlahnstein gefertigt, außerdem mit bis zu 55 m Hubhöhe von der Maschinenfabrik Augsburg-Nürnberg angeboten. Diese Turmkrane stehen wie die drehenden vom Friedrich Krupp Grusonwerk aus Magdeburg auf schienengeführten Vollportalen mit etwa 8,5 bis 10 m Spurweite und 3,5 bis 5 m lichter Höhe.

Bild 127: Hölzernes Turmgerüst mit aufgesetztem Derrickkran als nicht verfahrbarer Hochbaukran; ein Arbeiter am Boden (rechts neben dem Zaun) schwenkt den Ausleger durch Seilzug.

Im bereits erwähnten Katalog der englischen Firma Herbert Morris & Bastert von 1910 entdecken wir aber erfreulicherweise einen direkten Urahn zahlloser Turmkrangenerationen, und zwar einen obendrehenden Hochbaukran mit verstellbarem Nadelausleger und zweifach gescherter Hakenflasche (Bild 128).

Bild 128: 38 m hoher obendrehender Turmkran mit verstellbarem Nadelausleger, erbaut vor 1910 vom englischen Kranhersteller Morris & Bastert.

Zwei Dinge werden vom Hersteller bei diesen „Jib Cranes" ganz besonders hervorgehoben: Durch die Abspannung dient der Nadelausleger nur als Druckstab, nicht aber als Biegestab, und kann so leichter gebaut werden. Und – dies ist ebenso bemerkenswert – ein sich im Mast auf- und abbewegendes Gegengewicht ballanciert das Eigengewicht des Nadelauslegers aus, so daß hierfür keine aufwendigen Windwerke und Seilführungen erforderlich sind.

Die deutsche Firma Julius Wolff & Compagnie, in ferner Zukunft einmal zu den weltweit führenden Turmkranherstellern

zählend, präsentiert 1913 auf der Leipziger Messe einen neuartigen, fahrbaren Turmkran, der wegen seiner außergewöhnlichen Bauweise sogar mit einer Goldmedaille ausgezeichnet wird. In der Konstruktion dieses Kranes ist erstmals das Prinzip des drehenden Baukranes mit leichter Transportierbarkeit und vergleichsweise schneller Montierbarkeit vereint (Bild 129). Doch Vorsicht, die Branche des endenden 20. Jahrhunderts ist verwöhnt – unter schneller Montierbarkeit sind 6 bis 10 Tage zu verstehen …

Im aktuellen „Tagblatt" für 5 Reichspfennige lesen wir über die Messeneuheit: „Der Chefconstructeur dieses Unternehmens, Herr Ingenieur Gottlob Göbel, war höchstselbst anwesend, um der interessierten Fachwelt sein neuartiges Hebezeug zu präsentieren. Der auch als Turmdrehkran bezeichnete Gigant hat wahr-

Bild 129: „Revolutionäre Entwicklung in der Bautechnik: Erster schnell montierbarer und fahrbarer ‚Baukran' der Welt!" – ist 1913 über den neuen Kran der Julius Wolff & Compagnie zu lesen.

haft herkulische Maße und Fähigkeiten. Wird dieser ‚Kran' aber tatsächlich von unseren Herren Baumeistern acceptiert werden? Bei allen verständlicherweise optimistischen Verlautbarungen seines Protégés aus dem Schwabenlande ist hier doch wohl eine gewisse Skepsis am Platze." Wir wissen es besser: Der Wolff-Kran wird akzeptiert, die ersten finden schon auf der Messe ihre Käufer.

Ein anderer moderner Turmkran, ein Untendreher von Carl Peschke, wird nun beim Bau einer Schleusenanlage am Rhein-Herne-Kanal eingesetzt. Turmkrane sind schwerlich durch eine Dampfmaschine anzutreiben, weshalb „ein 20-pferdiger Elektromotor" installiert ist, der für sämtliche Schwenk- und Kranfunktionen zuständig ist (Bild 130). Im Katalogtext heißt es: „Mit einem Kran dieser Bauart wurden in zehnstündiger ununterbrochener Tagesarbeit 250.000 kg gehoben und versenkt." Wegen der hohen Investitionskosten gelangen die ersten drehenden Turmkrane nur auf Großbaustellen zum Einsatz, hier in erster Linie für Talsperren und Kraftwerke, später auch beim Brücken-, Eisenbahn- und Schleusenbau.

Bild 130: Die deutsche Firma Carl Peschke liefert 1913 für den Bau einer Schleusenanlage einen elektrischen, auf Schienen fahrenden, untendrehenden Turmkran.

Obendrehende Turmkrane, die den noch gänzlich unbekannten des späten 20. Jahrhunderts verblüffend ähnlich sehen, werden um 1910 von der deutschen Firma Duisburger Maschinenbau AG (vormals Bechem & Keetman) gebaut; sogar ein Katzausleger mit vierfach gescherter Hakenflasche gehört

dazu (Bild 131). Etwas betrübt müssen wir jedoch erfahren, daß diese tatsächlich auch als „Turmdrehkrane" bezeichneten Krane nicht für den Hochbau, sondern für den Schiffbau, also für Werften, bestimmt sind.

Versöhnt werden wir jedoch wieder, wenn wir lesen: „Nach diesem System, welches von uns zuerst für große Hubhöhen ausgeführt wurde, lassen sich für fahrbare Krane bei verhältnismäßig großer Höhe schöne Formen erreichen. Auch bei Drehscheibenkranen mit geringer Hubhöhe läßt sich das Turmsystem anwenden, jedoch würde man bei gleicher Ausladung des Gegengewichts von Drehmitte keinerlei Gewichtsersparnis erzielen, während die Formenschönheit Einbuße erleidet. Das gute Aussehen solcher Krane wird auch bei größerer Ausladung des Ballastes nicht besser." – Die Kranbauer lassen sich demnach noch von dem schönen Aussehen ihrer Konstruktion, vielleicht auch noch ein wenig von Intuition leiten …

Die norddeutsche Firma Schmidt-Tychsen, deren auffällige Derrickkrane wir schon kennenlernten, erstaunt uns ebenfalls mit einer äußerst modern erscheinenden Turmkrankonstruktion (Bild 132). Leider sind weder Höhe noch Ausladung oder Tragkraft dieses Kranes feststellbar, der als „normaler, fahrbarer, eiserner, voll drehbarer Montagekran" beschrieben wird. Zweifellos haben wir

Bild 131: Fahrbarer, elektrischer Portal-Turmdrehkran mit Laufkatze, 6 t Tragkraft bei 9 m Ausladung und 3 t bei 16 m sowie 27,1 m Hubhöhe, erbaut 1910 von der Duisburger Maschinenfabrik.

hier einen echten Obendreher mit Nadelausleger vor uns!

Bevor wir mutig in die 20er Jahre aufbre-
chen, sollten wir noch einen kurzen Blick
auf eine ebenso außergewöhnliche wie
gewagte Turmkrankonstruktion richten.
Die für ihre technisch hochentwickelten
Kranbauten bekannte englische Firma
Morris & Bastert stellt einen 15 bis 30 m
hohen Turmkran mit 5 bis 24 m langem
Nadelausleger vor, der von einem kontinuierlich laufenden, kleinen Elektro-,

Bild 132: Sehr modern wirkt der
Obendreher mit Nadelausleger
und breitem Schienenfahrwerk,
der vom norddeutschen Hersteller Schmidt-Tychsen als
Montagekran bezeichnet wird.

genau einstellbar zwischen Null und
Höchsttempo", erfahren wir. Schade,
daß dieser frühe Energiesparkran wieder
der Vergessenheit anheim fällt...

„All die Handlangerarbeit durch Maschi-
nenarbeit zu ersetzen, und zwar mit
einem Aufwand von weniger als 10 Tonnen Eisen für einen ersparten Hand-
langer: das ist die Zukunftsaufgabe des
Ingenieurs", lauten die Träume dieser
Zeit. Ein Blick zurück zeigt uns, daß sich
die neuen, vielfältigen und kunstvollen
Lasthebemaschinen erst in den letzten
50 bis 60 Jahren aus den primitiven,
tausende Jahre alten Urformen entwickelt
haben – also eine wahrhaft vehemente
Beschleunigung im Kranbau. Wechseln
wir also umso neugieriger in die 20er
Jahre, um zu sehen, wie Benzinmotoren,
Raupenfahrwerke, Lufttreifen, Schweißtechnik und neue Bauverfahren Einfluß
auf den Kranbau nehmen werden.

Bild 133: Ein bemerkenswerter,
15 bis 30 m hoher Baukran mit stets
gleichmäßig laufendem und belaste-
tem Elektro- oder Benzinmotor wird
von Morris & Bastert entwickelt.

Benzin- oder anderem Motor angetrieben wird. Wie das funktioniert?

Recht einfach: Der Motor ist stets gleichmäßig belastet, da er unentwegt ein
Gegengewicht im Mast nach oben zieht.
Die verschiedenen Kranbewegungen –
Heben, Auslegerverstellung, Schwenken
um 240° bis 270° – werden durch den
freien Fall des Gegengewichtes angetrieben (Bild 133). „Bei relativ gerin-
gem Kraftaufwand sind sehr hohe Bewe-
gungsgeschwindigkeiten zu erreichen,

Mobile Krane
verlassen das starre Gleis

Der Zeitraum nach dem Ende des ersten Weltkrieges ist von der Eisenbahn dominiert. Dampfgetriebene Krane werden primär auf Eisenbahnfahrgestelle montiert und erweisen sich mit ausklappbaren Abstützungen oder Schienenzangen als leistungsfähige Umschlaggeräte, die in Häfen, Fabriken und Industrieanlagen eingesetzt werden, wo es zu diesem Zeitpunkt weitgefächerte Gleisanlagen gibt. Hebezeuge sind meist stationär oder auf Pontons montiert, wie die teilweise riesigen Schwimmkrane beweisen. Der Hafenkran ist das wichtigste Umschlaggerät. Er steht in seinen vielfältigen Ausführungen Pate für zahlreiche künftige Krankonstruktionen, speziell für Turmdrehkrane. Versuchsweise werden Bagger- und Kranoberwagen auf vollgummibereifte mobile Fahrgestelle montiert. Aufgrund der sehr hohen Raddrücke sind diese Maschinen allerdings außerhalb befestigter Anlagen nur bedingt einzusetzen. Jetzt entsteht auch ein ganz spezieller Krantyp: Es ist die mit Kranausleger bestückte Dampflokomotive, ein Vorläufer des selbstfahrenden Eisenbahnkranes. Als ein überaus interessanter Kompromiß zwischen Mobilität und Traglast erweisen sich Raupenfahrwerke, die ab Mitte der 20er Jahre immer stärkere Verbreitung finden (Bild 134).

Findige Amerikaner

Am 1. Dezember 1884 gründen Alonzo Pawling und Henry Harnischfeger, Sohn deutscher Auswanderer, in Milwaukee eine Werkstatt, in der sie Reparaturen an jedweder Art von Maschinen ausführen und zudem nach den Plänen anderer Erfinder und Ingenieure verschiedene Maschinen, von der Ständerbohrmaschine bis zur Verlegemaschine für Backsteine, konzipieren. 1888 bauen sie bereits ihren ersten elektrischen Laufkran nach den Ideen des Ingenieurs H.A. Shaw, welcher das Unternehmen überraschend 1893 verläßt, um sich selbständig zu machen. Amerika, „das Land der unbegrenzten Möglichkeiten", ist Magnet für Einwanderer aus der ganzen Welt. Es steht nun vor der endgültigen Erschließung; eine Mammutaufgabe für Maschinenhersteller, Maschinisten und mutige Ingenieure. In dem rie-

Bild 134: Perfektionierter Derrickkran mit wippbarem Ausleger und manuell bedienter Doppelwinde für Hub- und Wippwerk. Die aus dem letzten Jahrhundert stammende Konstruktion bewährt sich auf Lagerplätzen und in Steinbrüchen.

Bild 135: Ebenfalls von Harnischfeger stammt dieser Raupenkran mit gekröpftem und genietetem Ausleger. Interessant ist die Anwendung mit Elektromagnet, die auf einen Benzinmotor als Antriebsquelle schließen läßt.

Raupenkrane mit gekröpften Auslegern (Bild 135). Seit 1911 ist P&H nur noch Markenname, denn Unternehmens-Mitgründer Pawling scheidet in diesem Jahr aus, verkauft alle Anteile an Harnischfeger und stirbt drei Jahre später.

sigen Land fehlen Arbeitskräfte. Die Einwandererströme versickern in den Städten oder werden von der schier unendlichen Weite des Landes aufgesogen. Der Bau von Eisenbahntrassen, Straßen, Dämmen und Brücken verschleißt Menschen. Eher als in Europa, wo kurz vor der Jahrhundertwende Arbeitskräfte im Überfluß vorhanden und billiger als Maschinen sind, setzen sich in Amerika motorgetriebene Bagger und Krane durch.

Nach dem Ende des ersten Weltkrieges präsentiert P&H seinen ersten Kran auf Lkw-Chassis; schon bald folgen veritable

Bereits 1903 liefert Link Belt aus Chicago, die ab 1906 als Link-Belt Company firmiert, den ersten Kran an eine amerikanische Eisenbahngesellschaft. Die Kranentwicklung verändert sich zwischen dem Jahr 1900 und den Jahren 1920 – 1930 erheblich, denn Lkw- und Raupen-Unterwagen machen den schienengebundenen Fahrgestellen der meist dampfgetriebenen Eisenbahnkrane erhebliche Konkurrenz. Der mobile Kran (Bild 136) wird parallel von vielen amerikanischen Herstellern so weiterentwickelt, daß er seinen Siegeszug rund

Bild 136: Die ersten Harnischfeger-Lastwagenkrane sorgen mit ihren gut ausgebildeten Kabinen und Schutzdächern für etwas Komfort.

Bild 137: Auf einen Mack AC ist etwa 1920 ein Vorläufer der Lkw-Ladekrane montiert. Das Fahrzeug wird zur Kanalreinigung in Newark eingesetzt.

Bild 138: Mack Chassis mit Derrick-kran am Heck. Der Kranfahrer ist sich der Tragweite seines Tuns voll bewußt, darauf deutet zumindest seine Melone hin.

"Tumblebug" Circa 1919

Bild 139: 1922 stellt die 1919 von G.T. Ronk in Leon, Iowa, gegründete Speeder Machinery Corp. den „Tumblebug" vor, den ersten dampf-getriebenen Mobilbagger auf Radfahr-werk. Er ist Stammvater künftiger Mobilkran-Generationen.

um die Welt antreten kann. Krane sollen beweglich sein. Deshalb müssen schon frühzeitig leistungsfähige Chassis her. Der amerikanische Lastwagenhersteller Mack ist seit 1905 aktiv. Seine Erzeugnisse tragen die für heute urtümlich anmutenden Konstruktionen – in Wirklichkeit sind die Maschinen voll auf der Höhe ihrer Zeit (Bilder 137, 138). Wichtige Schrittmacher in der Krantechnik sind in den USA Roberts, Insley, Osgood, General und Byers. 1922 stellt Link-Belt eine abgestufte Baureihe von Baggern, sogenannte Crane-Shovels, vor. Parallel präsentiert die 1919 von G.T. Ronk in Leon, Iowa, gegründete Speeder Machinery Corp. den „Tumblebug" (Bild 139), einen dampfgetriebenen Mobilbagger auf Radfahrwerk. Dieser soll und wird künftige Mobilkrankonstruktionen beleben.

Richard P. Thew, Kapitän eines Massen-gutfrachters auf den Großen Seen und immer unter Zeitdruck, war bereits um 1890 mit den vorhandenen landseitigen Entladevorrichtungen höchst unzufrieden, waren sie doch langsam und gingen sie wenig freundlich mit Schiff und Kai um. Zunächst entwickelt er Löffelbagger mit um 360° drehbarem Oberwagen.

Diese verkauft er an verschiedene Stahl-werke, die damit schneller und besser das Material anlanden können. Gemeinsam mit F.A. Smythe, einem Finanz-experten, gründet er die Thew-Company und verkauft diese Bagger. Bagger auf Schienen- und Vollgummifahrwerken sind zunächst das Synonym für die Thew-Company. Der Bedarf an leistungs-fähigen Kranen entsteht ab 1917, als die USA in den ersten Weltkrieg eintreten und große Mengen an Material und Ausrüstung in den europäischen Häfen entladen müssen – oft mit unzureichen-dem Gerät. 1918 entwickelt Thew des-halb einen Kran, der am Seil von einer Zugmaschine gezogen wird. Kurz darauf folgt der erste auf Lkw-Chassis montierte 4,5-t-Kran, den General Pershing für die Armee ausschreibt (Bild 140). An dieser Konstruktion, die erst nach Kriegsende zum Tragen kommt, arbeiten zeitgleich mehrere amerikanische Unternehmen. Pershings Ausschreibung läuft über die US Expeditionary Force und erregt erhebliches Aufsehen, da bis zu die-sem Zeitpunkt Eisenbahnkrane (Coles stellt 1905 einen 36-t-Dampfkran her) als beste Lösung für „mobiles" Lasthandling angesehen werden.

Bild 140: Der 1918 von der Thew vorgestellte 4,5 t hebende Kran auf Lkw-Chassis wird auf Wunsch der US-Streitkräfte entwickelt. Er gilt als erster Autokran.

Die Thew-Company stellt sich der Herausforderung. Ab 1929 firmiert sie nach dem Ausscheiden des Firmengründers, der 25 % der Anteile behält, als Thew Shovel Company. Erstes Seriengerät ist ein 3,6 t hebender Kran mit 6-m-Ausleger (Bilder 141, 142). 1922 übernimmt Thew Shovel die Lorain Castings Co., eine Gießerei. Nachdem der Lorain 75, ein besonders vielseitiger Bagger, der auf Wunsch des damaligen Verkaufsleiters Frank Peck so benannt wird, ein voller Erfolg wird, mehrt sich auch der Absatz von Kranen. Die Sargent Engineering Corp. in Fort Dodge, Iowa, läßt sich ein vierfach abgestütztes Kugellager als Drehverbindung zwischen Ober- und Unterwagen patentieren. Dieser Hersteller ist zum Zeitpunkt der Vorstellung dieser Novität, die von vielen anderen Herstellern später genutzt wird, auf Krane mit Schleppschaufel spezialisiert – mobile Krane sollen aber folgen.

Bild 141: Noch im Stehen werden die ersten Autokrane in den 20er-Jahren bedient. Deutlich ist die genietete Unterkonstruktion zu erkennen. Hersteller könnten Thew oder Lorain sein.

I.H. Barkhausen gründet in Greenbay, Wisconsin, 1910 gemeinsam mit weiteren Partnern die Hartmann-Grelling Company. Zunächst ein Unternehmen für Tief- und Wasserbau, sammelt es schon bald Erfahrungen mit verschiedenen Stahlkonstruktionen und Montagen. 1918 wird das Unternehmen in Northwest Engineering umbenannt und stellt kurz darauf den ersten auf Raupenfahrwerk fahrenden Kran vor; im Ankündigungsprospekt ringt man noch um Worte „… locomotive crane, movable under its own power and independent of tracks" (Bild 143). Drei Jahre nach der Vorstellung des Erstlings wurden die Krane schon in Serie gefertigt. Raupen oder auch Gleisketten sind nun das bevorzugte Antriebsmittel für schwere Krane.

Bild 142: Gesamtansicht des Kranes, der hier als Bagger arbeitet.

Bild 143: Die 1918 aus der Hartmann-Grelling Company hervorgegangene Northwest Engineering fertigt wohl einen der ersten Raupenkrane Amerikas: Er hebt 5 t und ist hier in einer typischen Stadt des mittleren Westens mit Greifer im Einsatz.

Im Jahrzehnt des ersten Weltkriegs qualifiziert sich American Hoist & Derrick (1882 von Frank J. Johnson und Oliver T. Crosby in Saint Paul gegründet und mit Derrick-Kranen für die Zucker- und Holzindustrie ebenso wie mit dem American Ditcher bekanntgeworden) als Schiffsausrüster, speziell mit Deckskranen und -winden. Außerdem werden Hunderte einfacher, robuster Derrickkrane an Werften im ganzen Land geliefert. Auf dem Höhepunkt der kriegerischen Auseinandersetzungen sind 500 Derrick-Krane und 500 Winden in den 50 Werften auf Long Island im Einsatz. Nach dem Krieg kehrt man schnell zu den ursprünglichen Märkten, Holz- und Eisenbahnindustrie, zurück. 1923 bringt der Kunde Lock Joint Pipe Co. aus Tulsa, Oklahoma, die Verantwortlichen auf die Idee, den ersten Raupenkran zu bauen. Denn er ordert drei Krane, die anstelle von Eisenbahnfahrgestellen solche mit Raupenketten zum Passieren schwerer Böden bekommen. Unter der Typenbezeichnung American Gopher Shovel Crane werden Raupenkrane aus Minnesota bald ein Begriff.

Browning Ferris Machinery Co., ein Händler für International Harvester Baumaschinen mit Vertriebsstützpunkten in Dallas und Houston/Texas, beginnt 1919 mit der Fertigung von Kranen auf einfachen Chassis. Die Loadmaster-Krane heben etwa 2,8 t und werden schon seinerzeit für das Arbeiten in Hallen und an schlecht zugänglichen Stellen angepriesen. Eine Entwicklung, die 65 Jahre später mit speziellen Hallenauslegern von

Mobilkranherstellern aufgegriffen und als „neuartig" bezeichnet wird. Damals schon heißt es, daß jeder Mann, der ein Automobil fahren könne (was wohl nicht allzu viele gewesen sein dürften), diesen Kran würde bedienen können. Die Abstützungen werde vom Fahrersitz aus betätigt, so ist der Bediener in der Lage, seinen Kran ohne Mühen schnell umzusetzen. Später montiert man auch Löffelbagger auf dreiachsige Mack-Chassis.

Bild 144: 1922 wirbt die Henry Coles Ltd. mit einer Anzeige für ihren 1,8 t hebenden dieselelektrisch angetriebenen Kran, der auf ein Tilling-Stevens Bus-Fahrgestell aufgebaut ist.

Bild 145: 1929 stellt Miag in Braunschweig den K II mit Elektroantrieb vor. Der kleine Hof- und Hallenkran hebt 2 t, stärkere Modelle folgen rasch.

Das Dampfzeitalter neigt sich allmählich seinem Ende entgegen, Gasmotoren zeichnen sich als fortschrittlichere Antriebsquelle ab. Obwohl eine Einschränkung gemacht werden muß – bei Eisenbahnkranen hält sich die Antriebsquelle Dampf bis in die 40er Jahre.

Was tut sich in Europa?

Die Mukag (später Gottwald) kommt mit ersten Kranen. 1922 baut Mercedes den Daimler Rennwagen mit Kompressor. Zeitgleich wird der erste Zweizylinder-Großgasmotor (Zylinderdurchmesser 1,5 m) mit 4.000 kW nach dem Prinzip Oechselhäuser vorgestellt. In England beteiligt sich Henry Coles an den Ausschreibungen der US-Armee und stellt im Dezember 1922 auf Basis eines Tilling-Stevens Busses einen der weltweit ersten Fahrzeugkrane mit einer Traglast von 1,8 t (bei 3 m Ausladung, Hubgeschwindigkeit 6 m/min) vor, der allerdings aufgrund der schwierigen Wirtschaftslage erst nach dem ersten Weltkrieg die ihm gebührende Aufmerksamkeit erfährt (Bild 144).

Ein Jahr später, wir schreiben 1923, erreicht die Inflation ihren Höhepunkt: Ein Dollar repräsentiert den Gegenwert von 4,2 Billionen Mark. Die Währungsstabilisierung wird durch die Einführung der Rentenmark erreicht. Krupp erfindet die Nitrierhärtung und auch die VIAG (Dachgesellschaft für Reichsunternehmen) wird gegründet. Die Preussische Bergwerks- und Hütten AG (Preussag) entsteht als Zusammenschluß mehrerer Staatsbetriebe. Auch sie soll in späterer Zeit noch ein Kranbauer von wichtiger Größe werden.

Wenig später, 1925, startet Miag mit dem K I, einem 1-t-Kleinkran mit Elektroantrieb, eine erstaunliche Karriere als Hersteller kleiner und wendiger Krane und Flurförderzeuge für den innerbetrieblichen Einsatz (Bild 145). Nach weiteren vier Jahren wird der 2 t hebende K II präsentiert. Ihm folgen schon bald Ausführungen mit bis zu 5 t Traglast. Andernorts werden komplett elektrisch angetriebene Krane angeboten, deren Batterien nachts aufgeladen werden.

1925 ist in vielen Bereichen ein Jahr des Aufbruchs. Oskar Barnack stellt die Ur-Leica vor und läutet damit die Kleinbildfotografie ein. In München wird das von Oskar von Miller gegründete Deutsche Museum eröffnet. In Ägypten wird die Mumie von Tut-ench-Amun (gestorben etwa 1358 vor der Zeitenwende) entdeckt. MAN baut einen 15.000 PS starken Dieselmotor. 600.000 km Unterseekabel sorgen für interkontinentale Kommunikation.

Bild 146: Turmdrehkrane der „Maschinenfabrik und Eisengiesserei" Jul. Wolff & Co. GmbH aus Heilbronn beim Bau des Mailänder Hauptbahnhofes.

Um 1912 beginnt der Elektromotor erste kleine Flurförderzeuge und Karren anzutreiben. AEG und AFA (Accumulatoren-Fabrik AG) entwickeln kleine Fahrzeuge. Nach dem ersten Weltkrieg gewinnt diese Antriebsart an Bedeutung. Die Maschinenfabrik Julius Wolff & Co. GmbH in Heilbronn fertigt seit 1917 schwere Turmdrehkrane für Großbaustellen (Bild 146). Kaiser ist seit 1910 mit Turmdrehkranen aktiv, vorwiegend in Biegebalken-Bauweise. Der erste Kran erreicht Ausladungen von 5 bis 12 m und hebt maximal 3 t.

Carl Peschke, der 1894 in Zweibrücken ein, so berichtet der frühe Imageprospekt, „Grösstes und leistungsfähigstes Etablissement von Bauwerkzeugen in Deutschland" betreibt, wird im Kranbau ein feste Größe. Bereits 1913 wird ein „20-pferdiger" Elektro-Turmdrehkran eingesetzt, der „…in zehnstündiger ununterbrochener Tagesarbeit 250.000 kg

Beton gehoben und versenkt hat. Monatelang unter schwierigsten Verhältnissen arbeitet, während andere Fabrikate den Dienst versagten." Der Kran arbeitete beim Bau von Schleusen am Rhein-Herne-Kanal und wurde in sechs Teile zerlegt und meist per Bahn von einem zum nächsten Einsatzort transportiert. Als Besonderheit preist der Hersteller

Bild 147: Dieser Bucyrus-Drehkran ist mit einem Rammbar bestückt und hilft beim Wasserbau. Schon in ihrer Frühzeit machen die Krane sich als universelle Helfer auf Tiefbaustellen nützlich.

die Verstellbarkeit des Auslegers durch das eigene Windwerk, welches dem Kranführer das Hinaufsteigen auf die Turmspitze erspart. Auf Wunsch kann der Führerstand in luftiger Höhe auch holzverkleidet werden – erste Ansätze von Ergonomie sind also schon zu spüren. Gleichzeitig bewähren sich beim Schleusen- und Wasserbau in Amerika drehbare schienengeführte Krane, die mit Haken, Greifer, Schleppschaufel und Rammbär (Bild 148) die schwere Arbeit erleichtern.

Die 1869 im englischen Ipswitch gegründete Ransomes & Rapier mausert sich zu einem wichtigen Anbieter von Eisenbahnkranen. Speziell in Fernost hat man einen guten Ruf, auch wenn 1877 die erste nach China gelieferte Eisenbahn mangels Gewinnaussichten verschrottet wird. Anfang der 20er Jahre werden große Dampfkrane unter anderem nach Pakistan geliefert. So der 67,5 t hebende Dampfkran „Mangla Regulator" (Bild 148). Er ist ein wahrer Gigant und soll bei der Bergung verunfallter Züge

Bild 148: Der von Ransomes & Rapier für Pakistan hergestellte Eisenbahn-Bergungskran „Mangla Regulator" hebt 67,5 t und ist dampfgetrieben.

helfen und hat dies während seines langen Einsatzlebens auch sicher sehr oft tun müssen. Die Konstruktion basiert auf zwei im Jahr 1914 an die New South Wales Railway gelieferten Bergungskranen, die mit dem patentierten Rope Crowd-Mechanismus bestückt sind. Diese sehr fortschrittliche Errungenschaft erlaubt sich überlagernde Hub- und Vorschubbewegungen im Baggerbetrieb. Der Kunde hat kurz vor Auslieferung der beiden Krane eine Zusatzausrüstung zum Baggern angefragt. Da sich zusätzliche Dampfmaschinen nicht mehr auf dem Oberwagen unterbringen lassen, wird dieser interessante Mechanismus entwickelt, der allerdings wenig später nach Amerika an Bucyrus verkauft wird.

Bucyrus: Einer der schillernden Namen im Reigen der großen Baumaschinenkonzerne. Bereits im Dezember 1880 auf Betreiben des Bankiers Dan Parmalee Eells als Bucyrus Foundry Manufacturing Company gegründet, baut während des ersten Weltkrieges nicht nur Bagger, sondern auch schwere Eisenbahnkrane – wie eigentlich alle zu dieser Zeit tätigen Hersteller. 47 Eisenbahnkrane (Bild

Bild 149: Tandemhub bei der Geschützmontage mit zwei je 144 t hebenden Bucyrus-Eisenbahnkranen.

149) und 20 verfahrbare Derrick-Krane entstehen zwischen 1916 und 1920. Das Unternehmen gründet zusammen mit vier Partnern die wenig ertragreiche Wisconsin Gun Company und produziert auch Geschütze. Nach dem Ende des ersten Weltkrieges faßt Bucyrus im zivilen Markt schnell Fuß und trägt sich mit Plänen, die Erie Steam Shovel Company zu übernehmen. 1922 verkauft man mehr Bagger als die Erzrivalen Erie und Marion. Speziell der Marion-Übermacht muß Einhalt geboten werden, insbesondere im Exportgeschäft. Denn dieser Wettbewerber hat durch die Zusammenarbeit mit Ransomes & Rapier in England erhebliche Vorteile auf dem europäischen Markt.

1923 präsentiert Ransomes & Rapier einen benzinelektrisch getriebenen Mobilkran mit Dreiradfahrwerk und festem Ausleger (Bild 150). Aufgrund des heckseitig montierten Rades sind kleine Wenderadien möglich. So entsteht ein Industriekran, der sich auch in engen Hallen bewährt. 1925 unterzeichnet man ein Lizenabkommen mit der Marion Steam Shovel Co. Fortan werden bis 1930 die sehr guten Bagger aus den USA gefertigt. Dann wird das Abkommen aufgekündigt, da Marion den europäischen Markt nun in eigener Regie bearbeiten möchte. Für den Zeitraum des Abkommens lassen sich drei von Ransomes & Rapier in Lizenz gefertigte Baggertypen nachweisen, es sind dies der Typ 7, der Typ 460 und der Typ 480. Sie werden Basis künftiger Kranentwicklungen, da zwischen den beiden Partnern vereinbart ist, daß Ransomes & Rapier auch nach der Aufkündigung des Lizenzabkom-

mens weiterhin nach Marion-Konstruktionen fertigen darf. Die Geräte können elektrisch, benzin-/dieselelektrisch oder mit Dampf angetrieben werden. 1929 folgt die Entwicklung des kleinen Baggers vom Typ 420, der von einem 42 kW starken Dorman Petrol-Paraffin Motor angetrieben wird. Dieser Bagger wird mit verschiedenen Ausrüstungen auch als Gittermast-Raupenkran angeboten.

Unglück im Hause Coles. Nachdem Henry Coles' Sohn Harry im ersten Weltkrieg in Frankreich fällt, wird die Firmenleitung auf Walter Joseph Coles übertragen. Sein Bruder Ernest und der Sohn des Firmengründers, Harold Lewis Coles, helfen nach Kräften. Alle drei sterben jedoch innerhalb eines Jahres. Am 20. Oktober 1926 übernehmen Alfred W. Farnsworth, William Searle und William Robinson das Unternehmen; Farnsworth wird Mehrheitseigner. Coles fertigt verschiedene frei verfahrbare Krane, darunter Konstruktionen auf elektrisch angetriebenen Lkw-Chassis und sogar einen dieselelektrisch angetriebenen Raupenkran (Bilder 151, 152, 153).

Bild 151:
Elektrisch angetriebener Mobilkran
von Coles aus dem Jahr 1925.

In Duisburg wird die Demag AG durch den Zusammenschluß der Deutschen Maschinenfabrik AG, Duisburg, und der Vereinigte Stahlwerke AG, Düsseldorf, gegründet. 1927 entsteht Bucyrus-Erie durch den Zusammenschluß von Bucyrus und der Erie Steam Shovel – ein wichtiger Anbieter für Bagger. Krane sollen schon bald folgen.

Im folgenden Jahr stellt Wolff seinen ersten Turmkran mit Katzausleger vor. Als Besonderheit preist der Hersteller das Antriebskonzept mit drei Elektro-

motoren für die Hub-, Dreh- und Fahrbewegung. Die ersten Turmdrehkrane dieses Anbieters haben 5 bis 12 m Ausladung und heben bis 3 t. Je nach Auslegerstellung werden 20 bis 31 m Hubhöhe erreicht. Eine Besonderheit dieses Kranes ist die sogenannte Kurvenfahrvorrichtung, mit der rechtwinklige Gebäude umfahren werden können.

Bild 152: 1928 bringt Coles diesen, von einem Dieselmotor getriebenen Eisenbahnkran auf den Markt. Die Antriebskraft für die Räder wird durch einen mittig im Drehkranz montierten Vorläufer der Drehdurchführung auf die Räder übertragen.

Bild 153: Auch das gibt es schon: dieselelektrischer Raupenkran von Coles aus dem Jahr 1929 beim Umschlag von Landmaschinen. Über Schleifringe wird die Energie zu den Fahrmotoren im Unterwagen übertragen.

Mitte der zwanziger Jahre tauchen die ersten dieselgetriebenen Lastwagen auf. Dieses Antriebsprinzip wird ab 1928 auch Eingang in Eisenbahn- und Mobilkrane finden. Faustin Potain gründet im französischen La Clayette den nach ihm benannten Kranhersteller, der sich auf Hochbaukrane spezialisiert und der bis zur Jahrtausendwende über 80.000 Krane herstellen wird. Zunächst beginnt Potain mit einfachen Hebezeugen zum Bewegen von mit Mörtel gefüllten Eimern (Bild 154). Fives-Lille, Campistou und Favelle-Favco sind ebenfalls mit Turmkranen am

Bild 154: Anzeige von F. Potain aus dem Jahr 1928. Bereits hier kümmert man sich mit einem breiten Programm um die Belange der Hochbauer.

Markt. In Italien lassen sich Ferro und Fuochi Milanesi nachweisen.

Manitowoc im US-Bundesstaat Wisconsin – eigentlich, und das bis auf den heutigen Tag – eine Schiffswerft, beginnt als Subunternehmen mit der Kranfertigung. 1927 übernimmt das Unternehmen die Patente des Moore Speedcranes. Man ist klug und konzentriert sich auf die in Amerika und vielen anderen Märkten besonders stark nachgefragten Gittermastkrane auf Raupenfahrwerk.

Stationäre Krane erbringen in dieser Zeit bemerkenswerte Leistungen. Einer zeitgenössischen Quelle entnehmen wir die erheblichen Umschlagmengen im Hafen Duisburg. Dort werden 46.000 Lastkähne abgefertigt. Sie führen 4 Mio. t Güter ein und 15,7 Mio.t aus. Der französische Kranhersteller Pinguely produziert stationäre Krane für den Hafeneinsatz. Einige der großen Hebezeuge werden beim Bau des Hafens von Safi in Marokko eingesetzt (Bild 155).

Zwischen England, Amerika und Australien gibt es eine Rundfunkverbindung über Kurzwelle. Eine der ersten Nachrichten, die übertragen werden, ist der zehnmillionste von Ford gebaute Personenwagen des Typs „T". Bereits ein Viertel aller Seeschiffe ist ölgefeuert. Krupp stellt, basierend auf dem Prinzip der schwedischen Gebrüder Ljünström, eine Turbolokomotive auf der Eisenbahnausstellung in Seddin bei Berlin vor. In Deutschland ist das Entstehen der Großindustrie zu beobachten. In Berlin werden die deutschen Einheitspreisgeschäfte von Woolworth gegründet. Aus

Bild 156: Raupenkran von Bay City mit bis zu 1,8 t Traglast. Der 7,5 m lange Standardausleger wird auch mit 4,5 m langen hölzernen Verlängerungen für den Hochbau verwendet. Hier für den Bau der Tribünen für Michigan State Fair Grounds in den zwanziger Jahren.

Aero Lloyd und Junkers Luftverkehr AG entsteht die Lufthansa.

Jährlich passieren 5.475 Schiffe den Panamakanal, der damit seine Kapazitätsgrenze erreicht hat. Erstmals werden mehr Dieselmotorschiffe als Dampfmotorschiffe gebaut. Lindbergh überquert den Atlantik mit der „Spirit of St. Louis" und der Fleurop-Blumenversand wird gegründet. MAN baut für Blohm & Voss einen 10.000 kW starken Dieselmotor. 1928 stellt Ardelt, 1901 in Eberswalde bei Berlin gegründet, die ersten schweren Eisenbahnkrane her. Zwei mit jeweils sechs Lenkachsen (keine Drehgestelle) ausgerüstete 60-t-Krane, einer mit Benzol-, einer mit Dampfantrieb, werden an die 1920 gegründete Deutsche Reichsbahn übergeben. Der Dampfkran geht nach Breslau, der Benzolkran verbleibt in Deutschland. Anfang der 30er Jahre werden die Krane allerdings auf 50 t abgelastet. Die dramatische Rettungsaktion für die Mannschaft der „Italia" in der Antarktis hält die Welt in Atem. Insgesamt 15.000 Mann nehmen die Rettungsversuche auf, die dank des Eisbrechers „Krassin" und dem Flieger Tschuchonowski erfolgreich enden.

General Motors übernimmt die Opel AG. 1929 stellt Northwest bereits die zweite Generation seiner Raupenkrane vor. Dampfmaschinen stoßen in ungeahnte Leistungsdimensionen vor: Die größte Dampfmaschine erreicht 230.000 kW

Bild 157: Das zweite Bay City-Gerät wartet mit einem Gittermastausleger und teleskopierbarer Verlängerung auf. Die sogenannten Tractor-Draglines werden zum Vertiefen von Flüssen eingesetzt, heben aber auch allfällige Lasten.

Leistung. Im Herbst des Jahres zieht in Amerika der schwarze Oktober auf. Vom 21. bis 29. Oktober 1929 fallen die Aktienkurse dramatisch. Es entstehen 15 Mrd. $ Verluste an den amerikanischen Börsen. Dennoch schreitet die Technik voran – der Fernschreiber wird erfunden. Schreibmaschinenschrift wird in elektrische Impulse umgewandelt und durch Telefonleitungen geschickt. Ein Verfahren, das natürlich die Kran- und Baumaschinenhersteller alsbald nutzen, um Kunden zu informieren und um das Ersatzteilwesen anzukurbeln. Auf der Berliner Funkausstellung wird der staunenden Öffentlichkeit drahtloses

Fernsehen vorgeführt (Prinzip Nipkow-scheibe).

Der Baggerhersteller Bay City macht mit einer cleveren Krankonstruktion (Bilder 156, 157) auf sich aufmerksam. Auf ein Raupenfahrwerk wird ein Benzol-motor montiert, der über Ketten und Winden einen Derrick-ähnlich ange-schlagenen Ausleger antreibt, der um 180° drehbar ist. An den 7,5 m langen Ausleger können Haken, Zweischalen-greifer oder Schleppschaufeln montiert werden. Eine teleskopierbare Verlänge-rung (!) vergrößert die Reichweite. Die maximale Traglast erreicht immerhin 1,8 t. Diese Krane werden auch auf Lkw-Fahrgestelle montiert. Wenig später erscheinen die Seilbaggertypen K und R mit geschlossenem Oberwagen und mit 9 bis 12 m langen Gitterauslegern für Lasten bis 6,75 t.

VI.

1930 bis 1939

Masse statt Klasse:
Auch Krane ziehen in den Krieg

Die Welt ist in diesem Jahrzehnt in tiefe Umwälzungen, primär politischer Natur verwickelt. Die beiden Börsencrashs in Amerika aus dem Jahr 1929 lähmen die Weltwirtschaft bis etwa 1933/34 und schüren viele Unsicherheiten. Verschiedene Länder versuchen sich gegen Nachbarn abzuschotten und bauen Kriegsverbände auf. In Deutschland gibt es 1930 bisher für unmöglich gehaltene 4,4 Millionen Arbeitslose: Eine Menge hoffnungsloser und enttäuschter Menschen, die sich nach Perspektiven sehnt, die ihr leider von fanatischen Politikern angeboten werden. Der Ausbruch des zweiten Weltbrandes wird dieses Jahrzehnt unauslöschlich in die Weltgeschichte einschreiben. Ingenieurskunst und Wissenschaft werden zum Vernichten von Menschenleben wie nie zuvor in der Menschheitsgeschichte umgelenkt, mit bestialischem Erfolg. Die Automobil- und Fahrzeugindustrie, zu der auch die Kranhersteller gehören, wird vor den Karren einer gigantischen Kriegsmaschinerie gespannt und trägt ihren Teil zu Siegen und Niederlagen bei. Nationalsozialisten und Kommunisten sind die Gewinner der Reichstagswahlen 1930.

Zur gleichen Zeit zieht der ruhige und besonnene Eisenbahningenieur Franz Krukenberg mit seinem 230 km/h schnellen luftschraubengetriebenen Schie-

nenzeppelin die Aufmerksamkeit der Verkehrsexperten auf sich. Andere Branchen warten ebenfalls mit bemerkenswerten Leistungen auf. So produzieren in den Bata-Schuhwerken 12.000 Menschen täglich 75.000 Paar Schuhe. Doch nicht nur Deutschland macht von sich reden. In Rußland beginnt die planmäßige Verwertung der unermeßlichen Bodenschätze. So entsteht Magnitogorsk im östlichen Ural. Diese künstliche Stadt entwickelt sich mit dem 2.230 km entfernten Kusnezk schon bald zum Eisen-Kohle-Kombinat (erster Hochofen 1932). Eine See- und Erdbebenkatastrophe vernichtet in Neuseeland die Stadt Napier vollkommen.

Die Rezession greift in Amerika um sich wie ein Gespenst. Zwar fängt die amerikanische Regierung teilweise die drohende Krise durch staatliche Aufträge für Straßen, Brücken und Staudämme ab; kaschieren kann sie die ungesunde wirtschaftliche Lage indes nicht. Auch zuvor florierende Unternehmen wie Harnischfeger haben wie viele ihrer Mitbewerber plötzlich erhebliche Probleme. Der Maschinenbaukonzern versucht alles, um zu überleben. Man diversifiziert die Produktion und bietet nun auch Straßenbaumaschinen, Schweißgeräte,

Dieselmotoren und Fertighäuser an. Man will und muß an die gute Zeit von vor zehn Jahren anknüpfen, als der P&H-Laufkran eine feste Größe in allen Industriebereichen war.

Das Jahr 1934 ist in Deutschland durch die Machtergreifung der Nationalsozialisten, in Österreich durch blutige Kämpfe im Zuge des „Austrofaschismus", in Jugoslawien durch die Ermordung des Königs, in Spanien durch einen großen Bergarbeiter-Aufstand gekennzeichnet. Aber es gibt aus der Mitte dieses Jahrzehnts auch interessantes zu vermelden: Curie/Joliot entdecken die Radioaktivität. Schalke 04 wird deutscher Fußballmeister, und die Frauen Deutschlands tragen nun hochmodische knöchellange Kleider, während ihre Ehemänner den ersten Pkw mit Dieselmotor bestaunen. Die Straßenbauingenieure überzeugen

mit der Hochalpenstraße über den Großglockner, die eine Höhe von 2.508 m über NN überwindet. Die Inbetriebnahme des Schiffshebewerkes Niederfinow, östlich von Eberswalde, (36 m Hub für 1.000-t-Kähne, Baubeginn 1927) untermauert deutlich die technische Potenz deutscher Ingenieure (Bild 158). Es ist der weltgrößte Schiffs-Fahrstuhl. Gebaut hat ihn Kranbau Eberswalde (später zu TAKRAF) in Lauchhammer. Doch gehen wir noch einmal zurück nach Nordamerika, wo sich die Kranbauer ebenfalls mit Höchstleistungen auszeichnen.

Während Seilkrane auf Raupenfahrwerk und allmählich immer leistungsfähigere Gittermastkrane auf Lastwagen- und Spezialfahrzeugchassis montiert werden, entstehen im Land der unbegrenzten Möglichkeiten auch große stationäre Hebezeuge primär für Werften. Dravo aus Pittsburgh baut beispielsweise für

Bild 158: Das Schiffshebewerk Niederfinow hebt bis zu 1.000 t schwere Kähne 36 m in die Höhe. Es ist eine der leistungsfähigsten Anlagen ihrer Zeit.

eine Werft der US Marine am Puget Sound nahe Seattle an der Westküste der USA einen 250 t tragenden Hammerkopfkran (Bild 159), der zum Auswechseln von Kanonenrohren an Schlachtschiffen eingesetzt wird. Auf ein Portal wird ein achteckiger 38 m hoher Turm montiert.

Das englische Unternehmen R.H. Neal and Company Limited beginnt 1930 mit der Kranproduktion (Bild 160). Kleine vierrädrige Geräte, wie sie als Hof- und Dungkrane bekanntgeworden sind, verlassen die Fabrikationshallen, in denen auch Betonmischer und Pumpen ent-

Die wasserseitige Ausladung des Kranes beträgt 58 m; am hinteren 36 m langen Gegengewichtausleger sind das zweistöckige Maschinenhaus und das Gegengewicht untergebracht. Neben dem 250-t-Haupthubwerk sind ein 30-t-Hilfszug, zwei 5-t-Hilfszüge und ein im Ausleger fahrbarer Laufkran für Wartungs- und Reparaturarbeiten montiert. Dieser Kran ist einer der größten Krane seiner Epoche, er soll bis in die 70er Jahre gearbeitet haben.

stehen. Kurioses Detail am Rande: Die 1937 von Neal bezogene Fertigung in der Dysart Road in Grantham gehört vorher einem Pumpenhersteller und war davor eine Irrenanstalt. Eine Tatsache, die sich aber nie auf die Krankonstruktionen ausgewirkt hat, wie die Chroniken glaubhaft versichern.

Bild 159: Der 250 t tragende Hammerkopfkran von Drago für eine Werft der US-Marine bei Seattle ist einer der größten seiner Zeit.
Für eine Umdrehung benötigen die beiden Schwenkmotoren sechs Minuten. Die wasserseitige Ausladung beträgt 58 m.

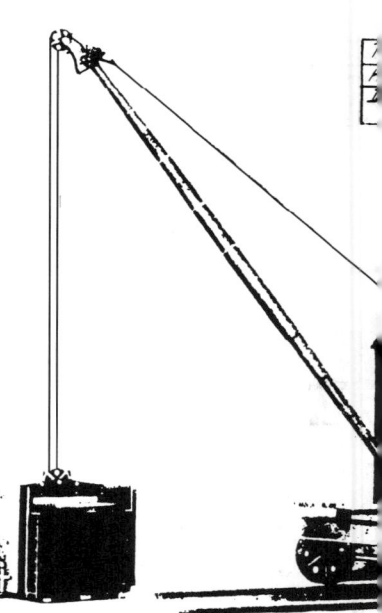

Bild 160: Neals/Ealing bietet seine Krane, wie zu dieser Zeit üblich, auf Lkw-, Eisenbahn- und Raupenchassis an. Abstützungen hat das Lkw-Chassis trotz des großvolumigen Zweischalengreifers nicht!

unterbau relativ stark, so daß die Entwicklung tragfähiger Straßenbeläge auch ein, wenn auch unfreiwilliger, „Verdienst" der mobilen Krane ist.

Gerade die starke Industrialisierung und die verstärkte Massenfertigung machen einen erheblichen Bedarf an innerbetrieblichen Transport- und Umschlaghelfern notwendig. Da der Gabelstapler zum Handling größerer Lasten weitgehend unbekannt ist (er wird erst im Zuge des zweiten Weltkrieges nach Europa gelangen), ersinnen viele Hersteller kleine wendige Krane auf drei- und vierrädrigen Fahrgestellen, teils mit festen, teils mit beweglichen oder sogar per Seilzug ausschiebbaren Auslegern.

Mitte der 30er Jahre werden Lkw-Fahrgestelle sowohl in Europa wie auch in Amerika als probate Träger für Krane erkannt. Sie bieten den großen Vorteil der uneingeschränkten Mobilität. Erst allmählich erreichen Krane auf Lkw-Chassis die Traglasten von Raupenkranen. Dies geschieht durch den verstärkten Einsatz von Abstützungen, welche die Kippkante des Kranes weiter von der Drehwerksmitte entfernen. Nur kurze Zeit können serienmäßige und auch verstärkte Lkw-Chassis die hohen Druck- und Torsionskräfte, die beim Kranbetrieb zwangsläufig in das Fahrgestell eingeleitet werden, abfangen. Spezielle Kranfahrgestelle werden sowohl von den Kranherstellern wie auch von Lkw-Herstellern konstruiert. Die immer schwerer werdenden mobilen Krane belasten mit ihren hohen Raddrücken den Straßen-

Das Jahr 1930 ist auch für Ruston & Hornsby Ltd., Lincoln (England), und Bucyrus-Erie aus South Milwaukee im US-Bundesstaat Wisconsin überaus wichtig. Beide Firmen kooperieren von nun an bei Entwicklung und Produktion von Baggern und Raupenkranen. Ruston, hervorgegangen aus Ruston & Hornsby, deren Ursprünge sich unter drei verschiedenen Namen bis zum Jahr 1850 zurückverfolgen lassen, sind auf dem wichtigen englischen Baggermarkt eine feste Größe. Ruston-Bucyrus, so der Name der neugegründeten Gesellschaft, wird von beiden Partnern zu gleichen Teilen gehalten und rüstet Baggeroberwagen schon sehr bald mit besonders langen Auslegern zum Heben von Lasten aus. Parallel dazu werden Bagger mit Zweischalengreifern und natürlich Schleppschaufelbagger gefertigt. 1935 wird der überaus erfolgreiche Raupen-

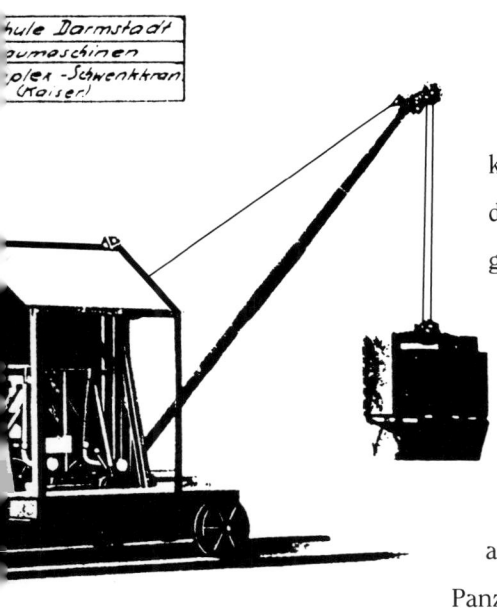

kran 22 RB (Bild 161) vorgestellt, der noch Jahrzehnte ohne allzu große optische Veränderungen produziert wird. Im zweiten Weltkrieg muß das Unternehmen, wie viele andere in Japan, den USA, Deutschland, England und Frankreich, auch Waffen, hier im Speziellen Panzer, in großen Mengen herstellen.

Weitere Kranhersteller sind Bantam, Bay City, BM-Boom, Boilot, Bondy, Byers, Coles, General, Grove, Haulotte, Insley Manufacturing, International Harvester, Keystone, Little Giant, Link Belt, Manitowoc, Marion, Menck & Hambrock, Moreau, Northwest, The Osgood Company, Pinguely, Poclain, Priestman, Richier, Roberts, Taylor, The Universal Crane Co., Wagnermobile, Weitz und Weserhütte. In Deutschland entsteht Anfang der 30er Jahre ein speziell für Kanalarbeiten geschaffener Krantyp – der Duplexkran mit zwei Auslegern (Bild 162).

Bild 162: Der Duplexkran eignet sich für Wartungsarbeiten an der Kanalisation. Gebaut wird er von Kaiser.

Bild 161: 1935 stellt Ruston-Bucyrus den 22-RB vor, ein schmuckes Gerät, das als Kran und Trägermaschine lange aktuell bleibt. Nach dem II. Weltkrieg übrigens bestückt mit Wylie DL Lastmomentbegrenzer.

Ein bisher kaum beachteter Aspekt soll nun gestreift werden. Mobile Krane werden zu dieser Zeit als schnelle flexible Lastenheber betrachtet. Die erheblichen Gefahren, die von ihnen ausgehen, werden oft von Betreibern, Bedienern und Herstellern verkannt. Der etwas sorglose Umgang ändert sich allerdings schnell, denn die Unfälle mit den meist nur ungenügend abgestützten Hebezeugen häufen sich. 1932 wird in England erstmals eine „Approval Certification" ratifiziert. Sie beschreibt den sicheren Umgang mit Kranen und schlägt konkrete Sicherheitshinweise vor. Als Folge dieser wichtigen Vorschrift nimmt die Zahl der Unfälle mit Kranen erheblich ab. Hersteller für spezielle Lastmomentüberwachungssysteme etablieren sich.

Bevor wir weiterfahren in unserer Chronik, eine kurze Erläuterung: Bei Kranen wird zwischen Stand- und Kippmoment unterschieden. Das Standmoment ist, wie der Name schon sagt, für den sicheren Stand des Kranes verantwortlich, dazu gehören das Gewicht von Fahrgestell und Oberwagen und natürlich das Gegengewicht. Das Kippmoment, zusammengesetzt aus dem Gewicht des Auslegers, seiner Abspannungen, Seilen, Haken und der angeschlagenen Last, will den Kran zum Kippen bringen. Abstützungen, zunächst einfach an allen Fahrzeugecken abspindelbar ausgeführt, später zur Vergrößerung des Standmomentes ausfahrbar, bringen Hilfe. Wir werden sehen, daß es aber noch ganz andere Möglichkeiten gibt, das Standmoment zu vergrößern.

1934 beginnt Wylie Safe Load Indicators Ltd. in England mit der Fertigung erster rein mechanischer Lastmomentbegrenzungssysteme, die sämtliche, das Kippmoment des Kranes beeinflussenden, Kräfte berücksichtigten. Systeme dieser Art messen meist die Seilspannung. Das Unternehmen wird 1934 von B & A Engineering gekauft. B & A wie auch Wylie haben bisher Schiffszubehör angeboten – zahlreiche Unfälle mit Dampfkesseln lenken die Aufmerksamkeit auf Antriebsmaschinen und zwangsläufig auf die von ihnen angetriebenen Fahrzeuge, Lokomotiven und Krane. Ein schwieriges Unterfangen, aufgrund vielfach fehlender elektrischer Versorgung an Bord – die Mechanik muß herhalten und die wird oft genug mangelhaft gewartet. Gemeinsam mit Jones, Coles, Ransomes & Rapier und Ruston Bucyrus werden spezielle, auf die jeweiligen Bedürfnisse der Hersteller angepaßte Lastmomentbegrenzer gefertigt. Coles, die B & A Lastmomentbegrenzer im Auftrag herstellen, erwerben später alle Rechte am ursprünglichen B & A-Sicherheitsbegrenzer, um sie exklusiv in den eigenen Kranen einsetzen zu können.

In Frankreich können wir für das Jahr 1934 einen „Neuzugang" bei Herstellern verfahrbarer Krane verzeichnen. Denn Pinguely, 1881 von Alexandre Pinguely bei Lyon gegründet, nimmt die Fertigung von Raupenkranen auf.

Doch kurz von der nackten Technik aufgeschaut. 1936 blicken die Augen der Welt auf Berlin, wo die olympischen Spiele stattfinden. Bernd Rosemeyer gewinnt den neunten Großen Preis von Deutschland, Max Schmeling schlägt Joe Louis k.o. Im gleichen Jahr marschieren deutsche Truppen in die entmilitarisierte Zone des Rheinlandes ein, und Mussolini verkündet das italienische Imperium. Weltweite Beachtung findet die Fertig-

nen Beanspruchungsgruppen zugeteilt. Turmkrane kommen in die leichteren Gruppen I und II. Diese Zuordnung soll Jahrzehnte später zu einem über viele Jahre zwischen verschiedenen deutschen Herstellern geführten erbitterten Rechtsstreit führen.

Bild 163: Mit der Auftragsnummer 37/208 bestellt die englische Luftwaffe 82 Einheiten des 1,8-t-EMA-Kranes mit Elektroantrieb bei Coles und gibt damit in schwierigen Zeiten den Startschuß für ein florierendes Unternehmen.

stellung der Queen Mary, die eine Verdrängung von 66.000 BRT aufweist, 180.000 PS leistet, 297 m lang und 36 m breit ist. Sie gewinnt das blaue Band für die schnellste Ozeanüberquerung in drei Tagen, 23 Stunden und 57 min.

Für den Kranbau ist 1936 ein Meilenstein, weil die DIN 120 „Berechnungsgrundlagen der Stahlbauteile von Kranen und Kranbahnen" ausgegeben wird. Sie normt die Bemessung der Krangerüste. In den nächsten 40 Jahren sorgt sie für einheitliche Kriterien bei Konstruktion, Berechnung und Herstellung. Sie hat auch Auswirkungen auf andere Länder. Die Norm unterteilt Krane nach der Schwere der Arbeitsbedingungen in vier Gruppen. Auch werden die einzelnen Krangattungen den verschiede-

Unabhängig davon erblickt bei Coles der EMA-Kran das Licht der Welt. Die Abkürzung steht für „Electro Mobile Aerodrome" und bezeichnet einen zweiachsigen, vierfach gummibereiften elektrisch angetriebenen Mobilkran (Bild 163) mit um 360° drehbarem Oberwagen für 1,8 t Traglast bei 2,4 m Ausladung. Herzstück dieses für die Entwicklung der mobilen Hebezeuge überaus wichtigen Gerätes ist ein Biegebalkenausleger aus geschweißten Profilen. Dieses Krankonzept wird den Ausgangspunkt der Coles-Konstruktionen für die nächsten 30 Jahre bilden. Abkömmlinge dieses Kranes sind heute noch im Einsatz. Mit der Auftragsnummer 37/208 werden schlagartig 82 Maschinen an die englische Luftwaffe verkauft. Die Soldaten titulieren diese kleinen universellen und auf jedem Feldflughafen zu

findenden Krane liebevoll als „Emmas". Ein rechter Segen für Coles, die sonst pro Jahr nur zwei bis drei Krane verkau- fen und sich spärlich mit dem Verkauf von Ersatzteilen für im Einsatz befindli- che Krane über Wasser halten mußten. Die beliebten EMA-Oberwagen werden alsbald auch auf Chassis von Austin, AEC, Leyland, Crossley, Diamond T und Ford aufgebaut. Später werden die EMA- Oberwagen auch auf verstärkte Lkw- Cassis von Thorneycroft Amazoon (Bild 164) montiert.

Techniken wie die Dampfmaschine gehö- ren nach wie vor nicht zum alten Eisen. 1 PS Dampfmaschinenleistung kostet in der zweiten Hälfte der 30er Jahr nur noch 1/10 des Preises von 1800. Doch bis auf die schweren Eisenbahnkrane wird der Dieselmotor diese Antriebsart bei Fahrzeugen schnell verdrängen.

Übernahmen und Fusionen bestimmen weiterhin das Tagesgeschäft. Die Henry J. Coles Ltd. wird von der Steel and Co. Ltd. in Sunderland übernommen. Fortan werden dort auch Krane gefertigt. Später soll dieses Werk eine der wichtigsten Produktionsstätten für Krane werden. Die Enkel des Gründers, John Eric und Sir James Steel, leiten nun einen der größten Mischkonzerne Nordenglands. Zeitgleich zu Henry Coles übernehmen sie auch die Egis Werft in Sunderland und konzentrieren dort ihre Fertigungs- kapazitäten für Schiffe und Krane. Die Werft wird kurz nach der Übernahme in „Crown Werft" umbenannt und alle dort gefertigten Coles-Krane kommen fort- an aus den ebenfalls 1939 eröffneten „Crown-Works". Der Krananbieter ist fast ausschließlich für das Militär tätig und wird sich gegen Ende des zwei- ten Weltkrieges auf dem zivilen Markt behaupten müssen. Dieser wird näm- lich von allen Wettbewerbern „beackert", während Coles ausnahmslos an die Armee liefert.

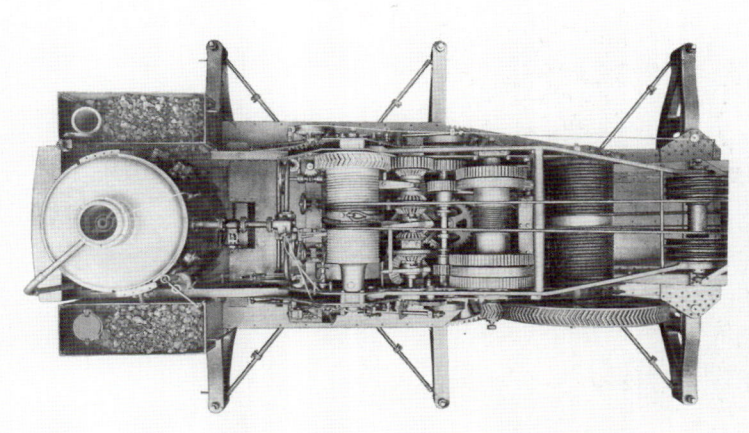

In der Industriegeschichte läßt sich von nun an der Beginn der systematischen Lärmbekämpfung nachweisen, parallel wird mit erheblichem Radau die Hafenbrücke in Sydney mit 503 m Stützweite errichtet. Sie markiert überdeutlich den Stand der Brückenbaukunst; auch sie wäre ohne Krane nie entstanden. R. H. Neal & Co. LTD in Ealing bei London stellen einen selbstfahrenden Gittermastkran für Bauaufgaben vor. Er wird auch auf Raupen, Lkw und Eisenbahnchassis angeboten.

Die mobilen Giganten haben Schienenfahrwerke

Doch wollen wir die Entwicklung der Eisenbahnkrane nicht vernachlässigen. Schwere Bauaufgaben, wie etwa der Brückenbau entlang von Eisenbahnlinien, sind neben dem Gleisbau und der Bergung ihr Metier. Die Crane Division der im englischen Loughborough ansässigen Craven Brothers bietet neben Lauf-, Portal- und Hafenkranen auch einige hochinteressante und sehr leistungsfähige Eisenbahnkrane (Bilder 165, 166) an. Da die Größe und mangelnde Leistungsdichte von Dieselmotoren für die erheblichen Drehmomente, die zum Antrieb der Winden benötigt werden, nicht ausreichen und zudem ungenügende Regelungstechniken verfügbar sind, hält sich der relativ unkom-

plizierte Dampfantrieb bei Eisenbahnkranen lange Zeit. Ein weiterer Grund ist natürlich die weite Verbreitung der Dampflokomotive, denn für den Service an den Dampfkranen müssen die Spezialisten in den Ausbesserungswerken nicht umdenken. Craven baut für Schmal- und Regelspur drei- und vierachsige genietete Krane mit Traglasten bis zu 63 t. In seitlich am Fahrgestell vorgesehene Taschen können schwere Doppel-T-Träger als Abstützungen eingesteckt werden. Für den Transport vom einen zum nächsten Einsatzort werden Zusatzdrehgestelle zur Minderung des Raddruckes angekuppelt. So können schwere Krane auch verunfallte Züge auf leichten Nebenstrecken bergen – ein Feature, das wohl leider häufig benötigt wurde.

Bild 165/166: Zwei dampfgetriebene Craven Bergekrane mit je 50 t Traglast im Tandemhub beim Brückenbau. Gut sind die eingesteckten Doppel-T-Träger als Abstützung zu erkennen.

Das kleinere Bild zeigt den übersichtlichen Aufbau des Oberwagens.

Thomas Smith & Sons (Rodley) Ltd. im englischen Leeds bauen Eisenbahnkrane und Bagger. Sie liefern einen zweiachsigen Dampfkran, der 0,9 t bei 12 m Ausladung zu heben vermag, an die Titanschmelze von Thomas Ward Ltd. nach Greys Essex. Die Höchstlast beträgt 4,5 t, der Ausleger mißt 13,5 m (Bilder 167 und 168).

In Deutschland überzeugt Ardelt mit den ersten 90 t hebenden Dampfkranen für die Reichsbahn (Bild 169). Die Unterscheidung in Brückenbau-, Weichenbau-, Oberbau-, Bekohlungs- und Schwerlastkrane (auch für Bergungen) bringt in den nächsten Jahrzehnten spezielle Konstruktionen bei Ausleger, Oberwagen, Gegengewichten und Fahrgestellen hervor. An die Reichsbahn werden 1934 zwei jeweils 75 t hebende Dampf-Eisenbahnkrane ausgeliefert.

Wie sieht so ein Kranantrieb eigentlich aus. Schauen wir uns einen solchen Superheber der 30er Jahre einmal genauer an. Eine etwa 200 PS starke Dampfmaschine mit liegenden doppeltwirkenden Zwillingsdampftriebwerken (250 mm Zylinder-Durchmesser) treibt jeden Kran an. Die auf zwei dreiachsigen Drehgestellen verfahrenden Dampflifter heben 75 t bei 9,5 m Ausladung oder 20 t bei 19 m Ausladung. Zwei jeweils 26 t schwere Gegengewichte werden auf einem separaten Gegengewichtswagen mitgeführt und per Schlitten an den Kran herangefahren und dort verbolzt. Die Gewichte können jedoch nur von

Bild 167: Detail des Dampfkranes am Rande: kleiner stehender Dampfkessel.

Bild 168: Der 1937 von Thomas Smith in Rodley/Leeds gefertigte Dampfkran hebt bis zu 4,5 t und kann sich dank eines durch die Drehsäule verlegten Gestänges selbst fortbewegen.

Bild 169: 1934 liefert Ardelt zwei Dampfkrane an die DR. Sie heben 75 t bei 9,5 m und werden mit zwei je 26 t schweren Gegengewichten ballastiert.

einer Seite an den Kran angebaut werden. Darum ist vor jedem Einsatz zu überlegen, von welcher Seite die Gewichte heranzubringen sind. Die Krane werden in Hannover und Hamburg-Altona stationiert und erhalten die Betriebsnummern 800001 und 800002, was auf eine spätere Verwendung als Hilfsgeräte der Marine schließen läßt.

1935 wird der Bedarf der Reichsbahn an speziellen Hebezeugen überdeutlich,

deshalb werden bei Ardelt zwei spezielle Weichenkrane geordert. Die 20 t hebenden, dieselelektrisch angetriebenen Krane haben einen kurzen gekröpften Ausleger, der aus 8 mm starkem Stahl der Güte St 52 geschweißt ist. Herzstück des Antriebes ist ein 42 kW starker Vomag-Dieselmotor, der einen Gleichstrom-Nebenschlußgenerator mit 42 kW Leistung (440 V) antreibt (Bild 170). Der Dieselmotor nach dem Prinzip Overhänli wird bei der Vogtländischen

Bild 170: Kleiner und leichter ist der 20 t hebende Weichenbaukran von 1935. Ardelt fertigt zwei dieser dieselelektrisch angetriebenen Krane, die bereits einen geschweißten Ausleger als Besonderheit aufweisen.

Bild 171: Der 2,5-t-Mukag-Raupenkran aus der Mitte der 30er-Jahre hebt mit einem C-Haken Zementrohre in Waggons.

(Bild 171), Rammen, Eisenbahnkrane und Bagger an. Die 1845 vom Rothgießer Justus Christian in Nürnberg gegründeten und sich zwischenzeitlich zum bekannten Lkw-Produzenten entwickelten Fahrzeugwerke Ansbach und Nürnberg (Faun) sammeln erste Erfahrungen mit Kranfahrzeugen. Sie liefern einen Spezialtransporter für den Trafotransport, der heutigen Wechselsystemen ähnlich ist (Bild 172).

Vermischtes aus Amerika

American Hoist und Derrick macht mit einem sensationellen Derrickkran auf sich aufmerksam. Einen 225 t hebenden Derrickkran hat es bisher noch nicht gegeben. Experten sagen voraus, daß Traglasten jenseits von 300t wohl nie erreicht würden. Wie sehr sollen sie sich in Anbetracht von Hubschiffen wie der Microperi, der schweren Raupenkrane mit 1.600t/28m und auch der großen American-Krane M 3000 mit 2.700t Traglast irren. Bleiben wir gleich auf dem für die Krantechnik immer noch überaus wichtigen nordamerikanischen Kontinent. 1936 stellt Link-Belt mit der Speed-o-Matic besonders feinfühlige Bedienelemente vor, welche schon bald zum Stand der Technik gehören. Kran-

Maschinen AG in Plauen gefertigt. Eine Forderung der DR ist das Verfahren mit Last. Um dies zu erfüllen, werden die sechs Achsen mit einem mechanischen Lastausgleich versehen.

1937 gründet Demag im Düsseldorfer Stadtteil Benrath die Demag Baggerfabrik, ein wichtiger Standort auch für künftige Aktivitäten im Bereich Kranbau. Ein Jahr zuvor beginnt im Werk Zweibrücken, das 1827 von Christian Dingler als Öl- und Getreidemühle gegründet wurde, die Fertigung von Fahrzeugkranen. Zunächst entstehen die Gittermastkrane K 406 (40 t), TC 120 (40 t), TC 140 (50 t) und TC 180 (60 t). Auch die in Berlin und Düsseldorf ansässige Mukag bietet Raupenkrane

Bild 172: Dieser Kranaufbau, montiert auf einen dieselelektrisch angetriebenen Faun L 600 D 87, hebt und transportiert schwere Trafos.

bewegungen können nun proportional ausgeführt werden: Je stärker der Bedie-

ner einen Hebel aus der Ruhelage aus-
lenkt, desto schneller wird die jeweilige
Bewegung. Für Bediener, Kran und Last
ist dies sehr wichtig, da ruckartige Bewegungen starken Verschleiß bedingen und
immer wieder für Unfälle sorgen (Bild
173). Auch die amerikanischen Eisen-
bahngesellschaften kommen in den
Genuß moderner Krane dieses Anbieters
(Bild 174).

Kurz vor dem Ende dieses abwechs-
lungsreichen Jahrzehnts übernimmt
Link-Belt die mittlerweile in Cedar
Rapids, Iowa, ansässige Speeder Machinery Corporation. Die Baggerprogram-
me dieser beiden Hersteller passen bestens zueinander. Für die nächsten 30
Jahre entsteht hier ein wichtiger und
stets innovativer Hersteller für Krane
und Bagger. Der 1939 auf Gummireifen
daherkommende Link-Belt Speeder Kran
wird zunächst für die Armee entwickelt.
Er findet aber schon während des zweiten Weltkrieges gelegentlich Einzug in
private Bauflotten.

Eine richtungsweisende Entwicklung
leitet 1939 der amerikanische
Anbieter Lorain ein: Er startet die
Fertigung eigener drei- und vierachsiger Kranchassis. Charakteristisch für
sie ist die kleine Einmannkabine an der
linken Fahrzeugseite. Spezielle Anbieter
gesellen sich in den nächsten Jahren
dazu. Um nur die wichtigsten zu nennen: FWD, Crane Carrier Corporation,
Consolidated Dynamics, Pierce Pacific
und Hendrickson. In Deutschland sind es
primär Faun, Kaelble, die Waggonfabrik
Rastatt, später SFB und in Italien CVS.

In Belgien wird Mol künftig ein wichtiger
Partner der Kranbranche. Aus dem heutigen Tschechien kommt Tatra mit seinen interessanten Zentralrohrrahmen-
Fahrgestellen.

Bild 173: Link-Belt Speeder Kran auf GMC-
Chassis. Die Mobilität der Lkw-Krane ist der der
Eisenbahnkrane deutlich überlegen.

Bild 174: Der 1931 von A.T. & Santa Fe Railway eingesetzte Link-Belt L-60-8- Kran basiert auf dem Speeder. Ein Benzinmotor treibt den Kran an, der bereits über Druckluftbremsen an seinen acht Rädern verfügt.

Wo die große Raupe mit seitlichem Kranausleger nicht weiterkommt, können in Amerika Hochbauer auf den ingeniösen Geist von R.G. LeTourneau zählen. Er erfindet den vom Raupenschlepper gezogenen und mit dessen bordeigenen Winden betriebenen Tractor Crane (Bild 175). Auch englische Konstrukteure wollen den Traktor nicht der reinen Feldarbeit überlassen und kombinieren ihn mit unzähligen Hubeinrichtungen (Bild 176). Für den stationären Betrieb empfiehlt der englische Hersteller Scotch nach wie vor unübertroffen einfach, aber bereits mit modernster Sicherheitstechnik bestückte Derrickkrane (Bild 177).

Bild 175: Caterpillar Thirty mit LeTourneau Tractor Crane beim Einbringen von Stahlträgern.

Bild 176: Der englische Muir Hill 1-t-Tractor wird bis in die dreißiger Jahre auch als Hebezeug modifiziert.

Turmdrehkrane werden immer größer und leistungsstärker

Werfen wir am Ende dieses Kapitels einen Blick auf die Turmdrehkrane. Kaiser, Potain, Wolff und viele andere entwickeln Typen, die im Vergleich zu vielen heutigen Konstruktionen überaus schwer und massiv anmuten. Doch das ist nicht verwunderlich, denn Hafen- und Werftkrane stehen bei der Konstruk-

Bild 177: Dieser 1934 in Dienst gestellte und auf eine interessante Ständer-konstruktion montierte Scotch Derrick-Kran ist mit einem Wylie-Lastmoment-begrenzer Typ A bestückt.

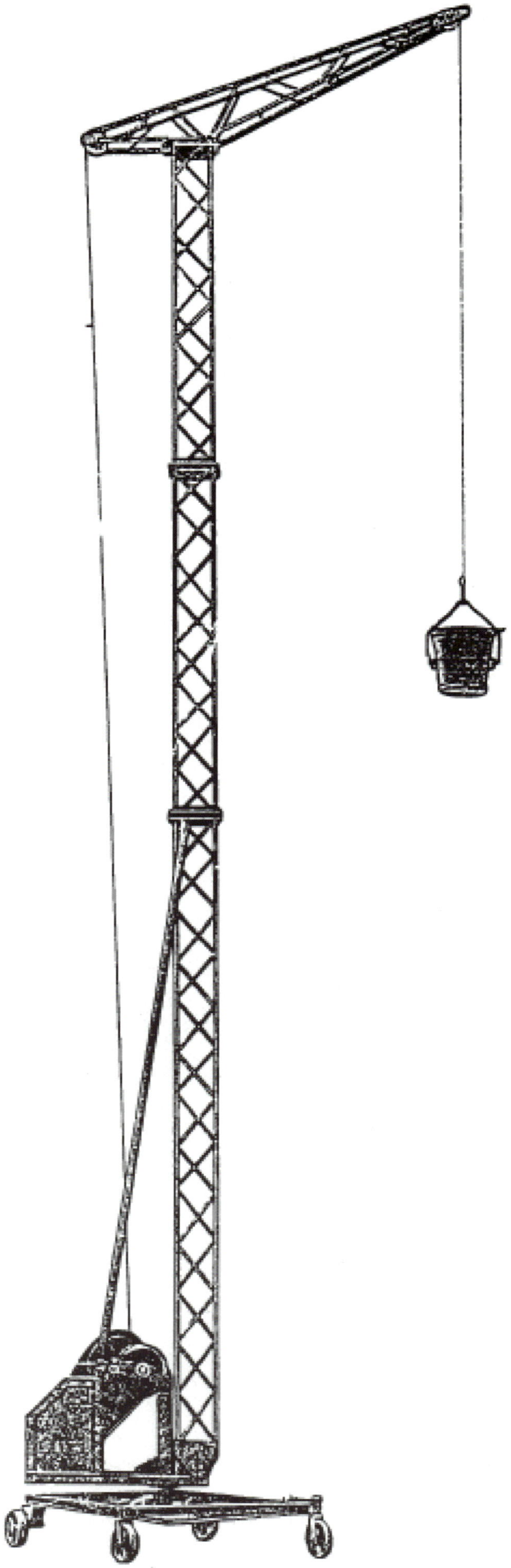

Bild 178: Faustin Potain präsentiert 1932 den Record Type Standard No. 1 für 300 kg Traglast.

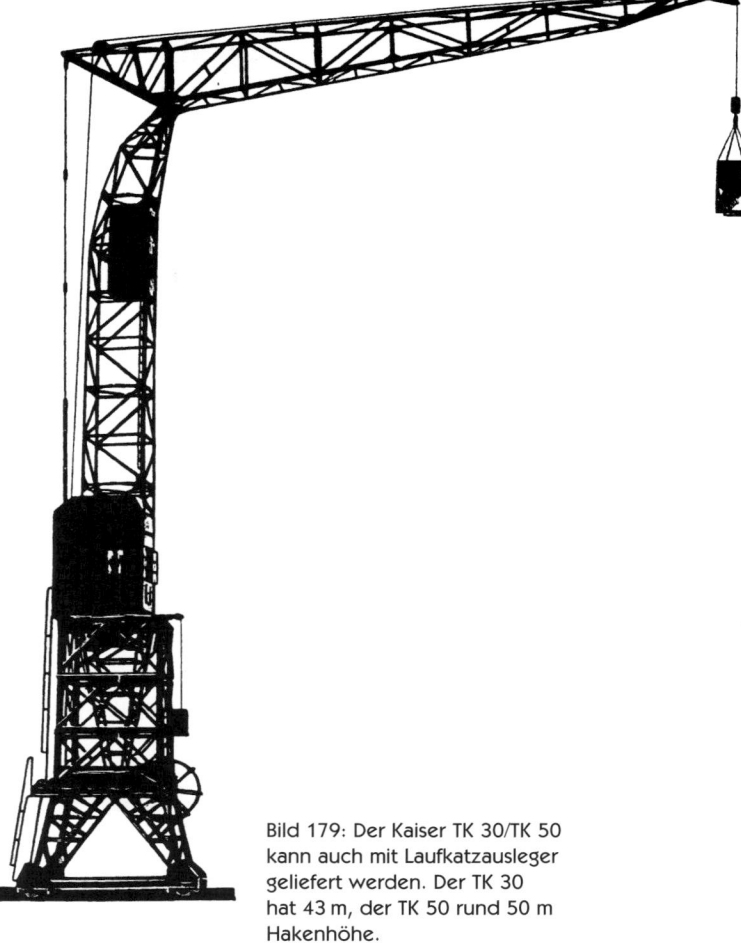

tion Pate. Anfang der 30er Jahre stellt Potain den 300 kg hebenden verfahrbaren Record No. 1 vor, der beim Mauern und den vielen kleinen „Handreichungen" am Bau hervorragende Dienste leistet (Bild 178). Kaiser macht mit der TK-Reihe (Bild 179), die wahlweise mit Biegebalken- und Laufkatzausleger bestückt werden kann, von sich reden. Mit den fünf Typen Form 15 bis Form 90 hat Wolff einiges zu bieten; Hakenhöhen von 21,7 bis 44,3 m und Traglasten bis 10 t erleichtern die Arbeit bei großen Projekten (Bild 180).

Bild 179: Der Kaiser TK 30/TK 50 kann auch mit Laufkatzausleger geliefert werden. Der TK 30 hat 43 m, der TK 50 rund 50 m Hakenhöhe.

Bild 180: Vor dem zweiten Weltkrieg gilt Wolff bei mittleren und schweren Turmdrehkranen als führender Anbieter. In einem Anzeigenmotiv werden Katz- und Nadelauslegerkrane beworben.

VII.

Die weltweite Kranindustrie erwacht –
Hersteller- und Typenvielfalt nimmt zu

1940 bis 1949

Während der letzten Kriegs- und der ersten Nachkriegsjahre kommt das Krangeschäft fast völlig zum erliegen. Ab Ende der 40er Jahre wird der weltweit immer weiter gefächerte Kranbau in nie dagewesener Blüte auferstehen. Leichtbaukrane, die mehr oder weniger unzerlegt transportiert werden können, sollen bald das Bild vieler Baustellen in immer stärkerem Maße prägen. Sie benötigen weder fremde Montagehilfe noch die schwerfälligen Aufrichtemaste vorheriger Konstruktionen. Doch zunächst zum grausigen Schauplatz des zweiten Weltkrieges. 1940 besetzt Deutschland Dänemark, Norwegen und Frankreich – die Luftangriffe auf Coventry, London und Malta sind erste Wellen der grausamen Schlacht um England. Italien schlägt sich auf die deutsche Seite. Bis zum offiziellen Ende des zweiten Weltkrieges werden viele Länder der Welt tiefgreifenden politischen, wirtschaftlichen und sozialen Veränderungen unterworfen.

In den USA werden Dampf- durch Dieselloks ersetzt (bis 1953 rund 50%). Alle kriegsinvolvierten Nationen beharren auf der Massenproduktion von Baggern, Planierraupen und Kranen. 1940 stellt Thew auf der Road Show die neue

„Lorain Moto-Crane"-Reihe vor. Sie besteht aus drei Kranen, die erstmals in der Geschichte auf Fahrgestelle, die der Kranhersteller selbst baut, montiert werden. Der kleinste Kran, der MC-2, hebt 7,6 t, der MC-3 9,9 t und der MC-4 sogar 13,5 t. Zu Tausenden werden diese Krane an die Armee geliefert und auch auf Portalen als Hafenkrane (Version MC-4) verwendet. Da viele Männer in Europa im Krieg sind, mangelt es an guten Kranfahrern. Neulinge werden in einem Zweitageseminar bei Thew von A.C. Burch, einem erfahrenen Maschinisten und Absolventen der Naval Academy und L.K. Jenkins geschult. Die beiden Herren gelten als Väter des „Operator-Trainings". Da sie den Moto-Crane konstruiert haben, kennen sie ihn von der ersten Blaupause an und geben dieses Wissen gerne weiter. Der Lorain TL-20 ist der meistgebaute Kran seiner Zeit, mehr als 10.000 Maschinen finden über die Armee den Weg in alle Welt. Bis zum Ende des Jahrzehnts baut Thew die Reihe der Moto-Crane bis auf zwölf Modelle mit bis zu 58,5 t Traglast bei 3 m Radius aus.

Bild 181: Anfang der 40er Jahre baut der Steinbruchbesitzer Vern L. Schield aus Waverly in Iowa den Bantam No. 1. Bald danach fragen Kollegen und Bauunternehmer nach diesem Gerät. Die Produktion beginnt.

Unbeeinflußt vom Angebot ersinnt der Kalksteinbruch-Besitzer Vern L. Schield in Waverly, Iowa, einen kleinen, schnellen radfahrbaren – also mobilen – Kranbagger, wie es damals heißt. Mit dieser Maschine, die es bis dahin nicht gibt, legt er 1941 den Grundstein für den Kranhersteller Schield Bantam. Der erste Kranbagger (Bild 181) besteht aus einem modifizierten Fahrgestell eines National-Lkw aus dem Jahre 1932, auf den ein selbstgebauter Oberwagen mit Drehring, angetrieben von einem alten Ford-Motor, montiert wird. Da Steinbruchwerkstätten immer jede Menge nicht mehr benötigter Winden, Seile, Rollen etc. vorhalten, kann er aus dem Vollen schöpfen. Sogar eine Kabine aus Sperrholz sorgt für primitiven Schutz vor den Unbilden des Wetters. Ab 1946 wird das Unternehmen in Schield-Bantam umbenannt. Mit Bantam, dem Zusatz im Firmennamen Schield-Bantam, ist übrigens eine kleine, schnelle und wendige Maschine gemeint.

Bereits 1946 stellt Bucyrus-Erie den mit Teleskopausleger bestückten Hydrocrane vor – und nimmt damit eine wichtige Entwicklung vorweg (Bild 182). Der Kran basiert auf Plänen von Roy O. Billings,

Präsident der Milwaukee Hydraulics Corporation. Bis Ende 1947 werden fast 200 Einheiten verkauft. Kurz nach der Vorstellung macht Erfinder Billings Bucyrus-Erie ein Übernahmeangebot, 1949 übernimmt Bucyrus-Erie diesen innovativen Kranbauer. Der Kran wird zunächst als H-2 zum Preis von 6.800 $ und ein Jahr später in verstärkter Version als H-3 für 10.600 $ angeboten. Mit diesen Geräten ist die über viele Jahre bekannte Hydro-Crane Baureihe geboren. Doch Gittermastkrane dominieren nach wie vor die Welt des Hebens. Ein typi-

Bild 182: Der 1946 von Bucyrus-Erie vorgestellte Hydrocrane H-2 mit dreiteiligem Teleskopausleger und Hydrozylindern zum Wippen basiert auf einer Konstruktion von Roy O. Billings.

Bild 183: 1942 stellt Kato aus Tokyo den ersten selbstfahrenden Kran auf Mobilfahrwerk vor. Auf einem vollgummibereiften Traktor-Fahrgestell ist ein drehbarer Gittermast-Oberwagen aufgesetzt.

scher Hersteller ist die Michigan Power Shovel Co. Sie baut auf Fahrgestelle von Ross den ebenfalls recht erfolgreichen Gittermastkran TLDT-20 (10,8 t Traglast, druckluftbetätigte Kupplungen). Unter der Bezeichnung T6K wird auch eine 5,4 t hebende Version auf Zweiachser angeboten.

In Japan gibt es gleichfalls findige Konstrukteure. Das 1895 von der Familie Kato bei Tokyo gegründete Unternehmen fertigt zunächst Verbrennungsmotoren, spezialisiert sich auf Lokomotiven und Eisenbahnwaggons und stellt 1942 den ersten Kran vor. Auf ein traktorähnliches Fahrgestell wird ein drehbarer Oberwagen montiert (Bild 183), dessen aus Flacheisen geschweißter Ausleger bereits mit einer Winde auf- und abgewippt werden kann. Während des zweiten Weltkrieges wird die Fabrik beschlagnahmt und zur Produktion von Armee-Lastwagen herangezogen.

Im Mai 1945 geht der Zweite Weltkrieg zu Ende. Am 9. Mai wird in Berlin-Karlshorst vor dem sowjetischen Oberkommandierenden die bedingungslose Kapitulation unterzeichnet. Als am 6. August 1945 die erste Atombombe auf Hiroshima fällt und 200.000 Menschen den Tod finden, wird der Menschheit klar, daß nun Kräfte im Spiel sind, die sie kaum noch beherrschen kann. Orenstein & Koppel, die noch während des zweiten Weltkrieges acht Werke und 135 Niederlassungen betrieben, die insgesamt 20.000 Menschen Brot und Arbeit gaben, müssen 1945 80 % des Inlandsbesitzes und den vollstän-

digen Verlust aller ausländischen Einrichtungen beklagen. Vielen anderen Herstellern geht es ähnlich.

Große Teile der Welt liegen in Schutt und Asche. Trümmer werden zunächst manuell, immer schneller aber von kleinen Baggern und Erdbewegungsgeräten auf Feldbahnen und alte Armee-Fahrzeuge geladen. Geräumte Flächen werden schnell für den Bau von Wohnungen, Straßen, Verkehrsanlagen Parks und Fabriken genutzt. Der einsetzende Bauboom braucht leistungsfähige Maschinen. Natürlich auch Krane. 1945 zieht der Kranbauer Ardelt von Eberswalde nach Wilhelmshaven an die Nordseeküste um.

Für die Kranbauer in den USA beginnen rosige Zeiten. Viele Lkw-Fahrgestelle von nicht mehr für den Krieg benötigten Lastwagen können nun als Trägerfahrzeuge genutzt werden. Die Idee des schnellen straßenmobilen Kranes findet im Mutterland des „gleislosen Erdbaus" viele Anhänger. Zahlreiche, jedoch nicht alle Hersteller nutzen die Möglichkeiten ungenutzter Armee-Fahrzeuge. Schield bevorzugt beispielsweise konsequent eigene Zwei- und Dreiachser, die mit und ohne Allradantrieb geliefert werden. Generell ist der Wunsch nach leistungsstarken Kranen, die mehr als 10 t zu heben vermögen, überdeutlich zu spüren.

Speziell in den von den Kriegsfolgen besonders stark betroffenen Ländern England, Frankreich und Deutschland beginnt ein riesiger Bauboom. An ihm partizipieren in England William R. Selwood und sein Freund Buzz Hibbard. So kurz nach dem Zweiten Weltkrieg ist die Baumaschinenindustrie noch lange nicht zu normalen Verhältnissen zurückgekehrt. Auf eine einfache Mischmaschine wartet man zehn Monate, auf einen Bagger sogar zwei Jahre. Da ist das Anmieten zur Überbrückung eine gefragte Dienstleistung. Krane von Allen, Whitlock, Jones und Coles erfreuen sich speziell im Nachkriegs-England großer Beliebtheit. Selwood und Hibbard sind nur ein Beispiel für clevere Ideen. Die beiden ebnen dem Vermietgeschäft den Weg. Bis auf den heutigen Tag ist England der europäische Markt schlechthin für Mietmaschinen, das gilt auch oder speziell für Krane.

Bild 184: Aufgelasteter Coles EMA auf Thorneycroft beim Errichten der Airoh-Fertighäuser im Nachkriegsengland.

Warum gibt es keine ganz großen und schweren Fahrzeugkrane?

Wie so oft sind es die Reifen. Die Tragfähigkeit der Reifen, Lkw sind damals meist singlebereift, schiebt der Entwicklung schwerer Fahrzeuge einen Riegel vor. Coles setzt nach wie vor auf Lkw-Aufbaukrane, modifiziert die EMA-Krane und lastet sie als stärkere Version Mark VII auf. So eignen sie sich besser für das Aufstellen von „Airoh-Fertighäusern", mit denen der Wohnraummangel nach dem Krieg in England gemildert wird (Bild 184). In Längsachse wird bei diesen Aufbaukranen, wie generell bei allen Fahrzeugkranen, die höchste Traglast erzielt. Eine gußeiserne Stoßstange am primär verwendeten, sehr robusten Thorneycroft-Fahrgestell vergrößert

das Standmoment der englischen Krane. Parallel dazu werden mit neuen jungen Konstrukteuren bei der Steel-Tochter Coles völlig neue Krane ersonnen, die ein Heraustreten aus den Zwängen des Militärs, bisher größter und fast einziger Kunde, erlauben. Bereits zwischen 1944 und 1945 werden neue Krane mit Traglasten zwischen 0,9 und 5,4 t angeboten. Fünf Jahre später wird mit 18 t die Traglastspitze erreicht, 1954 gelten 37 t Hublast als sensationell und schließlich 1963 wird die als fast uneinnehmbar geltende „Schallmauer" von 100 short tons (90 t) endlich überwunden.

Der englische Kranhersteller F. Taylor and Sons stellt den wohl ersten Hydraulikkran (Bild 185) vor. Der Taylor Hydracrane wird 1946 gezeigt, aufgebaut auf ein Morris W.D.-Chassis (Bild 186). Zwei Hydraulikzylinder heben und senken den Ausleger, angetrieben von einer Hydraulikpumpe, welche vom Nebenabtrieb des Getriebes gespeist wird.

Bild 185: Der von F. Taylor & Sons 1945 für den Eigenbedarf gebaute Kran ist vollhydraulisch. Der Ausleger kann nicht gedreht oder gewippt werden, dennoch bereitet er das Feld für die berühmten Krane der Serien 42 und 50. Der Hersteller geht 1959 in Coles auf.

Nachdem der Vorrat an Armeefahrzeugen aufgebraucht ist, werden eigene Chassis entwickelt. Diesel- oder benzinelektrisch angetriebene Krane baut Ransomes & Rapier in geschweißter Bauweise mit Biegebalkenausleger. Der 8 Super Mobile Crane (Bild 187) beispielsweise ist größter Vertreter einer Reihe, die auch kleine dreirädrige Maschinen umfaßt. Je nach Auslegerverlängerung erreicht er bis zu 15,5 m Rollenhöhe und hebt maximal 8,6 t. Bereits zu dieser Zeit bilden sich, aufgrund der englischen Straßenverkehrs-

Bild 186: Der Taylor Hydracrane (1946) mit zwei Hydrozylindern zum Wippen des Auslegers wird zunächst auf Armeelastwagen wie den abgebildeten Morris WD aufgebaut. Der Name Taylor stirbt Mitte der 60er-Jahre, dann fertigt man Coles Hydra Speedcranes.

Bild 187: Der 8 Super Mobile Crane von R & R aus dem Jahr 1946. Der dieselelektrische Kran hat ein Vierradfahrwerk und einen Biegebalkenausleger.

zulassungsvorschriften, die über viele Jahre typischen Vierachser (Bild 188) heraus, die unter anderem auch als Unterwagen für Krane benutzt werden, was den Straßenbelägen und dem Straßenunterbau sehr gut bekommen sein dürfte.

Der Turmdrehkran wird zerlegbar – und beginnt seinen Siegeszug

Wie viele andere Unternehmen in Deutschland muß auch Wolff einen Totalverlust seiner Fertigungseinrichtungen hinnehmen. 1948 wird die Produktion mit den noch verbliebenen restlichen Zeichnungen wieder aufgenommen. Für die Konstruktionen aus der Vorkriegszeit zeichnet sich eine starke Nachfrage speziell aus der Schweiz ab. Die Produkte dieses Herstellers sind Synonym für Hochbaukrane. Der klassische Wolff-Kran wird bald zum Turmdrehkran, wie wir ihn heute kennen, weiterentwickelt. Schnell montierbare

Krane erobern die sich ändernden Baustellen. Krane mit „fester Säule" (also Obendreher) baut Wolff mit 15 bis 60 mt (Bild 189); die „drehbare Säule" (Untendreher) wird von Peschke, Kaiser und BHS-Sonthofen bevorzugt. Anbieter wie Schmidt-Tychsen aus Hamburg fertigen Einstützen-Turmdrehkrane. Eine besonders für den Bau von großen Häusern bevorzugte Methode sind Bockkran-Schnellbaugeräte der Bauart Ludovici,

Bild 188: Quickway-Kran (8 t) auf einem Foden-Vierachser im Nachkriegsengland. Interessant ist das „abgeschnittene" Fahrerhaus zur leichteren Ablage des Auslegers bei Straßenfahrt.

Bild 189: Schwerer obendrehender Turmdrehkran von 1948 Bauart Wolff – noch wartet die Bauwelt auf den zerlegbaren Kran.

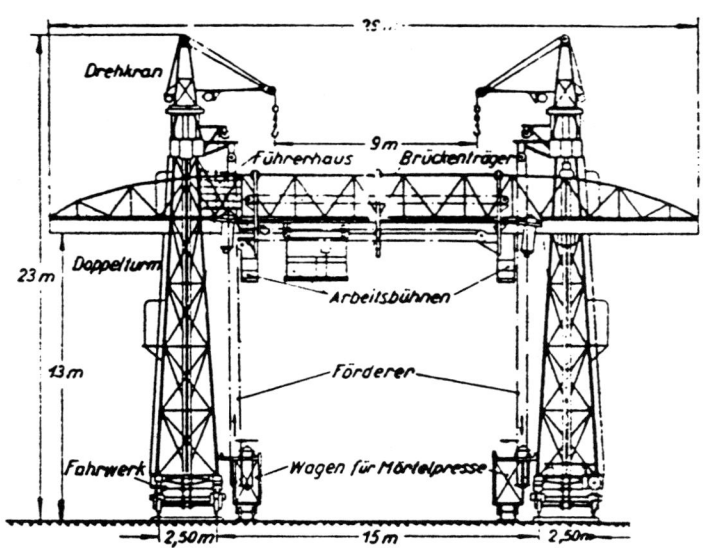

Bild 190: Bockkran-Schnellbaugerät Bauart Ludovici. Die hebbare Arbeitsbühne folgt dem Baufortschritt in die Höhe.

deren von zwei Säulen getragene Hub-arbeitsbühne dem Bauwerksfortschritt in die Höhe folgt (Bild 190).

Der schnell montierbare Kran ist untrennbar mit Hans Liebherr verbunden. 1949 stellt der Baumeister aus Kirchdorf a. d. Iller, südlich von Ulm gelegen, fest, daß schnell und einfach aufzubauende Krane nicht angeboten werden. Der findige Kopf, seit 1939 mit der Leitung des elterlichen Baugeschäftes befaßt, beschließt, einen Kran für den eigenen Bedarf zu konstruieren, ohne zu ahnen, welche Lawine er da ins Rollen bringt. Weiteres Motiv für sein Handeln ist die Tatsache, daß die Baukrane seit der

Jahrhundertwende große Ähnlichkeit mit den großen Kaikranen haben. Es sind schwerfällige Biegebalkenkonstruktionen, die aus Walzeisen bestehen. Hart beanspruchte Teile werden aus Stahlguß gefertigt. – Alles Materialien, die einem zügigen Straßentransport mit seinen strengen Auflagen an Maße und Gewichte eher hinderlich entgegenstehen. Im Herbst 1949 präsentiert Liebherr auf der Frankfurter Messe seinen ersten unten-drehenden Turmdrehkran, den TK 10 (Bilder 191, 192). Dieser hat 16 m Ausladung und 1.000 kg Traglast. Doch die Fachöffentlichkeit reagiert verhalten; zunächst. Dennoch ist Liebherr nicht aufzuhalten. Er konzentriert sich ganz auf den Bau von Kranen, die unzerlegt transportiert werden können und die sich aus eigener Kraft aufstellen. Ein richtiger Entschluß, dem viele weitere folgen sollen. Ein Jahr später präsentiert er eine Baureihe von Kranen. Dies sind der TK 3,6; TK 6, TK 8, TK 10, TK 14 und TK 28.

Bild 191: 1949 stellt Baumeister Hans Liebherr den leicht zerlegbaren Hochbaukran vor. Der per Lkw zur Baustelle gezogene Kran wird auf die Gleise gesetzt und...

Bild 192: ... stellt sich in kürzester Zeit selbst ohne Hilfsgeräte auf. Die anfängliche Skepsis der Bauunternehmer weicht bald regem Interesse.

Lkw beladen sich selbst hydraulisch

Nicht nur die Krane am Bau werden rasch weiterentwickelt. Auch die leistungsfähigeren Nutzfahrzeuge mit fortschrittlichen Getrieben, die im Stand angeflanschte Hydraulikpumpen antreiben, werden zunehmend mit kleinen und leichten Kranen bestückt – den Lkw-Ladekranen. Im schwedischen Hudiks-

vall wird 1945 die Hydrauliska Industrie AB, besser bekannt als Hiab, gegründet und stellt den wohl ersten hydraulischen Ladekran vor (Bild 193), der zwei Jahre später in Serie geht.

1947: Blenden wir nach Dänemark – ja, auch dort gibt es findige Köpfe. Oddervej 64, eine kleine Esso-Tankstelle, was, so mag man sich fragen, hat sie mit Kranen zu tun? Soeben hat der 1917 als Sohn eines Landwirtes geborene Arne Bundgaard Jensen für 72.500 dänische Kronen eine Werkstatt mit Tankstelle und Fahrradgeschäft übernommen. Zunächst werden Taxis, die damals noch mit Sprit auf Benzingutscheinen durch das Nachkriegsdänemark rollen, versorgt und gewartet. Auf Wunsch seiner Brüder baut er drei landwirtschaftliche Zweiachs-Kippanhänger. Zunächst startet die Produktion von Kippaufbauten für landwirtschaftliche Anhänger. 1952 wird der Ladekran Typ A2 vorgestellt (Bild 194) –

Bild 193: Um 1945 entsteht der Hiab 19, ein hydraulischer Lkw-Ladekran, der sehr bald auf vielen Lastwagen anzutreffen ist – insgesamt 25.000 Stück werden von diesem Kran gebaut.

Bild 194: Der von Arne Bundgaard Jensen konstruierte Lkw-Ladekran A2 ist schon ein richtiger Abschleppkran. Montiert auf einem 5-t-Chevrolet-Fahrgestell erregt er viel Aufsehen.

ein hinter dem Fahrerhaus eines Chevrolet-Lkw montierter Kran mit hydraulischem Hubzylinder und einer Winde mit Haken. Der Grundstein für eine schnell wachsende und in zahlreiche Zweigwerke diversifizierende Gruppe, die HMF Hojbjerg Maskinfabrik (Firmierung ab 1967), ist gelegt.

Atlas Weyhausen aus Delmenhorst bei Bremen bereitet sich ebenfalls systematisch auf die Karriere als Ladekranhersteller vor. Zunächst sind es jedoch die Atlas-Hecklader, die von Traktoren gezogen und per Zapfwelle oder eigenem Motor angetrieben werden, die es der Land-, Forst- und Bauwirtschaft erlaubt, mit einfachen Maschinen ohne Umbauten am Fahrzeug respektable Lasten zu heben (Bilder 195, 196).

Was tut sich in Amerika?

In den USA ist der Straßenbau treibende Kraft für Baumaschinenentwicklungen aller Art. Existieren 1921 nur 387.000 Meilen Highways, so wächst das Netz bis 1950 auf 1,714 Mio. Meilen an. Es ist klar, welch enorme Mengen an Erdbewegungsmaschinen und Kranen für diese gigantische Aufgabe benötigt werden.

Bild 195: Atlas Lader Type 600 beim Beladen eines Stallmiststreuers. Bei 2,75 m Ausladung hebt er 600 kg.

Bild 196: Die größere Version heißt Type 1000 und wird auch schon auf Unimogs aufgebaut. Die kleinen Stahlräder stützen das Universal Motor Gerät beim Kranbetrieb ab.

Bild 197: Zwei Manitowoc M 3900 der US Navy heben eine U-Boot-Sektion der USS Peto in Montageposition.

1947 stellt Schield-Bantam den M-47 vor, der als Kran mit 4,5 t Traglast, als Bagger oder Dragline erworben werden kann. 206 Einheiten sind bis Jahresende verkauft; ein Jahr später werden schon 309 Einheiten ausgeliefert. Auch Manitowoc ist emsig. 1941 wird der schwere Raupenkran M 3900 (Bild 197) mit Traglasten bis zu 103,5 t vorgestellt. Eine Maschine, die noch heute gefertigt wird. Besonderheit ist der hier erstmals eingebaute Drehmomentwandler, angeboten von Twin Disc Clutch Company aus Racine.

Galten bisher Dampfkrane aufgrund ihrer hervorragenden Regelbarkeit (Windengeschwindigkeit) als prädestiniert für schwere und komplizierte Montagen, so soll sich das Blatt nun wenden. Diesel- und Benzinmotor bieten in Verbindung mit einem Drehmomentwandler ebenfalls hervorragende Leistungen, haben hohe Anfahr-Drehmomente, und Winden und Fahrantriebe lassen sich gut regeln. Weitere Krane werden speziell für die

Armee geliefert, unter anderem sechs Maschinen für Aufräumarbeiten in Pearl Harbour. Weitere 58 Krane für die Arbeit auf Schwimmdocks und 25 zur Montage auf Pontons kennzeichnen den enormen Bedarf der US-Streitkräfte für starke Hebezeuge.

Die 1907 von Philip Koehring in Kiel, Wisconsin, gegründete Koehring-Company (bis 1920 Koehring Machine Company) spezialisiert sich zunächst auf Betonmischer aller Art, Bagger und auch Krane. Teil der wechselvollen Geschichte (1931 Zusammenbruch der als Baumaschinenimperium geplanten National Equipment Corporation und mysteriöser Tod des Gründers) ist 1948 eine Lizenz-vergabe zur Fertigung von Baggern und Kranen nach England. In Thorncliffe bei Sheffield wird Newton-Chambers & Co., Ltd. gegründet. Bagger und Krane wurden mit dem Markennamen NCK (Newton Chambers Koehring) auf den Markt gebracht und genießen fortan einen guten Ruf.

Link-Belt stellt den legendären LS-98 vor – ein Seilbagger, der auch als Kran eingesetzt wird (Bild 198) und der bis heute aktuell ist. Besonderheit des LS-98 ist die Steuerung aller Arbeitsbewegungen, die unter der Bezeichnung Speed-o-Matic die feinfühlige Bedienung von Kranen revolutioniert.

Bild 198: Link-Belt LS-98 mit Betonkübel. Besonderheit ist die Speed-o-Matic Steuerung aller Arbeitsbewegungen. Die Aufnahme stammt aus den 50er Jahren.

1947 beginnt in Shady Grove im US-Bundesstaat Pennsylvania die Geschichte eines der bis auf den heutigen Tag bedeutendsten Kran-Herstellers, der Grove Manufacturing Company. Erste Produkte sind gummibereifte Anhänger für die Landwirtschaft. Offenbar ein typisches Starterprodukt für viele Hersteller, schließlich begannen so auch der dänische Kranhersteller HMF und der englische Baumaschinenkönig J.C. Bamford. Zwei Jahre später (1949) baut Grove den ersten Hofkran mit der Bezeichnung 25-6-RW (Bild 199), um Stahlbündel und anderes Produktionsmaterial besser handeln zu können; auf dem Markt sind keine vernünftigen Geräte zu erhalten.

Die Hyster Company aus Portland Oregon baut ebenfalls kleine Hofkrane mit Verstellausleger. Ein erfolgreicher Kran ist der 4,5 t hebende Karry Kran (er wird wirklich mit „K" geschrieben), der über eine kettengetriebene Vorderachse verfügt (Bild 200). Weitere amerikanische Hersteller sind American Hoist und Derrick, Wiley Equipment Co., Unit, Osgood, Bucyrus, Wagner mit seinen teilweise sehr futuristischen Gitter-

mastkranen (Bild 201), P & H, Michigan, Northwest, Bay City, Brown Hoisting, Byers, Carco, Cranemaster, General, Hyster, Letourneau, Quickway. In Europa sind neben den schon ausführlich erwähnten zu nennen: BM-Boom, Boilot, Fiorentini, Faun, Ardelt, MAN, Haulotte, Pinguely, Mengele, Miag, NCK Rapier, Coles (Bild 202), R.H. Neal, Priestman, Poclain, Smith, Weserhütte, Gottwald, Demag und andere.

In Japan schlägt Ende der 40er Jahre die Geburtsstunde eines für die Zukunft überaus wichtigen Kranherstellers. Am 24. August 1948, genau in dem Jahr, in welchem in England der berühmte Land-Rover und in Deutschland der Unimog ihren Weg in die Öffentlichkeit finden, werden auch die Tadano Iron Works Co., Ltd. in Takamatsu gegründet. Präsident ist der Firmengründer Masuo Tadano, seine ersten Mitarbeiter sind zwei seiner vier Söhne, und zwar Hiroshi und Yasuo und nur ein weiterer Angestellter. Kaum zu glauben, daß dies der Grundstein für

Bild 199: Der Hofkran Grove 25-6-RW ist einer der Stammväter dieses Herstellers. Das Chassis ist eigengefertigt und nicht von einem Traktor abgeleitet, was zu dieser Zeit als Besonderheit gelten kann.

den heute stückzahlmäßig größten Hersteller mobiler Krane auf der Welt ist. Das auch heute noch am Gründungsort befindliche Unternehmen wächst ständig und breitet sich heute über die das Werksgelände mittlerweile durchquerende Kotoku-Eisenbahnlinie aus. Weitere Spezialmaschinen kommen hinzu – speziell für den Eisenbahnbau. Als sich die japanischen Staatsbahnen (JNR) verpflichten, den bei in Auftrag gegebenen Prototyp für ein Gerät zum Verschrauben von Schienenklammern auf jeden Fall zu kaufen, wendet sich das Blatt. Die Maschine funktioniert großartig und die mit ihr gewonnenen Erfahrungen präsentiert Masuo Tadano per Schmalfilm überall in Japan … und sammelt viele Aufträge ein. Firmenvideos sind also

Bild 201: Der Wagnermobile-Autokran der amerikanischen Mixermobile Manufacturers hat einen 15 m langen Ausleger, wiegt 18,5 t und kann bei 3,6 m Ausladung 9 t heben. Die runden Formen sind eine Augenweide.

keine Erfindung neuzeitlicher Marketingstrategen.

Speziell Italien entwickelt sich zu einem Hort guter Ideen und vieler kleiner Anbieter, die diesen Markt künftig für außenstehende sehr schwierig machen. 1948 baut Carlo Raimondi in Legnano bei Mailand seinen ersten Turmdrehkran, einen klassischen Obendreher (Bild 203). Das 1863 als Gießerei gegründete Unternehmen hat bis zu diesem Zeitpunkt Maschinen und Komponenten für den Mühlenbau und manch andere Branche erzeugt. Die boomende Bau-

Bild 202: 1948 muten die Coles EMA-Krane mit ihrer Glaskuppel richtig futuristisch an. Sie werden nun von Steel in Sunderland produziert.

Bild 200: Aus Portland kommt der Hyster Karry Krane von 1947, der 4,5 t hebt und dessen Vorderachse von einer Kette angetrieben wird.

Bild 203: Einer der ersten Raimondi-Turmdrehkrane ist der MR 12 mit 600 kg maximaler Last und einem 6 m langen Ausleger. Der Turm hat, verglichen mit dem Ausleger, enorme Ausmaße.

industrie zieht die Aufmerksamkeit der Spezialisten auf sich. Den Kranen folgen bald auch Betonmischmaschinen. Eine Kombination, die nicht ungewöhnlich ist. So bieten Reich, Ibag und Liebherr aufeinander abgestimmte Krane und Betonmischmaschinen an. Wichtige Turmdrehkranhersteller sind Ende der 40er Jahre Peschke, Peiner, Weitz, Wolff, Liebherr, Potain, Boilot, Braud & Faucheux, Campistou, Favelle-Favco aus Australien, Ferro, Fiorentini, Fives-Lille, Fuochi-Milanesi, Haulotte. Doch zurück in den sonnigen Süden; blenden wir kurz vor Schluß dieses ereignis- und kranreichen Kapitels noch einmal nach Italien, genau nach Ovada, wo Guido Testore 1946 zunächst unter der Firmenbezeichnung „Micro" Hydraulikzylinder herstellt. 1949 nennt er das Unternehmen in Ormig um und konzentriert sich, angespornt durch amerikanische Vorbilder, auf Krane. Wie andere Wettbewerber baut er zunächst Hofkrane mit Dreiradfahrwerk und festem Ausleger. Mehr darüber im nächsten Kapitel.

Stichwort Eisenbahnkrane. Auch in diesem Jahrzehnt ein wichtiges Thema. Am 7. September 1949 wird die Deutsche Bundesbahn gegründet. Sie hat erheblichen Bedarf an leistungsstarken Hebezeugen, die im Zugverband zum Einsatzort gelangen. Deshalb ordert sie bei Ardelt vier jeweils 57 t tragende dampfbetriebene Krane. 1950 folgt ein Spezialkran mit Sonderausleger für Arbeiten unter Oberleitungen. Der Mechanismus zum Anbringen der zwei Gegengewichte ist mit dem Hubwerk gekoppelt. Eine Konstruktion, die sich nicht bewährt und die bei weiteren Kranen 1955/56 gegen eine hydraulisch betätigte Mimik ausgetauscht wird.

MAN baut neben Hafen-, Werft- und Laufkranen seit 1946 Dieseldrehkrane mit Druckluftsteuerung (Bild 204). Ein 70 kW starker Sechszylinder-Lkw-Motor treibt den im Hakenbetrieb bei 7 m Ausladung 6 t hebenden 48 t wiegenden Kran an. Neu ist die elastische Kupplung zwischen Motor und Verteilergetriebe. Auch hier ein kurzer Schwenk zur Sicherheit. „Eine am Einziehwerk angebaute und auf das Hub- und Einziehwerk wirkende Lastmomentsicherung schaltet bei Überschreiten des zulässigen Lastmomentes ab", so informiert uns der Werksprospekt. Und an dieser Stelle können sich die Texter eine kleine Spitze nicht verkneifen ... „nicht erst – wie bei Ausführungen vor 10 Jahren – wenn das Oberteil bereits ankippt". Da diese Bauteile klein und sehr wichtig sind, soll einmal eine Überlastsicherung gezeigt werden (Bild 205). Der schon erwähnte Hersteller Wylie, weitere werden bei ihrem baldigen Auftauchen selbstver-

Bild 204: Der druckluftgesteuerte MAN Schienenkran wird von einem Lkw-Motor angetrieben und hebt 6 t bei 7 m Ausladung.

Bild 205: Der Wylie DL-Seilspannungsmesser von 1948 hilft bei der Überwachung des Lastmomentes und ist Vorläufer komplexer elektronischer Systeme.

ständlich vorgestellt, baut mechanische Systeme, die sich über viele Jahrzehnte in stationären und mobilen Kranen bewähren.

Wir beschließen den Zeitraum zwischen 1940 und 1949 mit einem zuversichtlichen Blick. In die Welt kehrt Frieden ein, Krane heben keine Bomben, sondern machen sich an den Wiederaufbau. Im ersten Band „Faszination Baumaschinen" fragt Kollege Cohrs: „Wer baut eigentlich keine Baumaschinen?" – diese Fragestellung dürfen auch

wir uns jetzt getrost auf die Fahnen schreiben. Klar ist: Die Motoren bekommen eine höhere Leistungsdichte, die Kransteuerungen (elektrisch, hydraulisch, pneumatisch) werden feinfühliger und das Einsatzspektrum ist bereits erheblich gewachsen. Es gibt hochinteressante Turmdrehkrane, – und überall werden neue Anwendungsmöglichkeiten für Krane erschlossen. Als Beispiel seien die Hofkrane angeführt, die sich zum Ende dieses Jahrzehnts als veritable Helfer erweisen … und viel größeren Maschinen den Weg ebnen.

VIII.

Die Wirtschaftswunder-Jahre sorgen für technischen Aufschwung

1950 bis 1959

Vor uns liegen die Wirtschaftswunderjahre. Weltweit setzt der große Nachkriegsaufschwung ein. Neue Innenstädte, Kraftwerke, Hochhäuser, Einkaufszentren und Investitionen in Infrastruktur, Häfen, Flughäfen, Autobahnen und Eisenbahnstrecken erfordern von den Baumeistern in allen Ländern enorme Anstrengungen ... und neueste Maschinen. Die bisher primär auf Baustellen verwendeten Seilbagger werden zu leistungsfähigen Raupenkranen modifiziert, die erhebliche Traglasten erreichen. Zunehmend beobachten wir jedoch die mobilen Gittermastkrane. Diese heben zunächst bis 35 maximal 40 t. Gegen Ende des Jahrzehnts werden Werkstoff- und Schweißtechnik in Verbindung mit immer leistungsfähigeren Hydraulikpumpen und -motoren die Entwicklung des Teleskopkranes begünstigen. Bis es soweit ist, tut sich viel. Lizenzen werden in alle Richtungen vergeben.

Besonders stürmisch wird die Entwicklung bei den als typisch deutsch geltenden Turmdrehkranen verlaufen. Bild 206 zeigt einen Biegebalken-Turmdrehkran der Aktiengesellschaft für Bergbau und Hüttenbedarf in Salzgitter aus dem Jahr 1951 – seine Silhouette wird bald veraltet sein. Nachdem leichte Krane mit Lastmomenten bis 15 mt den Markt dominieren, werden nun Kletterkrane für Rollenhöhen bis weit über 100 m angeboten. Sie folgen dem Baufortschritt im Aufzugsschacht der im Nachkriegseuropa wie Pilze aus dem Boden wachsenden Hochhäuser. Nadel- und Katzausleger werden von vielen Herstellern parallel angeboten und teilweise zu interessanten Konstruktionen kombiniert.

Bild 206: Selbstaufstellender Turmdrehkran der Aktiengesellschaft für Bergbau- und Hüttenbedarf aus Salzgitter aus dem Jahr 1951.

Bild 207: Der Stahlbau- und Werft-
betrieb Hilgers beginnt mit der
Fertigung von Nadelausleger-
Baukranen, die sich recht gut
etablieren.

Ab Ende der 50er Jahre beginnt die
große Zeit der untendrehenden Nadelauslegerkrane, die, teilweise mit teleskopierbarem Turm, den Hochbaukranmarkt
beherrschen werden. Der neu entwickel-
te Spreizholm-Unterwagen minimiert
Transportprobleme auf der Straße. Die
dank immer besser regelbarer Windwerke unter Last verstellbaren Nadelausleger beschleunigen Bauvorhaben und
machen den Kranbetrieb noch effizienter.
Europäer und Japaner bauen vielfach
Krane nach amerikanischen Konstruktionen und Plänen und füllen damit die
Kassen ihrer zufriedenen Lizenzgeber.
Mobilere Krane werden ebenso entwickelt wie Spezialkonstruktionen, die
an bestimmte Umschlagaufgaben angepaßt sind; als Beispiel seien hier nur

die Hafenmobilkrane als
Ergänzung zu den statio-
nären Doppellenker-Wipp-
drehkranen erwähnt. Also,
Schluß mit der Vorrede
und hinein in die Welt
der Hebezeuge mit ihren
mehr oder weniger langen
Auslegern.

Wichtige Detailentwick-
lungen werden voran-
getrieben. In Hamburg
macht, auch wenn er
nicht als Kranfahrgestell
genutzt wird, der Still-
Elektrolastwagen auf sich
aufmerksam, der 1,5 t
trägt und 70 km Reich-
weite hat. Das 8.970,–
Mark teure Gefährt tankt
Nachtstrom und besitzt
zudem ein futuristisches
Frontlenkerdesign. Hilgers in Rhein-
brohl nimmt die Fertigung von Turmdrehkranen auf. In den nächsten Jahren
wird dieser bereits 1867 gegründete
Stahlbauer und Werftbetreiber eine feste
Größe im Kransektor. Nadel- (Bild 207)
und Katzauslegerkrane folgen später.

Bei Orenstein & Koppel ist 1950 das
Geburtsjahr einer völlig neuen Seilbag-
gerreihe, die sich durch besonders
wartungsarmen Aufbau und extreme
Robustheit auszeichnen. Die abgerun-
deten Formen des 17 t schweren L 201
(Bild 208) und seiner Brüder mit Dienst-
gewichten zwischen 5 und 60 t entsprechen ganz der Nierentisch-Ära. Als Kran,
Bagger und universelles Trägergerät für

vielfältige Ausrüstungen ist er eine typische Nachkriegsmaschine. Die druckluftgesteuerten Fahrbewegungen machen ihn wendig und bringen einen ruhigen Lauf der Maschine, was im Kraneinsatz sehr vorteilhaft ist. Die neue Steuerung vermeidet das ständige Umgreifen zwischen verschiedenen Hebeln. Somit gilt

sie als ein Vorläufer der Joystick-Steuerung von heute. Bis 1958 werden rund 800 Einheiten in Dortmund-Dorstfeld produziert.

1951 wird der erste 10 t hebende Bohne-Kran entwickelt. Eigentlich ist Friedrich Bohne aus Bremen in der Luftfracht

Bild 209: Der in der Standardversion 3,8 t hebende Fuchs 301 ist eine richtige „Wirtschaftswunder-Maschine", von der monatlich bis zu 170 Stück gebaut werden.

Bild 208: 1950 wird in Dortmund der sehr erfolgreiche O&K L 201 mit 17 t Dienstgewicht auf die Ketten gestellt. Hier nicht als Kran, sondern mit einer 2 t wiegenden Stampfplatte. Abgefederte Auslegerrollen dämpfen die Beanspruchungen der Maschine.

129

tätig, doch es zieht ihn hin zu „erdverbundenen" Aktivitäten wie dem Kranverleih. Schon 1952 wird ein 50 t hebender Gittermastkran gebaut. 20 Jahre später werden ungeahnte Leistungsdimensionen erreicht.

Bild 210: Selten gesehen: Fuchs 301 mit Turmkranausrüstung und Nadelausleger. Hubhöhen bis 18 m und Traglasten bis 1.200 kg (70° Nadelneigung) befriedigen die Ansprüche des Hochbaus.

Bild 211: Ardelt Gittermastkran im Industrieumschlag. Mit vier ausschwenk- und abspindelbaren Abstützungen wird für mehr Standsicherheit gesorgt.

Klein beginnt auch Fuchs in Ditzingen. 1950 stellen die Söhne, die das 1888 von Schmiedemeister Johannes Fuchs gegründete Unternehmen, nun leiten, den für die Landwirtschaft bestimmten Dunglader D1 vor. Ihm folgt der D2 und bald der D3, welcher Basis für den ersten kleinen luftbereiften Bagger der deutschen Nachkriegszeit ist. Dieser Bagger, der auch bald mit Gitterausleger zum Heben von Lasten angeboten wird, eröffnet auch Kleinbetrieben, die sich keine teure Spezialmaschine leisten können, die Möglichkeiten zum Erwerb moderner Technik. Der Fuchs 300, aus dem bald der 301 wird (Bild 209), gehört zum typischen Bild vieler europäischer Baustellen in den 50er und 60er Jahren. Mit einer Hubwinde, die das kraftschlüssige Senken der Last erlaubt, avanciert der 301, von dem in Hochzeiten monatlich 170 Einheiten gebaut und verkauft werden, zum Kran, der an seinem 10 m langen Ausleger 3,8 t und mit Zusatzballast 4,2 t heben kann. Bei Straßen-

Bild 212: Beim Straßentransport werden die Ardelt-Krane an Lastwagen oder Zugmaschinen gehängt, der Ausleger verbleibt dank intelligenter Faltmechanik am Gerät, die Seile bleiben eingeschert.

fahrt wird der rund 7,2 t schwere Kran einfach an einen Lkw angehängt und wechselt mit maximal 25 km/h den Einsatzort. Mit einer hochgelegenen Kabine für 3,5 m Sichthöhe und einer höheren Auslegeranlenkung wird der 301 auch für die Be- und Entladung hochbordiger Eisenbahnwaggons und für den Hafeneinsatz angeboten. Eine Turmkranausrüstung mit Nadelausleger (Bild 210) und Traglasten von 500 bis 1.200 kg (15 bis 70° Neigung) befriedigt die Ansprüche der reinen Hochbauer, die einen mobilen Kran für Hubhöhen bis 18 m suchen.

Gottwald stellt 1950 den ersten gummibereiften zweiachsigen Mobilkran mit 3,5 t Tragfähigkeit vor. 1953 übernimmt Krupp in Essen 51 % der Aktien von Ardelt, es folgt die Umfirmierung in Krupp-Ardelt. Schon bald werden interessante Gittermastkrane für den Industrie- und bald darauf mit veränderter Turmkonfiguration für den Hafenumschlag auf den Markt gebracht (Bilder 211, 212). Die Norddeutschen

Schraubenwerke stellen unter dem Markennamen Peiner 1953 ihren ersten Turmdrehkran, einen gelungenen Untendreher, vor. Reich in Ulm beginnt ebenfalls mit der Turmdrehkranfertigung. Die schmucken Nadelauslegerkrane (Bild 213) werden in Traglast und Arbeitsgeschwindigkeit übrigens eng auf die eigenen Betonmischmaschinen abgestimmt und mit diesen auch gemeinsam in Anzeigen beworben. Ein cleveres Konzept, das dem Bauunternehmer in Zeiten der noch nicht existierenden Betonpumpe sogleich klar macht, wie man rationell mit den richtigen Maschinenkombinationen arbeiten kann.

Mit MBF Wetzel, hervorgegangen aus Wetzel und Schardt, entsteht ein neuer Anbieter für Nadelausleger-Turmdrehkrane. Miag baut weiterhin kleinere Krane und präsentiert den 8 t schweren und 5,5 t hebenden nur 1,53 m breiten Kleinkran Typ K 5 mit dieselelektrischem oder Akku-Antrieb für den Einsatz in Hallen. Das Schwenkkranmobil der

Bild 213: Zwei Reich Form N 26, links mit ausgefahrenem Turm, rechts mit einteleskopiertem Turm. Der Nadelausleger erreicht 20 m Ausladung, die maximale Traglast dieses sehr erfolgreichen Kranes beträgt 1.300 kg.

MSK-Reihe nimmt bereits Konstruktionsweisen der bald sehr populär werdenden Hofkrane vorweg (214). Steinbock aus Moosburg/Isar, später wichtiger Gabelstapler-Hersteller, bietet den auf Lkw angewiesenen Transportunternehmen einen um 2 x 190° schwenkbaren hydraulischen Lkw-Ladekran mit Winde an. Der 350 kg wiegende Kran hebt bis zu 1 t. Peiner produziert nun Turmdrehkrane mit Nadelausleger bis 81,2 m Rollenhöhe, und Liebherr präsentiert den Hochhauskran Form 400 mit Schienenfahrwerk (8 m Spurweite). Dieser für

seine Zeit gewaltige Kran erreicht 60 m Ausladung und hebt bis zu 10 t. Die Standardkrane für kleinere Baustellen sind Form 8A, 25A und 50A. Der Form 200 (74 m Rollenhöhe, 53 m Ausladung, 3 t Traglast) ist ebenfalls als Drehkran für Großbaustellen konzipiert.

Bei den Turmdreh- und Hochbaukranen geht es Schlag auf Schlag. Otto Kaiser verabschiedet sich, genau wie Reich, Schwing, Simma, Potain, Liebherr und andere von Biegebalkenkonstruktionen und wendet sich dem nun zum Standard

Bild 214: Das in Braunschweig von Miag gefertigte ab 1956 angebotene Schwenkkranmobil MSK 5 hat einen hydraulisch schwenkbaren Ausleger, der um 280° drehbar ist.

avancierenden Nadel-, oder wie er auch gerne bezeichnet wird, dem Wippausleger, zu. 1952 ersetzt Liebherr bei seinen Baukranen den Biegebalken durch den Nadelausleger, der die nächsten 20 Jahre den Himmel über europäischen Baustellen dominieren wird, zunächst ohne Rückverspannung. Der Form 9 hat ein Ausleger-Verstellwerk, das auch Arbeiten in Nähe des Turmes ermöglichte. Ein Jahr später wird der Gittermastturm durch eine Rohrkonstruktion ersetzt. Ein interessanter Versuch, sich einer Konstruktionsweise zu bedienen, die 25 Jahre später mit den aus dem Teleskopkranbau stammenden geschweißten Kastentürmen wieder aufgenommen wird. 1953 wird der Form 20 mit Rückverspannung des Auslegereinziehseiles präsentiert, man kann sagen, daß der kleine Nadelauslegerkran (Bild 215) somit sein endgültiges Erscheinungsbild bekommen hat.

Geschlossene Getriebe für Hub-, Einzieh- und Drehwerk setzen sich durch. Ein Jahr später feiert der Kugeldrehkranz seinen Urstand. Ein Produkt, das Liebherr übrigens selbst herstellen muß, geeignete Komponenten sind auch nach intensiver Suche nicht auf dem Markt zu bekommen. Hans Liebherr konstruiert

seine erste Verzahnmaschine, die den Grundstein für die Liebherr Verzahntechnik mit späterem Sitz in Kempten legt. 1954 werden in Biberach a.d. Riß weitere Liebherr-Werksanlagen aufgebaut, es ist der zweite Standort der Firmengruppe. Dorthin wird die Turmdrehkranfertigung verlagert. Auf dem 36 ha großen Gelände werden viele Erweiterungen den gestiegenen Produktionsanforderungen nachkommen. Auch die spätere deutsche Holding erhält hier ihren festen Sitz. Die Unterwagen der nun leicht transportierbaren Baukrane werden mit Spreizholmabstützungen versehen. Die vier Abstützungen, welche die Schienenräder aufnehmen, werden bei diesen Abstützungen einfach in Längsrichtung abgeklappt, so lassen sich 2,5 m Transportbreite erzielen. Außerdem

Bild 215: Der von 1955 bis 1965 gefertigte 8 A von Liebherr erreicht eine Stückzahl von 3.694 Exemplaren und ist auf fast jeder Baustelle zu finden. Hier eine Version mit Radfahrwerk.

Bild 216: Dieser Nadelauslegerkran von Liebherr klettert im Aufzugsschacht des von ihm zu bauenden Hochhauses kontinuierlich nach oben. Deswegen verzichtet er auf einen durchgehenden Turm.

haben die Krane 14 A und 25 A erstmals per Seilwerk teleskopierbare Türme, was dem Folgen des Baufortschrittes in der Höhe zugute kommt. Mit dem 25 H wird dann der erste Kletterkran für den Hochhausbau (Bild 216) vorgestellt. Genormte Mastschüsse können individuell mit einer hydraulischen Einrichtung in den Turm eingefügt werden. Die speziell für den Hochhausbau konzipierte HB-Reihe verfügt über ein drehbares Oberteil, mit dem sie am Kranturm emporklettern und selbst weitere Turmstücke einfügen kann.

Peschke markiert mit dem 1958 vorgestellten Baudrehkran TK 5 mit Verstellausleger und Teleskopturm den Stand der Technik. 2.850 Einheiten werden vom TK 5, der 13 m Ausladung, 420 kg Traglast und 15 m Hakenhöhe bietet, verkauft – auch er eine echte Wirtschaftswunderbaumaschine. Ballastiert wird mit ablaßbarem Kies, für den Straßentransport wird das Schienenfahrwerk

gegen zwei gummibereifte Straßenräder ausgewechselt, die den Transport als Nachläufer hinter einem Lkw erlauben.

Bild 217: Der 1958 vorgestellte Peschke TK 9 ist ein Biegebalken-Kran. Die gezeigte Maschine, 1997 fotografiert, wartet auf einen gebührenden Platz in einem Museum.

Der ebenfalls 1958 präsentierte TK 9 ist noch ein klassischer Biegebalkenkran (Bild 217).

A. Ridinger in Mannheim beschäftigt sich mit Hochbau-Kletterkranen mit Rohrmast. Die statisch sehr unkomplizierte und äußerst tragfähige Rohrkonstruktion fängt die hohen Druckkräfte hervorragend ab. Der Stratos-Hochhaus-Baukran (Bild 218) hat 4,6 m lange (60 cm Ø) Rohrstücke, die mit einem hydraulischen Klettermechanismus am Fuß des Turmes bei Bedarf eingesetzt werden. Typ I hebt 1,25/2,5 t, Typ II vermag 1,6/3,2 t anzuheben. Die Kranbaugemeinschaft Hilgers AG Vögele AG in Brohl, Neuwied und Mannheim, ersinnt den Stockwerkskran SK 25. Krane dieser Art werden auch von Schwing, Peiner, Liebherr und der Förderungsgesellschaft für Montagebau mbH (Ludowici-Rahmenwinkel-Montagekran) in Neustadt an der Weinstraße angeboten. Derartige Hebezeuge werden am Boden aufgebaut und mit dem in die Höhe wachsenden Bauwerk nach Errichtung der untersten beiden Stockwerke gegen die Wände des Aufzugsschachtes mit entsprechenden Vorrichtungen abgestützt oder verkeilt. Sie klettern mit dem Bauwerksfortschritt in die Höhe, ohne daß weitere Turmsegmente eingebaut werden müssen. Der Ludowici-Rahmenwinkelkran wird eigens für den Rahmenwinkel als Bauelement geschaffen. Er kann mit einer Fußstütze, die sich auf die Gebäudeaußenwand abstützt, auch anderweitig eingesetzt werden. Der im Markt für Furore sorgende Schwing KTK 18 ist ebenfalls ein Stockwerkskran. Die

Bild 218: Hochbaukran Stratos von A. Ridinger aus Mannheim. Der Turm besteht aus 4,6 m langen Rohrstücken mit 60 cm Durchmesser. Er hebt bei 2,5 bis 20 m Ausladung als stärkere Type II 1,6/3,2 t.

Mannheimer Baumaschinenfabrik-Fabrik GmbH bestreicht mit den Wetzel & Schardt-Baudrehkranen die mittlere Traglastklasse für den Hochbau. Als Antriebe für Heben, Wippen, Drehen und Fahren werden nun gekapselte und kugelgelagerte Präzisionsgetriebe anstelle ölbadgetriebener Gleitlager verwendet. Geräuschloser Lauf und minimaler Verschleiß sind schon jetzt gern im Verkaufsgespräch angeführte Argumente. Alle Krankonstruktionen sind nun vollständig geschweißt.

Hochbaukrane
lernen das Klettern

Da die Baustellen in Europa immer enger werden und zunehmend an Straßen liegen, werden aufwendige Schienenanlagen, auf denen die Turmdrehkrane entlangfahren, als störend empfunden. Schwing und andere Hersteller bieten Katzauslegerkrane mit Hakenhöhen bis 80 m an, die mit Klettereinrichtungen in der Lage sind, dem Baufortschritt kontinuierlich durch das Einfügen von Turmstücken zu folgen. Die langen Katzausleger bestreichen sehr große Arbeitsflächen, was die Schie-

Bild 219: Der Schwing KTK 25 hebt bei 20 m Ausladung 1.25 t, die Kabelfernsteuerung ist Standard. Das Aufstocken erfolgt maschinell unter Zuhilfenahme des Aufzuges.

nenanlage überflüssig macht. Häufig werden die Krane in den künftigen Aufzugsschächten des Gebäudes montiert. Preislich erheblich günstiger als der große Schwing-Kran Typ KTK 18 ist der KTK 25 (Bild 219), der nur in den jeweils drei letzten Stockwerken eines Gebäudes verankert wird und folglich keinen bis zum Grund durchgehenden Ausleger besitzt. Bei einer Auslegerlänge von 10 m hebt er noch 1.250 kg. Für anspruchsvolle Großbauprojekte folgen bei Schwing wenig später die großen Kletter-Turmdrehkrane KTK 28 (1.250 kg/22 m), KTK 32 (1.250 kg/25 m) und KTK 42 (1.400 kg/30 m).

Kranbau Eberswalde, zu diesem Zeitpunkt natürlich schon volkseigener Betrieb, bietet die stationären oder fahrbaren Helling-Turmdrehkrane mit Erfolg auch im mit begehrten Devisen bezahlenden Westen an. Die Eisenwerke Kaiserslautern (EWK) in Kaiserslautern, auch bekanntgeworden durch Schwimmbrücken und Pontonfahrzeuge für die Bundeswehr und Teleskopbagger, produzieren die Turmdrehkrane Titan, Rex, Gigant und Atlas – letzterer erreicht 78,3 m Rollenhöhe. Von Vibrometer stammen die hier erstmals verwandten elektrischen Überlast-Warngeräte. Die kleineren SBK 45, 60 und 90 sind konventionelle Nadelauslegerkrane mit ebenfalls erheblichen Ausmaßen. Der Nadelausleger des SBK 90 ist in 51 m Höhe angelenkt. Bei einer größten Arbeitshöhe von 78 m erreicht er bei 11 m Ausladung 5 t Hublast.

Peiner lenkt zu dieser Zeit mit dem 101,26 m Rollenhöhe erreichenden Form 92/120 H (H= Hochhausausrüstung) alle Aufmerksamkeit der Hochbauzunft auf sich. Der mit 70 m/min Hubgeschwindigkeit aufwartende Kran hat einen Kugeldrehkranz und sein Schienenfahrwerk 6 m Spurweite (Bild 220).

Julius Wolff, seit 1917 mit Turmdrehkranen vertraut, präsentiert den sich selbst aufstellenden Form 28 H, der komplett zur Baustelle gezogen wird und der sich dort über permanent eingescherte Nackenseile selbst aufrichtet (Bild 221). In die nach der DIN 120 bemessene Krankonstruktion fließen Erkenntnisse aus dem Bau von Hafenkranen ein. Sein Ausleger ist eine geschweißte Rohrkon-

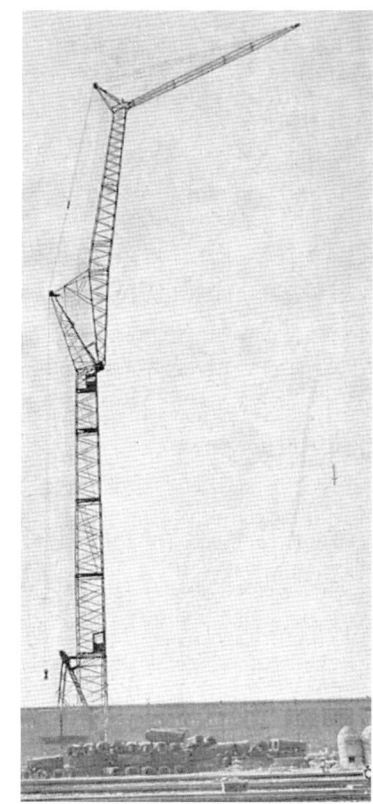

Bild 220: 1956 ist der von Peiner angebotene Form 92/120 H mit 101 m Rollenhöhe der wohl höchste verfahrbare Turmdrehkran. Anstelle des Standard-Nadelauslegers kann die Hochhausausrüstung montiert werden. Der Kran wiegt 70 t und hat 53 t Kiesballast.

Bild 221: Der schwere Wolff-Kran Form 28 H stellt sich mit eigener Kraft auf.

struktion, das Hubwerk wird als Block-
winde ausgeführt und von einem Schleif-
ringläufer-E-Motor normaler Bauart
angetrieben. Die ab 1952 angebotenen
WK-H-Krane haben einen Nadelausleger
und horizontalen Lastweg. Seit Anfang
der 50er Jahre ergibt sich eine Zusammenarbeit mit der Kranbauabteilung
von MAN in Nürnberg. Mitte der 50er-
Jahre hat MAN so viel Gefallen an den
Heilbronner Kranbauern gefunden, daß
51 % der Anteile übernommen werden.
20 Jahre später gehört Wolff vollständig
zu MAN.

Die Mobilkran-Szene in Deutschland erwacht

Neben den kleineren Hofkranen, die
uns schon länger begleiten, werden nun
auch ordentliche Gittermastkrane auftauchen. Krupp-Ardelt bietet einen 30 t bei
6 m hebenden Schwerlast-Autokran mit
Gittermast an, der auf der Straße verfahren wird. Erfolgreich wird der Mobil-
Wippdrehkran 60 G mit dreiachsigem
luftbereiften Unterwagen. Krupp baut
außer den kleineren Bergekranen mit
15 und 20 t auch den straßenverfahr-
baren Gittermastkran 100 GS. Bei 3 m
Ausladung hebt und verfährt er 35 t, bei
6 m Ausladung 30 t.

Demag-Zug in Wetter an der Ruhr baut
die sogenannten Schlepper-Drehkrane
für 2,5 und 7 t Traglast. Ein Messebericht
in der Deutschen Hebe- und Fördertechnik betont extra die großen hydrauli-

schen Druckzylinder mit Schnellschluß-
ventilen zum Wippen des Auslegers.
Mehrere Kranbewegungen lassen sich
parallel ausführen. Der mit bis zu 11
m Hakenhöhe aufwartende Hofkran
kann auch in weichem Gelände eingesetzt werden und bietet 7 t Hublast und
18 km/h Höchstgeschwindigkeit. Er wird
von einem 45-PS-Dieselmotor oder von
Elektromotoren angetrieben. Der Fahrer
des V 70b (Bild 222) überschaut das
Geschehen von seinem mit Plexiglaskuppel verglasten Fahrersitz. Der Kran kann
auch als Schlepper oder zum Rangieren
von Waggons benutzt werden.

Bild 222: Der 7 t hebende Demag V 70
hat eine große Plexiglaskuppel, die das
Arbeiten erleichtert. Hier beim Holz-
umschlag mit Stapelgabel.

Die Gebrüder Credé aus Kassel-Niederzwehren, primär als Waggonbauer tätig, stellen 1956 unter der Bezeichnung MDK 6000 einen 6 t hebenden Mobildrehkran mit gekröpftem Ausleger und endlos drehbarem Oberwagen vor (Bild 223). Außerdem bieten Dortmunder Union, Ridinger, Mohr & Federhaff, Wilhag, Friedrichsdorfer Maschinenfabrik, SKG und O & K Kleinkrane mit Traglasten bis 12,5 t an.

Kranantriebe werden je nach Hersteller und dessen Philosophie mechanisch, elektrisch oder per Druckluftsteuerung mehr oder weniger feinfühlig bewegt. Eine zunehmend wichtiger werdende Komponente im Antriebsstrang von Kranen werden Drehmomentwandler und Turbokupplungen, die ein feinfüh-

Bild 223: Anzeige der Gebr. Credé aus Kassel für ihren Mobildrehkran MDK 6000, der sich im Wettbewerb Miag und Demag-Zug stellen muß.

Bild 224: Deutz-Raupenschlepper mit Voith-Turbokupplung und Spezialkran, der aus dem für diese Zeit typischen zweiteiligen Teleskopausleger, den viele Hofkrane aufweisen, besteht.

Daneben werden Baumaschinen wie Raupen (Bild 224) und Radlader zu Kranen umfunktioniert oder mit Kranausrüstungen versehen. Der vierrädrige Ahlmann-Schwenkschaufler ist zwar primär ein Erdbewegungsgerät, kann aber an seinem um 180° schwenkbaren Oberwagen auch einen Kranausleger montieren und bis zu 1,2 t um 3,75 m anheben. Die Demag-Baggerfabrik macht mit den luftgesteuerten Baggern 406/408/412/418 auf sich aufmerksam (Bild 225). Das Programm mobiler Krane rundet dieser Hersteller mit einem schweren, 50t hebenden Gittermastkran, dem TC 140, ab.

Bild 225: Demag Universalbagger B 412 mit erhöhtem Fahrerhaus zum besseren Einblick in hochbordige Waggons. Beachtenswert ist die Laufwerkskonstruktion.

liges stufenloses Übertragen der Motorkräfte auf Drehwerks- und Windenantriebe erlauben. Die von Voith angebotene Turbokupplung wird gerne mit Verbrennungsmotoren kombiniert. Sie hat den Vorteil, daß bei kurzen Maschinenstillständen nicht ausgekuppelt werden muß. Das volle Drehmoment kann aus dem Stillstand heraus vom Motor auf das Getriebe bei eingerückter Schaltkupplung lediglich durch Gasgeben übertragen werden. Ein Abwürgen des Motors ist nicht möglich, gleichzeitig verringert sich die Zahl der Schaltungen, wodurch der Fahrer entlastet wird.

Doch zurück zu den schwereren Kranen. O & K ist mit dem 16 t hebenden Autokran ALF 33 ebenfalls ein kompetenter Anbieter, der mit Erdbewegungsgeräten, Tagebauausrüstungen und Lokomotiven einen wirklich großen „Bauchladen" anbietet. Gottwald hat seine Automobilkrane, (selbstfahrende zweiachsige Gittermastkrane) nun auf fünf Typen ausgedehnt; es sind dies: MK 40 (6 t), MK 55 (9 t), MK 60 (12 t), MK 80 (15 t) und MK 100 (20 t). Doppelter Kugeldrehkranz, kraftschlüssiges Senken der Last unter Benutzung des Rückwärtsganges und der vollen Motorkraft gehören ebenso zur Ausstattung wie wahlweiser Allradantrieb und Druckluftsteuerung aller Bewegungen. Zu diesem Zeitpunkt bietet dieser Kranbauer noch Raupenbagger mit Hoch- und Tieflöffel sowie Schleppschaufelbagger an.

MAN dehnt 1956 sein Produktionsprogramm erstmals auf luftbereifte Gittermastkrane mit zwei Achsen und 18 t Traglast bei 4,6 m Ausladung und maximal 24 m Hubhöhe aus (Bilder 226, 227). Zwei im Unterwagen montierte je 50 PS starke Dieselmotoren treiben diesen Kran an. 42 % Steigfähigkeit und 50 km/h auf der Straße machen den Kran zu einem universellen Gerät und zu einem Vorläufer der AT-Krane. Diese Entwicklung wird konsequent weitergeführt, und schon bald ist die Tragfähigkeit auf 30 t angewachsen und die ersten Geräte finden ihren Einsatz in den Häfen. Aus den Mobilkranen entstehen spezielle Hafenmobilkrane, welche besonders auf die Anforderungen der Binnen- und Seehäfen angepaßt werden. Eines der vielen wichtigen Merkmale dieser Krane ist der stets horizontale Lastweg. Wird der Ausleger gewippt, so verläßt die am Haken befindliche Last eine horizontale Linie nicht. Dieser neue Produktionszweig soll in den folgenden Jahren zu einer maßgeblichen Stütze dieses Herstellers werden.

Den Anfang in der Entwicklung der großen vierachsigen Hafenmobilkrane macht 1959 der HMK 120 von Gottwald mit Turm und einer hochgelegenen Kabine sowie einem Wippausleger. Auch bei diesel-hydraulisch angetriebenen Eisenbahnkranen (Bild 228) erreicht Gottwald in kommenden Jahren eine führende Position.

Zwei Jahre bevor die D-Mark die volle Konvertibilität wiedererhält, startet in Stuttgart der 1926 geborene Alfred Scholpp ein Fuhrgeschäft mit holzgas-

Bild 226: Dieser schicke MAN Gittermastkran hat zwei je 50 PS leistende Motoren im Unterwagen. Er bietet 18 t Traglast bei 4,6 m Ausladung und hat 24 m Hubhöhe.

Bild 227: Dieser anflanschbare Abstütztisch erlaubt erheblich größere Hubkräfte, da die Kippkante nun deutlich weiter von der Drehmitte entfernt ist.

betriebenen Lastwagen und Zugmaschinen. Schon bald beginnt er mit Zementtransporten für den Wiederaufbau in Deutschland. 1956 schafft er den schnell an Beliebtheit gewinnenden 15 t hebenden Kässbohrer KS 36 Autokran auf Büssing 8000 (Bild 229). Die größeren Brüder werden der KS 45 (18 t/24 m Hauptausleger) und der KS 80 (36 t/36

Bild 228: Dieselhydraulischer Eisenbahnkran von Gottwald, hier bei der Verteilung von Schotter im Bahnhof Bottrop.

Bild 229: Der Kässbohrer KS 36 verfügt 1956 über einen teleskopierbaren Gittermastausleger und hebt maximal 15 t; hier ist er auf einen dreiachsigen Büssing 8000 montiert.

Bild 230: Krupp-Ardelt 120-t-Eisenbahnkran mit Tenderlok am Haken. So wird für den größten bisher in Europa gebauten Eisenbahnkran auf der Hannover-Messe 1957 geworben.

m Hauptausleger). Der Gitterausleger dieses von einem 45-PS-Dieselmotor angetriebenen Kranes kann von 7 auf 10 m teleskopiert werden und hebt maximal 15 t. Kurz darauf folgt der KT 7000 – ein Turmdrehkran zum Aufbau auf Lkw-Fahrgestelle. Bei 12 m Ausladung und 15 m Hubhöhe vermag er 600 kg zu heben. Entweder wird auf dem Oberwagen ein 16 PS starker Zweizylinderdieselmotor aufgebaut oder es erfolgt der Anschluß an das stationäre Stromnetz.

1957 stellt Krupp-Ardelt den größten je in Europa gebauten Eisenbahnkran mit 120 t Tragglast bei 6,1 m Ausladung vor (Bild 230). Zwei Krane werden gebaut und beide im gleichen Jahr nach Australien an die New South Wales Gouvernement Railways geliefert. Sieben Jahre später folgt ein weiterer 120-Tonner für eine 1.000-mm-Schmalspurbahn in

Brasilien. Den Antrieb übernimmt bei allen drei Kranen jeweils eine liegende, umsteuerbare Zwillingsdampfmaschine. 120-t-Haupthub (6,1 m Ausladung/6 m bei Schmalspurkran) und 15-t-Hilfshub (15 m Ausladung) kennzeichnen den Berge- und Montagekran, der auf zwei je dreiachsigen Drehgestellen in normale Güterzüge eingestellt werden kann.

Wir nähern uns mit Schwung dem Ende dieses wichtigen Jahrzehnts. Am ersten Januar 1958 wird die EWG aus der Taufe gehoben, die europäischen Staaten rücken nun für die wirtschaftliche Koope-

Bild 231: Der UB 6 von Gross mit luftbereiftem Dreiachs-Mobilfahrwerk arbeitet hier mit 600-l-Zweischalengreifer. Er wird auch als Kran eingesetzt.

ration näher zusammen. Liebherr gründet seine erste Auslandsgesellschaft in Irland, wo bis heute Portal-, Lauf- und Containerkrane gebaut werden. Auch die Baumaschinenfabrik A. Gross gesellt sich in den Reigen der Krananbieter und stellt den mit einem zehnfach bereiften Mobilunterwagen ausgerüsteten Universalbagger UB 6 vor, ein für die Zeit typischer selbstfahrender Gittermastkran (Bild 231). Gottwald erreicht mit dem 50 t hebenden Mobilkran MK 140 eine neue Leistungsklasse. Der mit Last verfahrbare Kran hat ein 16fach bereiftes Vierachsfahrwerk.

Der 1868 in Hamburg gegründete traditionsreiche Baggerbauer Menck & Hambrock gibt seinen Kunden, die primär im Tiefbau- und in der Gewinnungsbranche tätig sind, gute Raupenkrane an die Hand. 1955 kommt der M 90 als Nachfolger des in 670 Exemplaren gebauten M 60 ins Programm und ist als Kran mit Hauptausleger, selbstverständlich in Gitterkonstruktion, und mit wippbarem kurzen Hilfsausleger und zwei Winden im Programm (Bild 232). Am 21,5 m langen Ausleger können 13 t gehoben werden. Für Materialhandling, den schweren Rohr- und Leitungsbau und andere Arbeiten genau das richtige

Werkzeug. 1958 folgt der kleinere M 40 mit 6,7 t Hublast.

Bild 232: Menck & Hambrock M 90 mit 21,5-m-Ausleger sowie Haupt- und Hilfswinde. Er wird von 1955 bis 1970 produziert.

Auf schnellen Transport zur Einsatzstelle ist Faun mit dem Bergekran LK 212/VA spezialisiert. Dieser wird auf ein Straßenfahrgestell, das bis zu 70 km/h schnell ist, montiert. Der bis zu 10 t hebende Kran hat einen 2,5 m langen Teleskopausschub, der von einem doppeltwirkenden Zylinder betätigt wird. Eine hydraulische Kippsicherung schützt vor Überlastung.

Bild 233: Der AK 40 V von Liebherr aus dem Jahr 1959 ist Urvater einer der größten und leistungsstärksten Kranfamilien.

1959 stellt Liebherr den AK 40 V vor, den ersten hydraulischen Kran, der eine Mischung zwischen modifizierten Bagger-oberwagen und Mobilbaggerfahrgestell ist (Bild 233). Er kann 4 t frei verfahren oder 6 t mit Sonderabstützung heben. Sein kleinerer Bruder ist der AK 35. Die vier Abstützungen werden manuell abgespindelt. Diese kleinen Krane sind der Grundstock für eines der leistungsfähigsten Mobilkranprogramme, das je entwickelt werden soll. Traglasten bis zu 800 t folgen bis Ende der 80er-Jahre; wir werden sehen.

Viel tut sich in Amerika

Der seit 1945 einsetzende weltweite Boom ergreift die USA, Europa und Japan gleichermaßen. Unternehmen wie Grove und Harnischfeger erfahren einen so starken Aufschwung, daß Lizenzen

Abgestützt kann der übrigens ferngesteuerte Kran 15 t bei 4,05 m heben.

vergeben werden müssen. Genau wie die vorgenannten Anbieter wendet sich auch Amhoist (American Hoist and Derrick) 1950 von der Kriegsproduktion ab und konzentriert sich auf zivile Produkte. Der neue Raupenkran Typ 375 ist recht leistungsfähig und gefällt sowohl Bauunternehmen wie auch staatlichen Bauämtern, die „mal eben" 125 Einheiten ordern.

Schield-Bantam stellt 1951 den Rail-Roader vor. Anstelle der konventionellen Räder sind nun Eisenbahnräder mit Spurkranz und Lauffläche vorgesehen. Diese lassen sich zum leichten Ortswechsel gegen straßentaugliche Räder tauschen. 1952 führt Thew bei den Lorain-Kranen die wartungsarme, weil geschützte innenverzahnte Kugeldrehverbindung, ein. Gitterausleger mit quadratischem Querschnitt für bessere Krafteinleitung werden entwickelt und mit den Power-Set-Abstützungen können große und kleine Krane schnell und effizient abgestützt werden. Diese kastenförmigen Abstützungen werden mit einer Bewegung ausgefahren und stützen den Kran dank schwenkbarer Abstützplatten auch bei unebenem Grund ab.

Im gleichen Jahr verhandelt Harnischfeger mit Rheinstahl Union Brückenbau über die Lizenzfertigung von Gittermastkranen mit Raupen- und Lkw-Fahrwerk und Baggern. Die im Ruhrgebiet, zunächst in Essen dann in Dortmund, etablierte Fertigung kann besser mit den europäischen Herstellern mithalten. Außerdem werden der Mittlere Osten und Afrika von Deutschland aus bearbeitet. 1955 wird ein ähnliches Abkommen mit der 1905 in Japan gegründeten

Kobe Steel Ltd. geschlossen, die seit der Vorstellung des ersten elektrisch angetriebenen Tagebaubaggers im Jahr 1930 ständig auf der Suche nach weiteren Baumaschinen zur Programmerweiterung ist. Zwei Jahre nach Abschluß des Lizenzabkommens stellt Kobe tatsächlich den ersten Kran auf Lkw-Fahrgestell vor; den 8 t hebenden Mighty Might, dessen offizielle Typenbezeichnung 55 TC (TC = Truck Crane) deutlich schlichter ist.

Krane werden schwerer und nicht immer hält die Technik aus, was die Krankonstrukteure bauen. 1953 modifiziert der amerikanische Tiefladerhersteller Talbert Sattelauflieger zu sogenannten „Mobile Crane Mounts" – Spezialfahrgestellen für die Montage von schweren Kranen. Oberwagen wie der 3500 TC (54 bis 72 t) von Manitowoc oder der B-L-H 703 (Baldwin-Lima-Hamilton Corp.) kommen verstärkt zum Einsatz (Bild 234). Gezogen werden sie meist von schweren Mack-Zugmaschinen.

1955 sind in den USA die ersten Pkw mit Heckflossen zu sehen. Gleichzeitig erreicht der Dow Jones Index mit 409.70 Punkten einen historischen Höchststand. Bucyrus-Erie eröffnet eine Tochtergesellschaft in Kanada. 1958, im

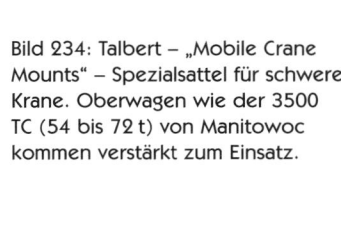

Bild 234: Talbert – „Mobile Crane Mounts" – Spezialsattel für schwere Krane. Oberwagen wie der 3500 TC (54 bis 72 t) von Manitowoc kommen verstärkt zum Einsatz.

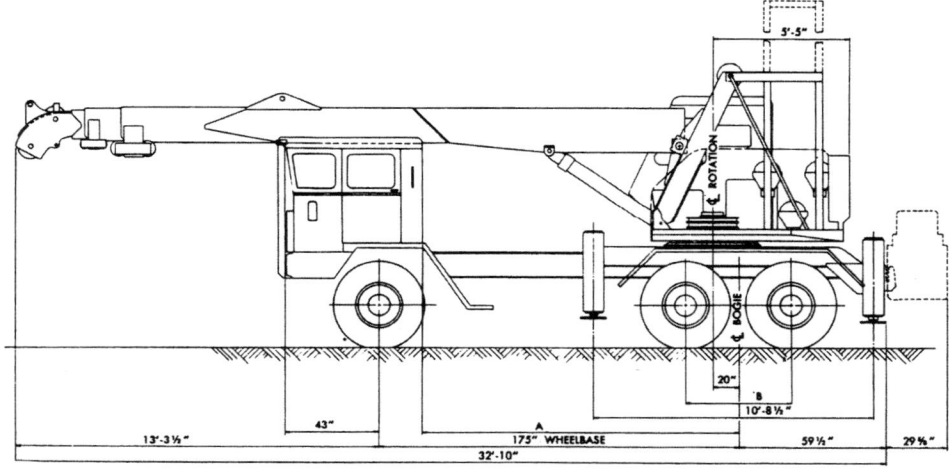

Bild 235: Schemazeichnung des 13,5 t hebenden Hydraulikkranes Bucyrus H-5 – hier auf Fahrgestell von Crane Carrier Co. – Antriebsformel 6 x 4.

EWG-Gründungsjahr erweitert dieser Anbieter seine Teleskopkrane, die auf Lkw-Fahrgestelle montiert werden, um den Typ H-5 (Bild 235). Ein Jahr später macht das Unternehmen mit der bisher größten mobilen Baumaschine in der Menschheitsgeschichte auf sich aufmerksam: Dem 64 m hohen Riesenbagger (Dragline) 3850-B, der, verladen auf 250 Eisenbahnwaggons, zu seinem Einsatzort, einer Kohlemine von Peabody in den USA, transportiert wird.

1952 startet Grove mit der Vermarktung des Hofkranes, der wider Erwarten gute Resonanz findet. Sieben Jahre später stellt man den ersten allradgetriebenen und -gelenkten RT-Kran vor. Rough-Terrain Krane entwickeln sich zu universellen Helfern auf den Baustellen dieser Welt, da die mit großvolumigen Reifen bestückten Maschinen auch in schwierigem Gelände gut vorankommen und kleinere Lasten auch verfahren können (Carry-Betrieb). Dieses Produkt soll über viele Jahrzehnte unverwechselbares Markenzeichen von Grove bleiben und in den 70er-Jahren gewaltige Dimensionen erreichen (vierachsiger Super-RT 1650 mit 135 t und 82,5 m Rollenhöhe).

Koehring findet nach der Lizenzvergabe an Newton-Chambers (NCK) nach England 1952 weiteren Gefallen am europäischen Baumaschinenmarkt. Man vergibt an die Kynos S. A. in Madrid Lizenzen, unter anderem für die Fertigung von Kranen. Außerdem setzt man sich mit Ishikawajima (später IHI) in Yokohama zusammen und beschließt eine Lizenzfertigung unter dem Firmennamen I-K. 1955 tut dieser Hersteller den Schritt nach Kanada. Nach Übernahme der Waterous Ltd. firmiert Koehring als Koehring-Waterous Ltd. und fertigt in seinem Werk in Ontario Bagger, Straßenfertiger und Krane. Mischanlagen für Beton und Asphalt und Raupenkrane folgen bald.

Es boomt an allen Ecken und Enden: Bei Amhoist setzt eine wilde „Einkaufspolitik" ein. Verschiedene Hersteller aus Amerika werden quasi im Handschlag übernommen; dazu gehören McKissick aus Tulsa, Oklahoma, Anbieter von Hakenflaschen und 1960 die Industrial Brown Hoist Company aus Bay City, Michigan. Es folgen Harris Press and Shear, Western Block, Bros. of Minneapolis, Cleveland Trencher Company und Farwell, Ozmun, Kirk aus St. Paul. Weitere sollen bis in die 80er-Jahre hinzukommen.

Im Land der unbegrenzten Möglichkeiten geht der Vorrat an gebrauchten Armeelastwagen in der zweiten Hälfte der 50er Jahre allmählich zur Neige – auch können die betagten GMC's, Ford's etc. nicht mehr den gestiegenen Ansprüchen der Kranhersteller und deren Kunden befriedigen. Deshalb beginnen Lorain, Grove, Schield, Michigan und andere, eigene „Carrier" anzubieten. Parallel etablieren sich Unternehmen wie CCC (Crane Carrier Co.), deren Produkt wir schon als Träger des H-5 kennen.

Der US-Bundesstaat Wisconsin ist, so scheint es, ein guter Nährboden für Kranbauer. Zuerst beginnt Northwest, 1958 schließlich folgt Drott Manufacturing in Wausau mit der Produktion. Der erste „Carrydeck-Kran" kann den umgebauten Traktor kaum verleugnen. Der kleine Helfer nimmt die Lasten mit einem hydraulisch schwenkbaren, zentral vor dem Fahrersitz montierten Kranarm auf und transportiert sie auf der Ladefläche (Bild 236). Ein Jahr später folgt der 60RF2 für 3 t Traglast. Sein Kran ist mittig auf der Ladefläche montiert, der seitliche Fahrersitz erleichtert das Verfahren mit Last.

Bild 236: Drott stellt 1958 den auf einem Traktor basierenden Carrydeck-Kran vor, der 2 t hebt und sich in den weitläufigen Industriekomplexen Amerikas schnell einen guten Namen macht.

Bild 237: Zukunft und Vergangenheit treffen aufeinander: Der P+H 255TC im direkten Vergleich mit dem ersten (1959) vorgestellten Telekran dieses Anbieters, der mit 21 m Auslegerlänge und 18 t Traglast „glänzt".

In den USA erscheinen die ersten Teleskopkrane, Grove, P&H, Bucyrus und andere arbeiten fast parallel. Der P&H 255 TC ist noch ein ganz konventioneller Gittermastkran, ihm zur Seite gesellt sich 1959 der erste 18 t hebende Telekran mit 21-m-Ausleger (Bild 237). Ein Jahr später ist ein 22-Tonner als stärkster Telekran im Programm.

Eine Entwicklung aus Amerika, die noch in den 50er Jahren eine wichtige Rolle spielt, sind Raupen mit Seiten-Kranauslegern. Heute nur noch als Rohrlegeraupen im Einsatz. Kranausleger, an der Seite und an der Front montiert, prädestinieren die mit tiefem Schwerpunkt für Kranarbeiten sehr günstig konzipierten Raupenschleppern als fast ideale Trägergeräte. Caterpillar und International leiten diesen Trend ein. In Deutschland nehmen ihn Kaelble (PR 660/661) und Hanomag gerne auf. Auch LeTourneau bietet den Tournatractor mit einem 12,6 t hebenden Seitenausleger an.

Europas Kranvielfalt kann international mithalten

Sollte bisher der Eindruck entstanden sein, Deutschland dominiere den Kranmarkt in Europa, so wollen wir dies geraderücken. In fast allen Ländern Europas gibt es findige Ingenieure, welche die an sie herangetragenen Aufgaben der Bauindustrie in vielfältigste Maschinen umzusetzen wissen. Teilweise selbstkonstruiert oder mit amerikanischen Lizenzen ausgestattet, beginnt ab Anfang der 50er-Jahre ein echter Boom, der kleine und große Hersteller hervorbringt, die teilweise bis heute aktiv sind, die, das muß allerdings auch ganz klar gesagt werden, oftmals nur eine regionale Bedeutung haben und halten. Denn im internationalen Wettbewerb kann nur bestehen, wer neben Technik auch Service, Vertrieb, Vermarktung gebrauchter Maschinen, Anwenderberatung und ein gutes Image vorzuweisen hat.

Speziell Italien und England entwickeln eine sehr ausgeprägte „Hebetechnik-Kultur". In einer kleinen und unbedeutenden Halle in einem Vorort von Domegliara bei Verona startet Rigo mit der Fertigung von Hof- und Autokranen im Jahr 1950. Schon bald umfaßt das Angebot Hofkrane der RTN-Serie mit 20 und 25 t Traglast, die sich speziell in der Industrie und in Steinbrüchen beim Transport wertvoller Marmorblöcke bewähren (Bild 238). Zeitgleich wird im norditalienischen Mailand E.S.I. gegründet, ein mittelständisches Unternehmen, das Kleinlokomotiven, Traktoren und

Seilbagger unter verschiedenen Lizenzen fertigt. Im Laufe der Jahre werden mehrere tausend Raupenkrane in Lizenz als Hebezeuge und Trägergeräte für Tiefbauausrüstungen, wie etwa Großlochbohrgeräte oder Schlitzwandgreifer, vorwiegend in Italien verkauft. 1963 gehen die Verantwortlichen ein Lizenzabkommen mit Link-Belt Co. aus Chicago ein. Es folgt konsequenterweise die Umbenennung in Link-Belt S.p.A., weil man sich ganz und gar auf die bewährten

Bild 238: Urahn der Rigo-Krane ist der 20 t Tragende RTN 20, dessen Ausleger bei längeren Fahrten über das Fahrerhaus geklappt wird. Mit dem auf 8 m austeleskopierten Ausleger hebt er bei 2,3 m Ausladung noch 9 t. Kraftquelle ist ein 90 PS starker Fiat OM-Diesel.

amerikanischen Maschinenkonstruktionen stützt. Das Programm umfaßt nun Seilbagger bis 80 t, fünf Gittermastkrane von 32,7 bis 116 t sowie Sockelkrane für stationäre Anwendungen mit Traglasten von 30 bis 105 t. Auch die beiden Hafenmobilkrane UC-180 und UC-318 sind im Programm.

Das englische Pendant zum deutschen Fuchs 301 baut übrigens Neal. Die Tatsache, daß Coles ausschließlich die Armee beliefert, führt bei diesem kleineren Kranhersteller zu hektischen Aktivitäten und einem sehr großen Ausstoß. Der Neal NS46 (Bild 239) mit 3,6 t Traglast ist wohl das meistverkaufte Hebezeug dieses Anbieters, der 1959 von Coles geschluckt wird. Zehn Jahre nach der Übernahme wird in den Grantham-Works, so die Bezeichnung nach der Coles-Übernahme, die Fertigung der Coles Hydra Husky RT-Krane konzentriert. Ein veritabler Vertreter dieser Baureihe wird der schwere RT-Kran Hydra Husky 36/40TSC mit 36 t Traglast am dreiteiligen Teleausleger, der Ende der 60er-Jahre vorgestellt wird. Coles konzentriert sich in den 50er-Jahren ganz auf dieselelektrische Krane, die sogar schon testweise Teleskopausleger bekommen. 1954 wird der vierachsige Colossus auf sein mächtiges Fahrwerk gestellt. Damit ist er nach Auskunft seiner stolzen Erzeuger der größte mobile Kran überhaupt. Während Coles am dieselelektrischen Antrieb festhält, zeichnen sich die Leistungsgrenzen dieser Antriebsart allmählich ab. R.H. Neal und F. Taylor and Sons aus Manchester setzen zu dieser Zeit bereits konsequent auf die hydrau-

Bild 239: Der Neal NS46 mit 3,6 t Traglast ist das englische Pendant zum Fuchs und verkauft sich „wie geschnitten Brot".

lische Kraftübertragung. Coles erwirbt die Kranhersteller R.H. Neal & Company sowie F. Taylor and Sons und baut den 54 t hebenden Gittermastkran Valiant. Zum Schluß dieses Jahrzehnts greift auch Coles in den boomenden Markt schwerer mobiler Krane mit Gittermast ein und stellt den dieselelektrisch angetriebenen S 5012 mit 50 t Traglast vor (Bild 240). An den Dieselmotor ist ein Generator gekoppelt, der die für Schwenk-, Wipp- und Hubwerk vorgesehenen Elektromotoren mit Energie versorgt. Der Gittermastausleger kann auf bis zu 51 m Länge aufgerüstet werden. Umfangreiche Sicherheitsschaltungen alarmieren den Bediener bei höchster und tiefster Haken- und Auslegerstellung und Überlast. Eine immer im richtigen Drehsinn arbeitende Lenkung erleichtert dem Fahrer bei jeder Stellung des Oberwagens das Manövrieren dieses mobilen Hebezeuges.

1956, genau in dem Jahr, in welchem der Federal Highway Act in den USA ein riesiges Bauprogramm einleitet, stellt Taylor in England die hydraulische Drehdurchführung vor. Sie erlaubt es, flüs-

Bild 240: Der 50 t hebende Coles S 5012 wird im Gegensatz zur Konkurrenz dieselelektrisch angetrieb, was eine sehr feinfühlige Steuerur aller Arbeitsbewegungen erlaubt. Der Ausleger kann bis auf 51 m a gerüstet werden.

Bild 241: Kabelkran beim Bau der Rhone-Talsperre Rochemaure, Grands Travaux de Marseille.

sige Medien, wie Hydrauliköl, aus dem Unterwagen an den jetzt endlich endlos drehbaren Oberwagen zu leiten oder umgekehrt. Bis zu diesem Zeitpunkt sind 359° Schwenkbereich das Maß aller Dinge. Andere Kran- und Baggerhersteller machen sich diese Errungenschaft ebenfalls zu eigen, denn bis dahin wurden tatsächlich Hydraulikleitungen beim Drehen um den Fahrerplatz gewickelt – heute kaum noch vorstellbar.

1957 stirbt plötzlich und für alle unerwartet der rührige Geschäftsführer des englischen Kranherstellers Ransomes & Rapier, R.R. Stokes. Das Unternehmen wird ein Jahr später Teil des Newton Chamber-Konzernes aus Sheffield, der, wie schon erwähnt seit einer Reihe von Jahren Bagger und Raupenkrane in Koehring-Lizenz produziert. Außerdem gibt es hier Erfahrungen mit P&H, mit denen vor der Koehring-Epoche zusammengearbeitet wurde.

Turmdrehkrane werden ebenfalls in England gefertigt. Die ab 1958 von Butters Bros & Co. Ltd. hergestellten oben-

drehenden Katzauslegerkrane bieten 40 m hohe Türme und heben bis zu 15 t bei 30 m Ausladung oder 6 t bei 42 m Ausladung. K. & L. Steelfounders and Engineers baut die Jones Schienen- und Autokrane mit Traglasten bis zu 10 t. Neu ist ein Schnellfahrkran mit 30-m-Ausleger und 5 m langer einziehbarer Auslegerverlängerung.

In Frankreich kommen ab 1952 große Kabelkrane beim Bau mehrerer Talsperren an der Rhone zum Einsatz (Bild 241). Die von Heckel gefertigten drei

Bild 242: Anordnung der drei je 424 m Spannweite aufweisenden und mit schwenkbaren Türmen ausgerüsteten Kabelkrane von Heckel beim Bau der Rhone-Talsperre Montélimar.

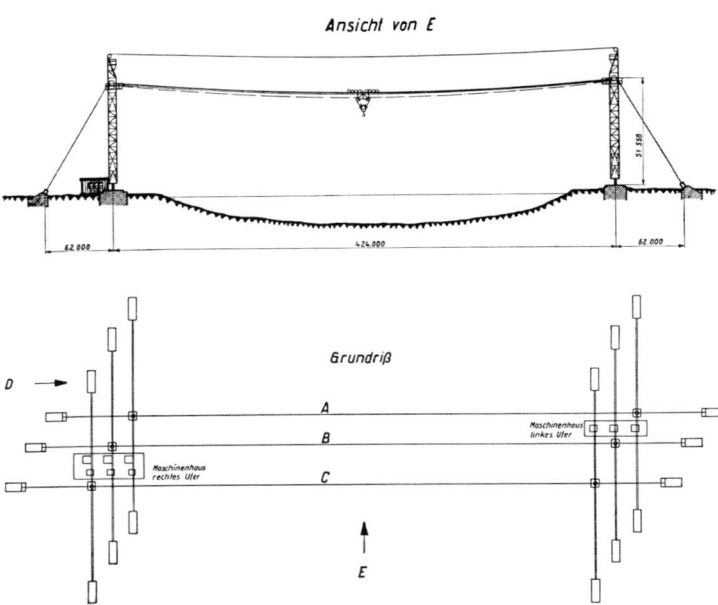

Kabelkrane für die Staustufe bei Montélimar haben Schwenkmasten, wodurch jeder Kran 2 x 11 m Arbeitsbreite hat (Bild 242). Sie transportieren primär 2 m³ fassende Betonierkübel. Auch Schalungselemente und andere Baumaterialien tragen sie in großer Menge zum Bestimmungsort. 424 m Spannweite, 52,3 m hohe Türme und 52 mm (Tragseil) sowie 68 mm (Nackenseil) starke Seile sind wichtige Merkmale.

Als eine Mischung zwischen Kabelkran und Seilbahn können die von British Ropeway Engineering hergestellten bis zu 23 t tragenden Krankonstruktionen gelten, welche ganze Lastwagen über den Tigris oder den Nil transportieren. Sie fördern in Abhängigkeit von Gewicht und zu überbrückender Distanz bis zu 500 t/h. Auch Hersteller wie John M.

Henderson (Krane 3 bis 50 t, Spannweiten bis 1.700 m) und Drag Scraper & Conveyor (Traglasten bis 30 t und Verfahrgeschwindigkeiten bis 130 m/min) sind in diesem Marktsegment aktiv.

Bleiben wir gleich bei einem französischen Kranhersteller. Pinguely verwendet Leichtmetall zum Bau von Auslegern und setzt konsequent Kugeldrehkränze für die Verbindung Ober- und Unterwagen seiner Gittermastkrane ein (Bild 243).

In Dänemark verzeichnen wir 1956 einen interessanten Neuzugang bei den Krananbietern. F.B. Krøll gründet in Lynge die nach ihm benannte Kranbaufirma. Man spezialisiert sich ganz auf Turmdrehkrane, die später zu den größten der Welt zählen sollen.

Bild 243: Pinguely verwendet Leichtmetall zum Bau von Auslegern und setzt konsequent Kugeldrehkränze ein. Der NK 20 kann mit Auslegern bis 20 m bestückt werden und hebt 8 t bei 4,5 m Ausladung.

Bild 244/245: Ormig 75m (großes Bild) mit 7,5 t Hublast und festem Ausleger und sein kleinerer Bruder 3tg für 3 t mit drehbarem Ausleger.

Ormig in Italien baut den 75m (Bild 244), der in viele Ländern in über 5.000 Einheiten verkauft wird. Der 7,5 t hebende Hofkran hat einen 9-m-Ausleger, der mit einer Gitterspitze auf 15 m verlängert werden kann. Für Arbeiten in besonders engen Fabriken, Lagern und Gebäuden ist der Typ 3tg (Bild 245) mit 5-m-Ausleger und 3 t Traglast gedacht. Sein Ausleger ist allerdings um 360° drehbar. Ende der 50er-Jahre folgen Gittermastkrane. Besonderheiten sind etwa die „Ellbogen-Abstützungen", welche die im Kranbetrieb auftretenden Kräfte besonders effektiv ableiten sollen. Auch der Wippmechanismus verdient Beachtung. Zwei Hydraulikzylinder anstelle eines A-Bocks wippen über Nackenseile den Gittermast. Die tg-Bau-

reihe (Bild 246) von Ormig wird mit Traglasten von 16 bis 80 t angeboten.

Luigi Marchetti, ein weiterer findiger Italiener, betritt 1956 die Kranszene. Er gründet, zunächst als Einzelfirma,

Marchetti Gru und stellt 1960 den ersten Mobilkran mit 16 t Traglast bei 3 m Ausladung vor. Kunde ist Campari, ein nur namentlich mit dem bekannten Aperitif verwandtes Schwertransportunternehmen, das den Erstling viele Jahre mit Erfolg eingesetzt haben soll. Immer ist der heimische Markt für Marchetti der mit Abstand wichtigste. Über 350 Einheiten werden bis 1972 verkauft.

1958 wird in Italien, genau in Modena, das Unternehmen Simonazzi & Boni s.n.c. aktiv – heute als PM bekannt. Nach skandinavischem Vorbild werden kleine und leichte hydraulische Lkw-Ladekrane gefertigt, die nicht nur auf Lastwagen und Traktoren, sondern sogar auf ausgewachsene Planierraupen montiert werden. 1959 wird im italienischen

Bild 246: Der 50tg von Ormig hat „Ellbogen-Abstützungen" und zwei interessant angeordnete Wippzylinder für den 60-m-Ausleger, welche den A-Bock überflüssig machen. Der Kran wird von der erhöhten Kabine auf dem Unterwagen bedient.

Lecco der Kranhersteller Italgru gegründet. Im Programm sind Gittermastkrane (Bild 247). Ihnen folgen später Sockelkrane für Bohrinseln sowie Hafenmobilkrane bis 60 t.

Bild 248: Der niederländische Kranbetreiber Nederhoff montiert einen kleinen Schiffskran auf einen GMC-Militärlastwagen. Die Auslegerspitze wird für den Straßentransport einfach abgeklappt. Die Traglast dürfte 2 bis 4 t betragen haben, Abstützungen sind nicht erkennbar.

Bild 247: Seit Ende der 50er-Jahre bietet Italgru typische Mobilkrane. Der mit zwei Winden bestückte GS 110 hebt 30 t, hat einen 30-m-Ausleger, 5,3 m Abstützbreite und ist 10 km/h schnell.

Die Kranbetreiber, so man zu dieser Zeit schon von einer Verleihbranche sprechen kann, machen sich emsig Gedanken zur Konzeption geeigneter Hebezeuge. C. Nederhoff aus dem holländischen Gouda montiert kleine Krane, wie sie in Holland auf Bargen und Pontons zum Reinigen von Sielen und Kanälen benutzt wurden, auf Militärlastwagen von Chevrolet oder GMC (Bild 248). Bestückt mit Greifer, Schürfkübel und Haken können diese mobilen Helfer mehrere Aufträge an einem Arbeitstag erledigen. Ab 1959 werden auch deutsche Fuchs-Oberwagen montiert.

Richard Palfinger, der sein Unternehmertum 1932 im oberösterreichischen Schärding begann und der 1945 nach Salzburg übersiedelte, stellt seinen ersten hydraulischen Ladekran vor. Er ist eine Weiterentwicklung des 1956

gebauten Einsteckkranes, der seitlich an der Ladefläche eines Lkw montiert wird (Bild 249) und der das Verladen von Stammholz erleichtern soll. Seilwinde und Schwenkwerk funktionieren noch mechanisch.

War das alles? Fast! Wir wollen Holland nicht vergessen. Dort bietet Ende der 50er Jahre die Unicum Works Weert einen Flugzeugbergekran für 8,1 t an. Das schon von LeTourneau und Ardelt angewandte und später von Gottwald und anderen kopierte Prinzip besteht aus einem Triebkopf, an den, ähnlich wie bei einem Scraper, ein nichtangetriebener Nachläufer fest gekuppelt ist. Dieser trägt einen hydraulisch aufrichtbaren Ausleger. An ihm können Stahlkonstruktionen, Rohre oder auch verunfallte Flugzeuge mit einem abklappbaren Ausleger aufgenommen werden. Der „Hydraulic Crash Crane" (Bild 250) kann, und das ist seinen Konstrukteuren wichtig, mit Last verfahren und dank der großdimensionierten Reifen (18.00 x 24 und 27.00 x 33 am Nachläufer) auch über aufgeweichte Flugfelder fahren. Feature am Rande: Die Spurweite der Nachläuferachse wird hydraulisch verstellt, wodurch mit großen Lasten eine bessere Standsicherheit erreicht wird.

Fernost – Basis des Erfolgs sind amerikanische Lizenzen

Da die Bauvorhaben im boomenden Japan immer größer und anspruchsvoller werden, suchen Bauunternehmen, Stahlbaufirmen und andere am Bau beteiligte Partner nach leistungsfähigen Kranen. Für sie baut Kobe die Raupenkrane der Serie 300. Diese Heber sind auf der Höhe der Zeit, weisen sie doch besonders feinfühlige Steuerungsmöglichkeiten für Drehen, Verfahren sowie Auf- und Abwippen der bis zu 95 m langen Gittermastausleger auf. Mit diesem Produkt dominiert Kobe die nächsten

Bild 249: Noch geht alles per Hand. 1956 präsentiert Richard Palfinger den Einsteckkran, welcher die Holzverladung weniger schweißtreibend gestaltet.

Jahre den Markt für kleinere und mittlere Raupenkrane bis 65 t Traglast in Fernost.

1950 ist für die Familie Tadano, bislang mit der Produktion von Geräten zum Bau und zur Pflege der weitverzweigten japanischen Eisenbahnen mehr als beschäftigt, besonders wichtig. Nach der Modifikation eines Muldenkippers bekommt sie an Fahrzeugen Geschmack und fertigt diese bald besser als das von ihr kopierte Original aus Amerika. Im September 1950 wird der erste 2 t tragende Kran vorgestellt und verkauft. Auf ein Nissan-Fahrgestell wird ein gebrauchter Kran der US-Streitkräfte aufgebaut. Nach anfänglichen Schwierigkeiten wird die Qualität gesteigert und 1957 ein 6 t tragender Truck-Crane vorgestellt, der alle Kundenwünsche erfüllt.

Zunächst werden auf Lkw-Chassis montierte Krane der OC-Serie mit 3, 5, 7 t Traglast gebaut; kurz danach kommt der erste 5 t tragende Kran mit eigenem Vierrad–Fahrwerk auf den Markt. Nur zehn Jahre später beginnt der Export der Krane nach Indonesien, weite Teile der Welt werden bald erschlossen. Kato in Japan weitet die Kranfertigung aus. Neben Baumaschinen entstehen auf Mobilchassis aufgebaute Gittermastkrane, die ab 1956 vollhydraulisch gesteuert werden.

Bild 250: Die holländischen Unicum Works Weert bieten Ende der 50er Jahre einen mit Triebkopf ausgerüsteten Flugzeugbergekran für 8,1 t an.

Von Tradition zu Innovation –
Ungeahnte Typen- und Markenvielfalt

„Im Gegensatz zu der konservativen Grundhaltung des Kranbaues in den Jahren vor dem Zweiten Weltkrieg hat sich nach dem Kriege und besonders von 1950 bis 1960", so schreibt Prof. Dr.-Ing. H. Ernst in seinem Aufsatz „Wandlungen des Kranbaues in zehn Jahren" in der Jubiläumsausgabe der Fachzeitschrift Fördern und Heben im Juni 1961, „eine so tiefgreifende Umwälzung im Kranbau vollzogen, daß sie auch Außenstehenden durch das völlig veränderte Aussehen der Krane auffällt."

Recht hat er. Auch wenn man nicht von dem „amerikanischen", dem „deutschen" oder dem „italienischen" Kran sprechen kann, ist doch bemerkenswert, wie stark Geographie, Kultur, Technik und Sozialisation die Lebensumstände der Menschen und damit zwangsläufig ihre Bauweise, ihre Infrastruktur und ihre Baumaschinen prägen. Der Turmdrehkran ist sicher die europäische Maschine im Reigen der Hebezeuge par excellence, der Gittermastkran auf Lkw- oder Spezialfahrgestell ist eine Erfindung der Amerikaner. Dort übrigens überschlagen sich die Wirtschaftsmagazine zu Beginn dieses Jahrzehnts mit glühenden Überschriften, welche diese Dekade als „Soaring Sixties" preisen. Aber ganz so schwungvoll, wie die Auguren mutmaßen, beginnt es leider nicht.

Große und weitreichende Entwicklungen stehen auf den Zeichenbrettern der Kranbauer der Welt. Waren im Krieg Robustheit und Zuverlässigkeit wichtiger als optimale Energieausbeute und Hochleistungen, so gewinnen nun Features wie Sicherheit, Instandhaltungskosten, Zugänglichkeit und Unfallsicherheit an Bedeutung. Dünnere Bleche, die durchweg geschweißt werden, sind ebenso wie Hydraulik, Elektrik, Thyristoren zur stufenlosen Drehzahlregelung von Elektromotoren anstelle von Schaltschützen auf dem Vormarsch. Diese neuen Komponenten machen Krane zu innovativen Produkten, die auf den nun gleislosen Baustellen der Welt eine durchweg gute Figur abgeben. Die Teleskopausslegertechnologie für Lasten bis 60 t wird nun zur Serienreife entwickelt und gibt dem Bau mobiler Krane einen gewaltigen Popularitätsschub.

Bei den Turmdrehkranen kommt ab Mitte der 60er Jahre die Katzauslegertechnik und sorgt für einfacheres Handling. Der Laufkatzausleger, der in anderen europäischen Ländern schon erfolgreich seinen Einzug gehalten hat, erobert Deutschland. Dabei sind verschiedene Spielarten anzutreffen: untendrehender Schnellmontagekran mit Laufkatzausleger, obendrehender Kran mit starrem Laufkatzausleger und obendrehender Kran mit unter Last verstellbarem Laufkatz-Knickausleger.

USA: Die Weltkranmacht bringt ständig neue Typen hervor

Die USA sind und bleiben auch in diesem Jahrzehnt der Motor der Mobilkrantechnik. Obwohl sich in Europa äußerst wichtige Wettbewerber formieren. Der Schienenkran verliert an Bedeutung. Spezielle Fahrgestelle für Autokrane, welche Abstützungen und Drehkranz, Steuerung und Antriebsmotor besser als Lkw-Fahrgestelle aufzunehmen wissen, sind an der Tagesordnung. Gehen wir also in medias res: Eine Feuersbrunst in Pennsylvania vernichtet im April 1960 die kompletten Fertigungseinrichtungen von Grove. Alle 100 Beschäftigten beginnen kurzfristig mit dem Wiederaufbau ihrer Firma. Drott aus Wausau, Wisconsin, perfektioniert 1962 seine Carrydeck-Krane mit vier Abstützungen, was eine Erhöhung der Traglasten auf 4,2 t erlaubt. Der kleine Universalkran wird nun als 85RM2 (85 = 8500 lbs.) angeboten.

Unabhängigkeit ist ein Luxus, den sich nicht jeder Anbieter leisten kann. Kleinere Kranbauer, wie Schield-Bantam aus Waverly, Iowa, suchen Halt bei den Großen (ab 1963 bei Koehring). Bucyrus-Erie stellt, quasi als Reminiszenz an vergangene Eisenbahnkran-Zeiten, den 11-B Transit-Railer-Kran vor (Bild 252), einen Zweiwegekran mit 9t Traglast. Der dreiachsige 6x6-Unterwagen hat absenkbare Schienenräder und erlaubt so den raschen Ortswechsel auf der Straße und das Arbeiten auf langen Gleisbaustellen. 1961 werden die Autokrane der

„Supercrane"-Reihe mit Traglasten von 13,5 bis 54 t vorgestellt. Die zu Spezialkranen in Logger-Ausführung umgerüsteten Bagger 25-B und 30-B werden von der weitverzweigten Holzindustrie Nordamerikas und Kanadas gut aufgenommen (Bild 253).

Unser Interesse verdient der 99 t hebende Gittermastkran 110-T (T= Transit Crane), der mit einem dreieckigen Auslegerprofil aufwartet, das weniger Windwiderstand und eine bessere Ableitung der Kräfte als der sonst übliche Vierkantausleger bringen soll. Die Hauptauslegerlänge dieses Kranes beträgt 66 m, mit Wippspitze

Bild 253: Die Bucyrus-Erie Bagger 25-B und 30-B wurden auch als Logger, also für den Umschlag von Stammholz umgerüstet. Hier „entreißt" ein 30-B mit gekröpftem Spezialausleger bei Aloha im US-Staat Washington wuchtige Stämme den Fluten.

Bild 252: Bucyrus-Erie geht mit dem 11-B Transit-Railer (9 t Traglast) neue Wege. Das 6x6-Fahrgestell ist dank vier absenkbarer Eisenbahnräder auch schienentauglich.

stehen 75 m zur Verfügung. Der schwere Autokran hat drei Hubwinden, die das Aufstellen langer Bauteile (Stichwort Nachführen der Last) erleichtern. Das Fahrgestell ist ein selbstgefertigter Unterwagen mit Drehmomentwandler – eine im Antriebsstrang mobiler Krane immer populärer werdende Komponente. Die dreieckige Turmkonstruktion wird auch auf Turmdrehkrane (Bild 254) übertragen.

Erste hydraulische Gittermastkrane, wie etwa der 1968 vorgestellte 65-C, sorgen für Furore. Der in den 20er Jahren durch seine Kugellager-Drehverbindung bekannt gewordene Kranbauer Sargent Engineering, er ist zu dieser Zeit in den USA so bekannt wie Grove, stellt Mitte der 60er Jahre den ersten Teleskopkran vor. Später wird dieses Unternehmen von Warner & Swasey aufgekauft, Bild 255 zeigt einen typischen Teleskopkran dieses Herstellers. Bucyrus-Erie steigt in das Offshore-Krangeschäft ein.

Die Schiffs- und Offshorekrane, die auf Förder- und Lagerplattformen benötigt werden, müssen extrem hohe Anforderungen an Seilgeschwindigkeit sowie an Traglast und Reichweite erfüllen. Außerdem fordern die Anwender einen sicheren Betrieb auch bei 5° Schlagseite. Charakteristikum dieser Krane wird der besonders hohe und schlanke dreieckige A-Bock, der die Nackenseile führt. Typische Vertreter dieser Kranspezies sind die MK-60 bis MK-120 mit bis zu 108 t Traglast. Sie basieren auf dem „Urahn" MK-35.

Bild 254: Bucyrus-Erie fertigt auch Turmdrehkrane. Hier der mit einem dreieckigen Turmquerschnitt aufwartende Mark 1 beim Bau eines Apartmenthauses.

Mitte der 60er Jahre ist in den großen Traglastklassen der Gittermastkran nach wie vor das beherrschende Arbeitsgerät. Wichtige Hersteller sind Gottwald, Liebherr, P&H, American Hoist & Derrick, Link Belt, Lorain und Lima (Bild 256). Mit dem MC-9115 präsentiert Thew (Lorain) einen Großkran mit 104 t Traglast. Eine Ausrüstungsvariante ist der Mototower (Bild 257), der den Autokran in einen untendrehenden Turmdrehkran mit Nadelausleger verwandelt. Mit dieser Auslegerkombination wächst der Arbeitsbereich auf die Größe eines Fußballfeldes an. 75% aller auf dem Weltmarkt

Bild 255: Warner & Swasey Teleskop-Autokran 8445 von 1969 mit 40,5 t Traglast und vierteiligem 30,5-m-Teleausleger.

Bild 256: Kran am Kran: Zwei Lima 65-T (je 54 t) heben einen „kleinen Bruder" an Bord des Frachters Joliette in Toledo, Ohio. Der am Haken hängende 300-T hat 51 m Hauptausleger und hebt 27 t.

verkauften Gittermastkrane oberhalb 45 t Traglast kommen in diesem Jahrzehnt aus Amerika.

Anfang 1964 verschmelzen Thew Shovel Company mit den Lorain-Kranen und der amerikanische Baumaschinenhersteller Koehring miteinander. Thew hat seit 1958 empfindliche Einbußen bei Umsatz und Marktanteilen hinnehmen müssen. Nur eine starke Mutter, die noch viele weitere Hersteller aufkaufen soll, bietet nun den richtigen Halt. Erstes Produkt unter der neuen Ägide ist der Lorain MC-775 Motocrane mit 67,5t Traglast und 81-m-Ausleger. Ebenfalls 1964 übernimmt Koehring 40 % der Anteile von Ransomes & Rapier Ltd. im englischen Ipswitch. Die verbleibenden 60 % behalten Newton,

Chambers & Co, die seit 1958 Krane in Lizenz fertigen. Die Übernahme wird möglich, da die von Ransomes & Rapier gefertigten Draglines kaum noch nachgefragt werden, denn billiges Öl drängt die Kohlegewinnung in Tagebauen, dem Hauptmarkt der R&R-Draglines, immer stärker zurück. Koehring ist zu diesem Zeitpunkt zu einem fast unüberschaubaren Baumaschinen-Imperium mit Lizenznehmern auf der ganzen Welt und einer extrem großen Produktpalette angewachsen.

American Hoist and Derrick aus St. Paul, Minnesota, konzentriert sich derweil auf mobile Gittermastkrane wie den 1962 vorgestellten 295 BTH (Bild 258). 1964 unternimmt Bucyrus-Erie den Schritt nach Südamerika. BECO – Bucyrus Equipamentos de Construcao Limitada, hundertprozentige Tocher von B-E, geht mit dem brasilianischen F.N.V.-Konzern ein Agreement zur Fertigung von Baggern und Kranen für das größte Land des

Bild 257: Die Mototower-Ausrüstung der Lorain MC-Krane verwandelt diese in Turmdrehkrane. Sie wird auf das Auslegerfußstück des Gittermastes montiert.

Kontinents ein. Parallel dazu nimmt die japanische Fabrik dieses Herstellers, die aber keine Krane produziert, ihren Betrieb auf.

1966 erwirbt Koehring 70 Prozent der Menck & Hambrock-Anteile in Hamburg. In dieser Zeit erscheinen bei den Hamburgern viele neue Maschinen, darunter der Universal-Kranbagger M 110 CD (Bild 259). Dieser 34 t schwere Kran hebt maximal 32 t und verfügt über eine hydraulisch verstellbare Spurweite, was die Standsicherheit durch Verlagerung der Kippkante deutlich verbessert. Ein System, das heute alle Hersteller von Seilbaggern und Raupenkranen anbieten. 1970 wird die neue Menck-Mutter erneut in Deutschland fündig. Die Übernahme des Verdichtungsgeräteherstellers

Bild 258: Der American Hoist 295 BTH entstammt der 200er-Serie. Am 15,3 m langen Ausleger eine „typisch amerikanische" Last, der Betonierkübel. Standardmäßig angetrieben wird der Kran von einem Continental Benzinmotor mit 80 PS. Der Kran wiegt komplett 23,8 t.

Bomag in Boppard macht erhebliche Schlagzeilen.

Zwischen 1964 und 1968 restrukturiert Henry Harnischfeger, Sohn des Gründers, das Unternehmen P&H und kon-

zentriert die Produktion auf zwei Bereiche: Baumaschinen (schwere Seilbagger sowie Raupen- und Fahrzeugkrane) und Industrie- und Elektromaschinen (Lauf-krane, Kettenzüge, E-Motoren und Steuergeräte). Was wenige wissen: P&H vertreibt in Amerika auch Liebherr-Turmdrehkrane. Die Nadelauslegerkrane als R-Serie, die Turmdrehkrane selbstverständlich als Tower-Cranes. Übrigens ist schon zu dieser Zeit ein frequenzumrichtergeregelter Antrieb lieferbar. Natürlich werden auch die Raupenkrane nicht vergessen. Der 67,5 t hebende 1055 LC (LC = Long Crawler) ist ein typischer Vertreter. 1967, rechtzeitig, um im Reigen der übrigen Hersteller mitzuspielen, stellt Harnischfeger seinen ersten Teleskopkran vor.

Bild 259: Der Universal-Kranbagger M 100 CD von Menck & Hambrock (1966 von Koehring übernommen) hebt 32 t und hat eine hydraulisch verstellbare Spur.

Mit bemerkenswerten Leistungen wartet Manitowoc auf, die ihren 4600 Vicon Liftcrane offiziell 1961 vorstellen; die Traglasten betragen 90, 180 und 216 t. Grove verschifft 1965 einen Teleskopkran TM 225 nach Deutschland. Das erste Gerät dieser Art in Deutschland hat drei Achsen, hebt 25 t und ist mit einem dreiteiligen Ausleger von 24 m Länge bestückt. Käufer ist der Transportunter-nehmer Scholpp aus Stuttgart, der dieses Hebezeug zu Recht als Revolution feiert. Denn dank neuer Technik verkürzen sich die Rüstzeiten auf der Baustelle drama-tisch. 1965 liefert Grove seinen tausends-ten Kran aus (Bild 260). Mittlerweile stehen 500 Menschen in Lohn und Brot, und die Schrecken des Feuers sind wohl bei den meisten vergessen. Ein Jahr spä-ter wird das Unternehmen vom Kidde-Konzern aufgekauft … Es soll nicht die letzte Veränderung in den Besitzverhält-nissen bleiben. 1968 beginnen die Erfin-der des RT-Kranes mit der Erschließung der wichtigsten außeramerikanischen Märkte.

Bild 260: Der 4.10.65 ist für die Grove-Mannschaft ein „Day to remember", denn der tausendste Kran wird ausgeliefert. Der ca. 25 t hebende TM225 T hat einen vier-teiligen 24-m-Teleausleger mit 6-m-Verlängerung.

1969 präsentiert Schield-Bantam seinen ersten hydraulischen Teleskopkran, den Typ 450. Parallel werden die Gittermastkrane der M-Serie gepflegt. Der M 350 mit 13,5 t Traglast hat einen Gittermastausleger und wird entweder als selbstfahrender Mobilkran oder auf ein Lkw-Fahrgestell montiert angeboten. Bei Link-Belt zeichnen sich erhebliche Veränderungen ab. Der amerikanische Mischkonzern FMC übernimmt den traditionsreichen Kranbauer. Die Tochtergesellschaft Link-Belt Speeder wird aus diesem Konglomerat herausgenommen und firmiert als Link Belt Construction Equipment Group, eine eigenständige Tochtergesellschaft von FMC. Sie vermarktet die Krane und Bagger weltweit. Als Folge einer groß angelegten Produktoffensive entstehen 1969 neue RT-Krane bei Link Belt. Zu diesem Zeitpunkt läuft ein 1962 mit Sumitomo Kikai Kogyo abgeschlossenes Lizenzabkommen zur Fertigung von Gittermastkranen zur vollen Zufriedenheit beider Partner.

Die weniger mobilen Hebezeuge nordamerikanischer Provenienz erfahren neue Leistungsspitzen. Von wem? Natürlich von keinem geringeren als R. G. LeTourneau aus Longview in Texas, immer für Superlative gut. In den 60er Jahren entwickelt der völlig zu Recht als Genie titulierte Baumaschinenkonstrukteur eine schwimmende Kranplattform mit 2.000 t Gewicht. Ein 250 t hebender Kran (63 m Rollenhöhe) übernimmt nach dem Absenken der drei Stelzen auf den Meeresgrund schwerste Hubarbeiten. Eingesetzt wird die Plattform beim Bau der 9,6 km langen und seinerzeit 100 Mio. $ teuren Brücke über den Mara-

caibo-See. Außer dem Hauptausleger ist ein kleinerer Zusatzmast mit 30 m Wippweite für Lasten von „nur" 100 t mit an Bord. Daneben sind mobile Krane (Bild 261) mit Gittermast und bis zu 13,5 t Traglast im Produktionsprogramm des Unternehmens, das stolz mit dem Spruch wirbt: „Manufacturers of Big Equipment Since 1929".

Andere in den USA aktive Hersteller sind Austin-Western, Marion, Quick-Way (seit 1961 bei Marion), Hy-Dynamic, Baldwin-Lima-Hamilton, Badger, Bay City, Clark, Cranemaster, Dresser, General, Galion, Insley, International Harvester, Keystone, Michigan, Osgood, Pettibone, Silent Hoist und Wagnermobile. 1965 exportieren amerikanische Industrieunternehmen 25 % ihrer Produktion in die ganze Welt, zehn Jahre später sind es schon 40 %.

Ende der 60er Jahre kommt übrigens das Ringer-Prinzip auf. Was ist das? Basis dieser traglaststeigernden Zusatzeinrichtung für Raupenkrane ist ein das Grundgerät umgebender Ring aus mehreren Segmenten. Der Ausleger wird nach der Montage des Ringes nicht mehr am Oberwagen des Kranes angeschlagen, sondern, weiter von der Drehmitte entfernt, auf dem Ring abgestützt. Rollenfahrwerke unter der Mastabstützung sorgen für einwandfreies Drehen. Erster Kran dieser Art ist wohl ein modifizierter Manitowoc M 4000 Vicon. Weitere Hersteller werden sich dieses Prinzips annehmen, so etwa American, Italgru und Demag. Es steigert die Traglast bestehender Krane erheblich, schränkt allerdings ihre Mobilität ein, da das

Bild 262: Der Marchetti MG/6T 3 AM mit kombiniertem Gitter-/Teleskopausleger nimmt künftige Entwicklungen vorweg, allerdings verlaufen diese entgegengesetzt: Auf einen Teleausleger werden künftig Gitterverlängerungen montiert.

Bild 261: 13,5 t hebt der mobile Kran von R. G. LeTourneau aus Longview in Texas. Die Abstützungen des dieselelektrisch angetrieben Kranes werden von der Kabine aus gesteuert.

„Ringer-Attachment" ein Verfahren fast unmöglich macht.

Europa: Jede Nation hat findige Kranbauer

Beginnen wir unsere Rundreise durch Europa im sonnigen Spanien. Dort gründet Manuel Luna Perbech 1960 in Huesco ein Unternehmen zum Bau von Teleskop- und Gittermastkranen, die in den nächsten 20 Jahren Traglasten bis zu 300 t erreichen. Marchetti aus Piacenza

beglückt die italienischen Bauunternehmen mit einem hochinteressanten kombinierten Gitter-/Teleausleger (Bild 262) auf einem eigengefertigten Dreiachs-Allradchassis in bester Haubermanier. Der MG/6T 3 AM verfügt über einen 28 m langen Hauptausleger, an den eine nach unten abklappbare 12-m-Gitterspitze zur Reichweitenvergrößerung montiert ist. Außerdem liefert der Hersteller Gittermastkrane mit eigengefertigtem Allrad-Chassis. Der 1963 vorgestellte MG 8T 3 AM ist ein 8-Tonner, der aus der Kabine des Unterwagens bedient wird. Die fehlenden Abstützungen lassen auf einen verstärkten Berge- und Abschleppeinsatz mit Lastaufnahme über dem Heck schließen. 1965 erblicken gleich zwei Hersteller hydraulischer Ladekrane für Lastwagen das Licht der norditalienischen Welt. Ernesto Comensoli gründet Cormach und baut Lkw-Ladekrane. Rasenmäher, selbstfahrende Schrottgreifer, Schreitbagger und Kleinlader für die Landwirtschaft sind die ersten Produkte. Auch Franco Fassi, der 1946 in Albino nahe Bergamo eine Lkw-Werkstatt für Um- und Aufbauten gründete, baut 1965 seinen ersten Ladekran (Bild 263). Seit diesem Zeitpunkt wird die Produktion Zug um Zug auf Lkw-Ladekrane und Marinekrane umgestellt und dem steigenden Bedarf angepaßt.

Bild 264: Der V-Kart 30-B mit 3 t Traglast von Valla ist Grundstein einer bis heute gefertigten Kranbaureihe, die sich speziell beim Umsetzen von Maschinen bewährt und die mittlerweile 40 t Traglast erreicht hat.

J. E. Valla in Calendasco bei Piacenza präsentiert 1967 den elektrisch betriebenen 30B-Hofkran mit 3 t Traglast. Hub- und Antriebseinheit sind über ein Gelenk miteinander verbunden (Bild 264). Der Triebkopf, auf dem der Fahrer sitzt, kann zu jeder Seite um 90° schwenken, was dem Kran eine enorme Manövrierfähigkeit beschert. Diese Tatsache und die Eigenart, mit sehr schweren Lasten verfahren zu können, prädestinieren ihn für Betriebsumzüge und Kranarbeiten unter extrem beengten Verhältnissen, wo es nicht auf schiere Hubhöhe ankommt. Diese Konstruktion bleibt typisch für diesen Anbieter, der seine vorwiegend elektrisch betriebenen Krane heute mit Traglasten bis 40 t anbietet. Der erste V-Kart besteht aus einem um 220° schwenkbaren Triebkopf, an den zwei mit Rädern bestückte Arme montiert sind, welche dem Gerät Stabilität beim Aufnehmen der Last geben. Carlo Raimondi befaßt sich ab 1967 mit Turmdrehkranen in Katzauslegertechnik (Bild 265), die bei allen großen Straßen- und Hochbauprojekten in Italien zum Einsatz kommen.

Und nördlich der Alpen? In der Mozartstadt Salzburg übernimmt der 23jährige Hubert Palfinger den elterlichen Betrieb

Bild 263: Franco Fassi baut 1965 seinen ersten Ladekran. Es ist der T 3 mit 4,8 m Reichweite und 6 mt Lastmoment. Hier auf einen OM-Pritschenwagen montiert.

und treibt die Spezialisierung auf Lkw-Ladekrane voran. Ab 1966 fertigt er die ersten Krane in Serie, was sich natürlich auf die Gestehungskosten günstig auswirkt und zu deren Verbreitung beiträgt (Bild 266). Erste Erfolge erzielt er auf den auch künftig wichtigen Exportmärkten Schweiz und Frankreich, wo verschiedene Industrien die Krane nachfragen. Auch Ormig besinnt sich Ende der 60er Jahre auf die Teleskoptechnologie und

Bild 266: Der Palfinger SK 71 KA von 1969 mit 7-mt Hubmoment und 6 m hydraulischer Reichweite wird vor schöner Bergkulisse bedient. Trägerfahrzeug ist ein Volvo-Frontlenker.

baut den 210tg mit 20 t Traglast zu einem dreiteiligen Teleskopausleger mit 22 m Länge zusammen. Besonders erfolgreich wird der 35 t hebende 400tg mit seinem 30-m-Ausleger (Bild 267), der von der großen Unterwagenkabine aus bedient wird. Beim Unterwagen achtet man auf Großserienkomponenten aus dem Lkw-Bau.

Erstaunlicher Herstellerreigen in England

Ja und England, da wo viele findige Köpfe oft unter seltsamen Umständen Baumaschinen entwickeln…? Zwangs-

läufig landen wir zunächst bei Coles. Bob Lester, der seit 1935 als Konstruktionschef bei diesem wichtigen Hersteller die Fäden zieht und der als Experte für dieselelektrischen Antrieb gilt, stellt jede Menge junger und unkonventioneller Ingenieure in Sunderland ein. Zusammen mit den Entwicklern bei Taylor arbeiten sie an neuen Kranen und präsentieren als Ergebnis ihrer kongenialen Bemühungen 1962 den Taylor Jumbo Speedcrane, der wenig später als Coles Hydra auf den Weg gebracht werden soll. Die beiden Taylor-Produktfamilien der Serien 42 mit Allradantrieb sowie die

165

Bild 265: Der GK 2000 von Raimondi aus dem Jahr 1964 hat einen 35 m
langen Katzausleger und hebt maximal 6 t. Dieser Hochbaukran ist
seit 1960 im Programm.

Bild 268: Der Taylor Series 50 wird 1962 zum-Coles Speedcrane weiterentwickelt und-legt als Coles Hydra-10T den Grundstein für-die Teleskopkrane der Neuzeit.

Baureihe 50 (Kran für allgemeine Arbeiten, Bild 268) erwecken in Fachkreisen Aufsehen. Zunächst werden drei Typen mit 6,3; 7,2 und 9,9 t vorgestellt. Vorderradantrieb und Hinterradlenkung machen diese Krane, deren Besonderheit eine am Unterwagen montierte Kabine

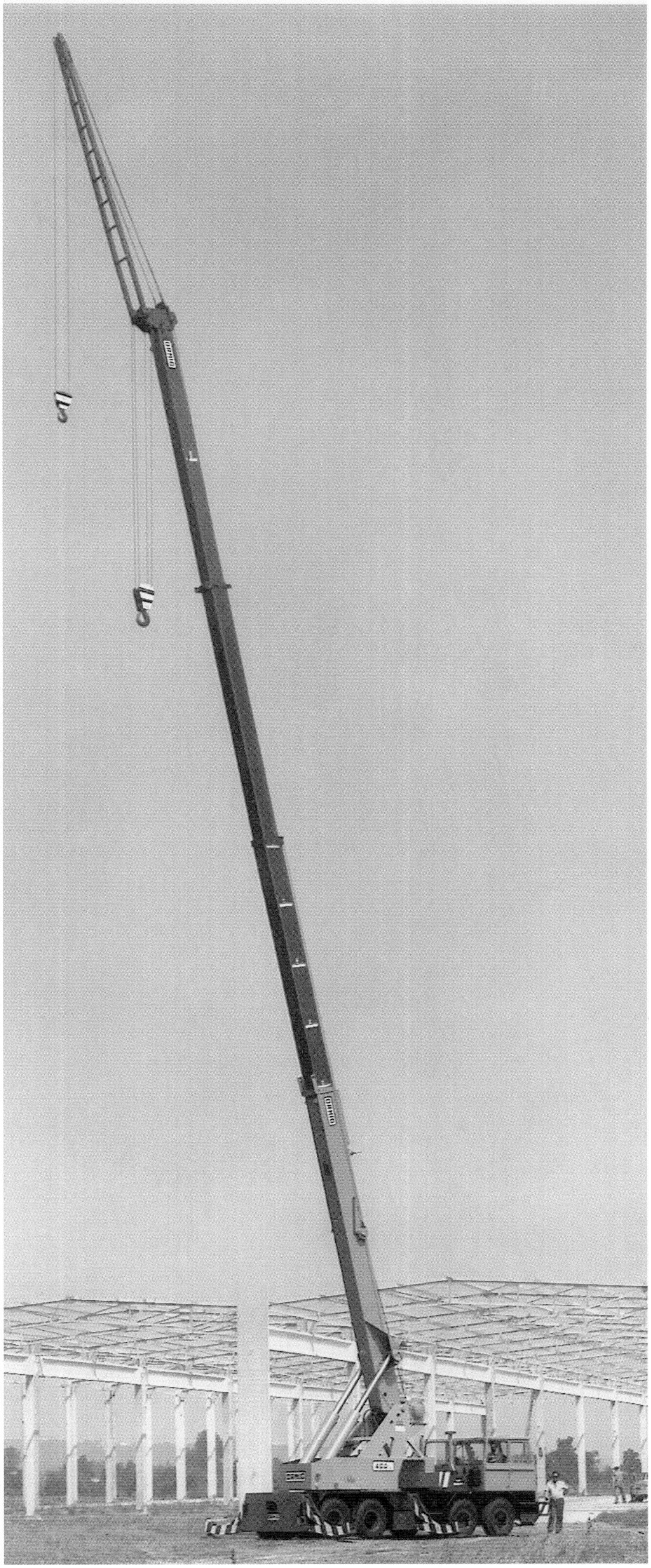

Bild 267: 35 t hebender Ormig 400tg mit vierteiligem 30-m-Ausleger. Der Bediener sitzt in der großen Unterwagenkabine. Beim Unterwagen verwendet der Hersteller Großserienkomponenten aus dem Lkw-Bau.

90-t-Grenze erreicht, aber nicht mit Teleskopkranen. Ab 1966 beginnt Coles in der von Taylor übernommenen Fabrik in Glazebury mit der Produktion von Geländekranen, die an die Taylor-Erfolge aus den 50er Jahren anknüpfen. Die Auslegerschüsse teleskopieren synchron, eine Technik, welche von Bergbaumaschinen aus dem Taylor-Programm der 50er Jahre entlehnt wird. 1967 wird, basierend auf amerikanischen Vorbildern, der mit einem 4x4-Chassis bestückte RT-Kran Hydra Husky mit Allradlenkung auf seine vier großvolumigen Geländereifen gestellt. Parallel dazu schreitet die Entwicklung der Gittermastkrane voran – der 90 t hebende Coles-Centurion (Bild 269) beeinflußt die Montage von Großprojekten erheblich.

Babcock & Wilcox fertigen im schottischen Dalmuir in Lizenz einige Raupenkrane von Marion, darunter die Typen 45, 47 und 51MB, die als Kran, Ramme, Bagger und Schleppschaufelbagger angeboten werden. Der 47MB-Raupenkran kann in der Special Lifting Crane-Version (Bild 270) mit Hauptauslegern bis 51,8 m bestückt werden. Angetrieben wird der 36 t hebende Kran von einem Rolls Royce C4NFL-Dieselmotor. Gelegentlich werden die Oberwagen auch mit Mobil-Unterwagen kombiniert (Bild 271).

Die zu Lancer-Boss in Leighton Buzzardd gehörende Tunny Cranes Ltd. baut einen 3 t bei 2 m Ausladung hebenden Lkw-

Bild 270: Babcock Marion 47MB mit 24-m-Hauptausleger und 10 m langer Spitze. Hier beim Bau eines Verwaltungsgebäudes in Gosport, Hantshire. Der in England lizenzgefertigte Kran hebt bis zu 36 t.

Bild 269: Mit 90 t Traglast markierte der Centurion die oberste Leistungsklasse. Hier in einem Trippelhub bei der Montage eines Kamins.

ist, zu wahren Universalisten. Im Mai 1966 wird der Coles Hydra 10T erstmals der Öffentlichkeit präsentiert, die ihn begeistert aufnimmt. 200 verkaufte Einheiten zeugen von einem schnellen Erfolg. 1968 erreichen die Hydra-Krane 27 t Traglast. 1972 wird die magische

Bild 271: Rarität: Babcock-Marion 47 WBS auf Coles-Carrier. 51 m Hauptauslegerlänge und 40 t Hubkraft sind die wichtigsten Merkmale. Coles verkauft nie einzelne Fahrgestelle. Es kann sich daher nur um den Umbau eines verunfallten Kranes oder eine seltene Kombination auf Kundenwunsch handeln.

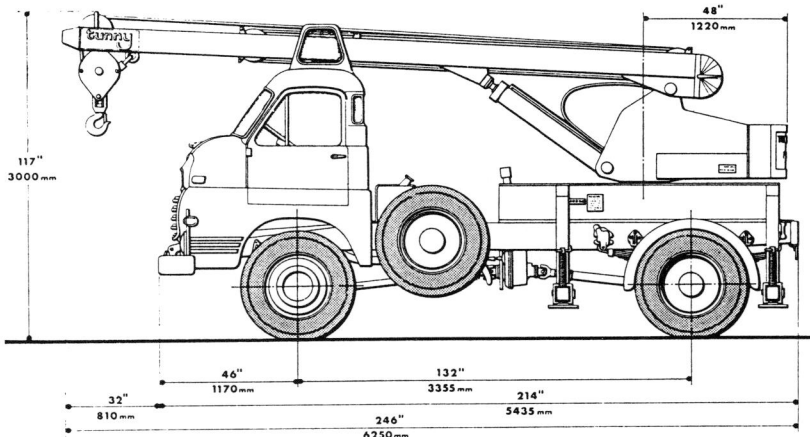

Aufbaukran, der sich auf sonst vom englischen Militär verwendeten Bedford-Chassis mit 4x4-Antrieb sehr gut macht (Bild 272). Der mit einem zweiteiligen Ausleger bestückte Kran wird vom Fahrerplatz per großer Dachkanzel bedient.

In England verstärkt das schreckliche Kranunglück bei Brent Cross die Diskussion um Sicherheit und Unfallverhütung. Was ist geschehen? Ein Gittermastkran bricht mit angehobener Last zusammen, diese stürzt in die Tiefe und begräbt einen voll besetzten Bus mit Urlaubern unter sich. Sieben Tote und 27 Verletzte sind zu beklagen. Lastmomentbegrenzer, Überlastwarneinrichtungen, Windmesser und Untergrund werden einer genauen Prüfung unterzogen. Die LMB-Systeme werden nun weitgehend automatisiert und in die Lage versetzt, permament alle Lastzustände des Kranes zu überwachen. Bei Überschreiten der jeweiligen Grenzwerte sind nur noch

lastmomentverringernde Bewegungen möglich. Ausleger lassen sich nicht mehr ab-, sondern nur noch aufwippen, damit die Last näher an die Kippkante kommt. Doch schnell zurück zur eigentlichen Materie.

Ein weiterer typischer Kran aus England, der Iron Fairy, wird in diesem wechselvollen Jahrzehnt geboren. British

Bild 272: Die Lancer-Boss Gruppe soll mit Gabelstaplern berühmt werden, der Tunny-Kran ist jedoch ein interessantes Hebezeug aus der Mitte der sechziger Jahre. Am 24 m langen Ausleger werden bis zu 3 t gehoben. Bemerkenswert ist die Steuerkanzel auf der Lkw-Kabine.

Hoist & Crane aus Compton Berkshire macht im kleinen Kransegment im wahrsten Sinne des Wortes „mobil": Der Iron Fairy Six mit 5,4 t Traglast und den beiden charakteristisch V-förmig geneigten Wippzylindern und seinem dreischüssigen Teleausleger erweist sich als vernünftiger Kleinkran (Bild 273). Angetrieben von einem 5,1-l-Newage-Diesel mit 82 b.h.p. (British Horse Powers) gehört die „eiserne Fee" schnell

Bild 273: Der wendige Iron Fairy hebt 5,4 t und kann auf Wunsch mit einer 175 £ teuren Fahrerkabine ausgerüstet werden. Dieses Geld investiert der Betreiber der „eisernen Fee" gern zum Schutz der Fahrer.

zum gewohnten Bild vieler Betriebe. Es folgen die größeren Typen Garnet (360°-Ausleger-Schwenkbereich) und der mit einem echten Geländechassis versehene Cairngorm.

Bild 274: Hydrocon Highlander von Lambert in Transportstellung. Fuß- und Kopfstück sind nach hinten abgeklappt. Ein kleiner Hilfskran lädt die Ausleger-segmente ab.

Im schottischen Glasgow macht sich Lambert Engineering Co. um das Jahr 1964 herum Gedanken, einen kleinen Gittermastkran zu konstruieren, der mit seinem gesamten Ausleger zur Einsatz-stelle fahren kann. Oft sind bei bisher bekannten Kranen mehrere Lastwagen oder Sattelzüge notwendig. Sie trans-portieren die zu dieser Zeit noch nicht ineinanderschiebbaren Auslegerschüsse zeit- und kostenaufwendig. Der klei-ne Zweiachser „Highlander" hat einen 22,5-m-Gittermast, dessen Einzelelemen-te während des Straßentransportes auf dem Oberwagen verstaut werden (Bild 274). Mit einem kleinen Hilfskran am Oberwagen sowie dem Fuß- und Kopf-stück, die fest am Oberwagen verblei-ben, ist schnell ein universell einsetz-barer Kran mit Traglasten bis zu 5,4 t errichtet.

Es gibt auch englische Turmdrehkrane. Henry Cooch & Son Ltd. aus Borough Green nimmt deren Fertigung neben der Produktion kleiner mobiler hydrau-lischer Teleskopkrane auf. Die selbstauf-stellenden untendrehenden Turmdreh-krane (Bild 275) kann ein Land Rover zur Baustelle ziehen. Dort angekommen, sind sie in kürzester Zeit „fit" für den ersten Hub. Anfang der 80er Jahre wird

Bild 275: Cooch Turmdrehkran 60/30 für maximal 18 m Hubhöhe und 18 m Reichweite. Der kleine Katzausleger-kran hat einen dieselhydraulischen Antrieb, der ihn von stationärem Baustrom unabhängig macht.

die Produktion aufgrund übermächtiger Konkurrenz aus dem Ausland eingestellt. Zweiachsige Hof- und Lagerplatzkrane mit bis zu 3 t Traglast bewähren sich dagegen als universelle Helfer bis heute (Bild 276). Das Unternehmen fertigt noch immer verschiedene Kleinkrane, die primär in der Landwirtschaft zum Handling von Dung benötigt werden.

Newton Chambers aus Sheffield übernehmen 1968 die unternehmerische Führung bei Ransomes & Rapier. Als Folge firmiert dieser traditionsreiche Hersteller nun als NCK-Rapier. Dem Unternehmen geht es nicht gut. 1972 wird die Schließung des Werkes in Ipswitch beschlossen. Sie kann nur durch die Übernahme der Muttergesellschaft (NCK) durch den finanzstarken neuen Gesellschafter Central & Sherwood rückgängig gemacht werden.

Der hydrostatische Antrieb kommt – aus Frankreich

In Frankreich entwickelt Pinguely zum Antrieb von Mobilkranen den hydrostatischen Antrieb zur Einsatzreife. Dabei treibt der Motor eine oder mehrere Hydraulikpumpen an, die Öl mit Drücken bis zu 300 bar direkt an den anzutreibenden Komponenten (Fahrmotoren, Schwenkwerk, Winden) und angeflanschten Hydromotoren verteilen. Besonderheiten sind die feine Regulierung der Motordrehzahl, die sehr gleichmäßige Drehmomententfaltung und die einfache (nur Schläuche) Verbindung von Pumpe zum Motor. Als Windenantrieb wird sich das hydrostatische Verfahren in allen verbrennungsmotorisch getriebenen Kranen durchsetzen. Fallweise wird sogar mit hydrostatischen Fahrantrieben experimentiert. Diese bleiben aber lange Zeit den langsamen selbstangetriebenen Schwerlasttransportern vorbehalten.

Was gibt es sonst noch spannendes aus Frankreich zu berichten? Zunächst die Geburt eines weiteren Kranherstellers. 1966 wird PPM gegründet. Das Kürzel steht für Potain Poclain Matériel. 1968 wird der 18.01 Mobilkran mit Gittermast vorgestellt (Bild 277). Er unterscheidet

Bild 278: Zusammenlegbarer Potain-Untendreher mit luftbereiften Transportachsen.

schen Kolonien und weit darüber hinaus bewähren. Diesem Kranhersteller steht eine wechselhafte Zukunft bevor. Bereits vor der Gründung rüstet Poclain Hydraulikbagger zu Kranen mit Gittermastausleger um. So etwa den T.Y. 45 (Mobil) und den TC 45 (Raupe).

Der Baumaschinenhersteller Richier steigt ebenfalls vehement in das Geschäft mit Turmdrehkranen (obendrehende Katzausleger) ein. Importeur für Deutschland ist Demag. Die Werbespezialisten drängen mit dem Slogan „Deutschland entdeckt die Laufkatzausleger" in den Markt.

Potain hat selbstaufstellende kleine Untendreher ab 1968 im Programm: den 209 A1 RV, 210 A RV und den 215 A RV (Bild 278). Ein Jahr zuvor werden von diesem Anbieter für die Typen 214 B und andere luftbereifte angetriebene (!) Fahrwerke vorgestellt, die einen Ortswechsel des ballastierten Turmdrehkranes auf der Baustelle, befestigten Boden vorausgesetzt, erleichtern. Eine pfiffige Idee, um sich von den Schienenanlagen zu lösen.

Bild 277: 1968 wird PPM von Poclain und Potain gegründet und steigt bald in die Mobilkran-Produktion ein. Hier der 18.01 mit 4x4x4-Unterwagen, in dem der Motor am Heck montiert ist.

Bild 279: Der Boilot 75-30 von 1968 stellt sich selbst auf, sein Ausleger berührt während der Montage den Boden nicht. Bei 11,85 m Ausladung hebt der kräftige Kran 8 t.

sich durch den verstärkten Einsatz von Hydraulikkomponenten von den bisherigen Potain-Mobilkranen. Bald folgen Gittermastkrane auf Spezial- und Lastwagenfahrgestellen sowie RT-Krane, die sich auf Baustellen in allen französi-

H 1500 für 150 t Traglast. Der weit nach hinten gestreckte Oberwagen dieser Mobilkrane ist mit zusätzlichen Radsätzen am Erdboden abgestützt (Bild 281). Der Oberwagen fährt also gewissermaßen im Kreis um den Unterwagen herum. Vorteil dieser Konstruktion ist die erheblich verbesserte Verteilung der Stützkräfte in die vier Kranabstützungen, denn die Stützdrücke verteilen sich gleichmäßiger auf die vier Abstützungen und begünstigen das Arbeiten auf weniger tragfähigen Böden.

Deutschland: Teleskop- und Gitterausleger ragen parallel in den Himmel

In Deutschland ist die Zahl der Kranhersteller fast unüberschaubar groß geworden. Fast jeder, der mit Stahl, Motoren und Schweißgeräten umzugehen weiß, fertigt Krane – und wahrlich nicht die schlechtesten, obwohl zwangsläufig nicht jeder Hersteller überleben wird. Außerdem nimmt die Importtätigkeit zu. Demag importiert Richier-Turmdrehkrane, Klöckner-Ferromatik bietet Valla-Krane aus Italien an, und viele andere ausländische Hersteller tragen sich mit der Gründung eigener Niederlassungen zur direkten Marktbetreuung. Diese verkaufen dann direkt oder über angeschlossene Händler – beides Verfahren, die über Jahre heiß diskutiert und oft gegeneinander ausgetauscht werden.

Boilot (Bild 279) dringt mit Geräten, wie dem BP 75-30 (22 m Höhe, 30 m Ausladung) in das rasch wachsende Segment der Selbstaufsteller vor. Zugleich gibt es in Frankreich Lizenznehmer ausländischer Hersteller. Tramac fertigt in Lizenz von Warner & Swasey Teleskopkran-Oberwagen, die mit belgischen Mol-Fahrgestellen (Bild 280) kombiniert werden. Der gleiche Hersteller ist auch ohne Lizenzen aktiv, und zwar mit den 1969 vorgestellten hochinteressanten mobilen Gittermastkranen H 303 (65 t) und

Bild 281: Tramac H 303 Gittermast-Mobilkran für 65 t mit speziellem Oberwagen, der von zusätzlichen Radsätzen abgestützt wird.

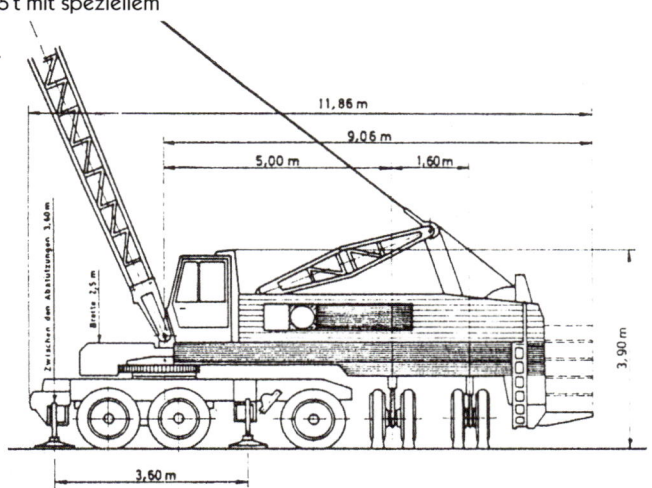

Bild 282: Fuchs 400K mit 12-m-Hauptausleger und 8-m-Spitze. Dank hydraulischer Windensteuerung ist ein sehr feinfühliges Arbeiten möglich. Gut zu erkennen ist der Hydraulikzylinder zum Abklappen des Hauptmastes bei Straßenfahrt (siehe Bild 283).

1961 startet Johann Tirre in Bad Zwischenahn mit der Fertigung von hydraulischen Lkw-Ladekranen, die 1963 in Serie gehen. Man hat zuvor Erfahrungen mit dem Bau von Landmaschinen und anderen Produkten wie etwa Pumpen gesammelt, deren Fertigung bis Ende der 60er Jahre zugunsten der Kranfertigung aufgegeben wird. Neben den Standardprodukten werden künftig auch Proviantkrane für Schiffe, stationäre Krane und Sonderkonstruktionen angeboten.

1962 stoßen die Konstrukteure von Fuchs in stärkere Leistungsklassen vor. Auf der 62er Bauma werden die Mobilkrane Fuchs 400 (4,6 t bei 16-m-Ausleger) und 500 (bis zu 10 t Traglast) vorgestellt (Bild 282/283). Allradantrieb, hydraulische Vierpunktabstützung, Überlastwarneinrichtung und bis zu vier Winden zeigen deutlich: Dies sind echte Krane, die mit Hilfsauslegern „richtig" hoch und weit kommen.

... Wippseile angezogen, die Abstützungen hochgeklappt und, per eigener Achse oder an einen Lkw angehängt, geht es auf die Reise.

Mitte der 60er Jahre beginnt in Deutschland eine ernste Rezession, gefolgt von einem Boom bis Anfang der 70er Jahre. 1972 setzt der Ölpreisschock dem Wachstum ein jähes Ende, die Bilder von verwaisten Fernstraßen und pferdegezogenen Autos in den Innenstädten an den autofreien Sonntagen bleiben für immer vor dem geistigen Auge einer Gesellschaft, für die Mobilität und rasche Orts veränderung unverzichtbar schienen.

Doch sehen wir uns jetzt einmal genauer bei Zemag in Zeitz in Ostdeutschland, der DDR, um. Das Unternehmen wurde 1855 von Ludwig Lange und Hermann Schaede als Zeitzer Eisengießerei und Maschinenfabrik Schaede & Co. gegründet. Man beginnt neben dem Anlagenbau, der vornehmlich Brikettfabriken hervorbringt, auch Krane zu bauen. Zunächst jedoch wird der Universalbagger UB 162 vorgestellt. Auf seiner Konstruktion basiert der 1967 vorgestellte Raupendrehkran RDK 250 mit 25 t Traglast. Ihm werden in den nächsten Jahren mehrere dieselelektrisch angetriebene Geräte zur Seite gestellt. Das Zemag-Raupenkranprogramm (Bild 284) umfaßt zum Ende des Jahrzehnts Maschinen von 16 bis 63 t Traglast. Bis 1990 werden 16.000 Einheiten gebaut. Wichtigster Markt ist zwangsläufig die Sowjetunion.

Bild 284: Zemag aus Zeitz stellt bis 1967 eine Raupenkran-Reihe bis 63 t vor. Hier der RDK 280 mit kurzem Hauptausleger und 5-m-Hilfsausleger. Ein 74-kW-Motor treibt den äußerst beliebten Kran an, der mit drei Auslegervarianten geliefert wird.

Takraf, für die Vermarktung und den Export vieler wichtiger DDR-Hebezeuge verantwortliche Exportorganisation, ist in der Lage, jedes am Bau benötigte Hebezeug anzubieten. Das Programm reicht vom Bockkran für Werften bis hinunter zum kleinen ADK 125 Autokran. Mitte der 60er Jahre hat man die wohl führende Position bei großen Eisenbahnkranen inne, obwohl es auch in den USA, England und Deutschland sehr ernste Wettbewerber gibt. 1967 entsteht ein EDK 750 (EDK = Eisenbahn-Drehkran), dem fünf Jahre später ein weiteres Exemplar, beide für die Deutsche Reichsbahn bestimmt, folgt. Die dieselelektrisch angetriebenen Krane verfahren auf zwei je dreiachsigen Drehgestellen und heben bei 6,1 m ab Drehmitte 125 t, bei 14 m immerhin noch 36 t. Ein luftgekühlter 12-Zylinder-Dieselmotor treibt einen 160-kVA-Generator an, der dann Hydraulikpumpen und Hubwinde mit Kraft versorgt. 1967 wird vom VEB Kirow, den Herstellern der Eisenbahnkrane, der EDK 1000/1 mit 1.120 mt Lastmoment hergestellt. Der baut außerdem sehr erfolgreiche mobile Gittermastkrane unter der Typenbezeichnung MDK (Mobiler Dreh-Kran), die auf vielen DDR-Baustellen anstelle von Turmdrehkranen arbeiten.

Doch zurück zu den straßenmobilen Kranen. Waren wir bis jetzt der Meinung, Coles sei ein rein britischer Hersteller, so muß dieser Eindruck nachdrücklich revidiert werden. In keiner

offiziellen Chronik taucht das etwa um 1960 eröffnete Coles-Werk in Duisburg auf: Der „Krabbenkamp" in Duisburg ist 20 Jahre lang eine wichtige Adresse für kransuchende Unternehmen. Die Hebezeuge des neben P&H und Grove führenden Herstellers werden in Deutschland zunächst vom Handelshaus Stinnes importiert. Dann entschließt sich H.W. Heyer, ehemaliger Vertriebsmitarbeiter von Stinnes, die Sache in die eigene Hand zu nehmen. Vermehrt müssen Kits (Bausätze) nach Deutschland eingeführt werden, um Strafzölle zu umgehen. Aus der Kit-Montage entsteht bis zur Auflösung des Werkes im Jahr 1980 eine recht große Fabrik von Coles, welche die größten Gittermastkrane dieses Herstellers und vor allen Dingen sehr leistungsfähige Tele-Krane hervorbringt. Coles

Bild 285: Coles LH 35 aus deutscher Fertigung bei der Montage von Betonbindern. 35 t Traglast und ein 36-m-Ausleger machen den mit zwei Deutz-Motoren ausgerüsteten Telekran zu einem State-of-the-Art-Gerät.

hält bis zur Entwicklung der Teleskopkrane am dieselelektrischen Antrieb fest, danach wird der Antrieb konventionell: Motor, Pumpenverteilergetriebe, Hydropumpe und Hydromotor am Verbraucher angeflanscht. Für die Statik der deutschen Coles-Krane zeichnet Prof. Spitzer von der TU Hannover verantwortlich. Er dimensioniert viele seiner Konstruktionen so kräftig, daß ein 35-Tonner ohne weiteres die Arbeiten anderer 70-Tonner übernehmen kann. Aber die Krane sind recht schwer und machen bei der Straßenzulassung oft Probleme. Ein typischer Vertreter ist der LH 35 (Bild 285) mit Fünffachfahrgestell, 36-m-Teleausleger und 35 t maximaler Traglast. Er kann 8 t unter Last teleskopieren – ein Feature, das mehr und mehr von anderen Anbietern auch geboten wird, möchten die Betreiber doch verständlicherweise mit dem Teleskopausleger Lasten in Öffnungen hineinreichen und ihn generell unter Last ein- und ausfahren.

Im Dortmunder Kranwerk von P&H (Lizenznehmer Rheinstahl Brückenbau Union) entstehen die Geländekrane R 150, R 180 und R 200. Sie sind typische Baustellenkrane mit Traglasten bis etwa 20 t. Alle Anbieter dieser Geräte, dazu zählen unter anderem Pettibone, Galion, Warner & Swasey, Coles/Taylor, P&H, bestücken ihre nur mit einer Kabine am Unterwagen versehenen Krane mit zwei einzeln mit EM-Reifen bestückten Achsen. Dank Allradantrieb und -lenkung kommen sie auch abseits der Straße gut voran. Mit nach hinten gelegtem Ausleger dürfen diese Krane in den meisten Ländern am Straßenverkehr teilnehmen. Die ungefederten Achsen verhindern jedoch die Ausnutzung der theoretisch möglichen Höchstgeschwindigkeit von 40 km/h. Dennoch, sie sind erste Geländekrane mit einigermaßen guten Straßenqualitäten. Über 1.000 dieser vielseitigen Hebezeuge werden im Dortmunder P&H-Werk gebaut.

Dem in der gleichen Stadt ansässigen Full-Liner O&K gefällt das Konzept. So wird der P&H R 200 von O&K als R 210 nachgebaut und findet in rotweißem Lackkleid seine Freunde (Bild 286). In einer Festschrift zur Vorstellung des Omega S 35 wird hierzu von Heribert Wiedenhues, dem Geschäftsführer in Dortmund, nicht ohne Stolz vermerkt: „...die ersten Krane aus europäischer

Bild 286: Links der R 200 von P&H, rechts der von O&K in Lizenz gefertigte R 210. Diese Krane sind die Vorboten der AT-Krane, denn sie sind geländegängig und können auf eigener Achse den Einsatzort wechseln.

Bild 287: O&K M 3 (LS 041) mit 22-PS-Deutz-Motor und 3,5 Traglast bei 2,8 m Ausladung. Die maximale Auslegerlänge beträgt 8 m.

Fertigung, die auch den entgegengesetzten Weg nach Amerika antreten." Die Krane dienen bei O&K zur Komplettierung der mobilen Gittermastkrane wie etwa dem LS 151b, der 10 t hebt und mit gekröpftem Gittermast mit 20 m Rollenhöhe angeboten wird. Der 5,45 t hebende M 4 von 1963 ist ebenfalls ein erfolgreicher mobiler Kleinkran auf Basis eines Bagger-Unterwagens (Bild 287).

Zu dieser Zeit ist O&K neben Wilhag einer der wichtigen Ausrüster für das Heer. Modifizierte ALF-Krane werden auf hochgeländegängige Faun-Unterwagen montiert (Bild 288). Krane von Link Belt, Lorain, Kässbohrer, Wilhag, Gottwald und Demag werden fast ausschließlich in Deutschland auf die blattgefederten Faun-Fahrgestelle aufgebaut, da diese den deutschen Straßenzulassungs-

Bild 288: O&K ALF 2/13 für 13 t (abgestützt) auf Faun-Fahrgestell LK 1212/485 A mit Allradantrieb und 12-Zylinder Deutz-Vielstoffmotor.

bedingungen deutlich besser entsprechen als überbreite und -schwere US-Fahrgestelle. Auch Sennebogen, Eder, Bavaria, Demag-Zug, Bauscher, Bischoff, Wilhag und Weserhütte sind Mitte der 60er Jahre mit kleinen Aufbaukranen, die auf Lkw-Fahrgestelle, Schiffe, Pontons und Podeste montiert werden, aktiv. 1968 stellt Gross sogar einen kleinen Autokran vor, dessen Gitterausleger gegen einen Teleskopausleger ausgetauscht werden kann. Ein Prinzip, das Ende der 80er Jahre von Liebherr beim Großkran LTM 1800 in leicht abgewandelter Weise wieder aufgegriffen wird, freilich in der 800-t-Klasse. Stellvertretend für die vorgenannten mobilen Heber, die mit 60 km/h den Einsatzort wechseln können, sei der Bauscher Autodrehkran mit 14t erwähnt, der von einem 154-PS-Henschelmotor angetrieben wird und einen bis 21 m verlängerbaren Ausleger sein eigen nennt (Bild 289). Kässbohrer stellt 1966 den KS 80 für 40 t vor, der sowohl auf Zweiachs-Sattelaufliefer wie auch auf vierachsige Fahrgestelle aufgebaut werden kann.

Bild 289: Mit Anlehnungen aus dem Tierreich gespickte Anzeige für den Bauscher-Kran aus Miltenberg am Main. Schnelligkeit, Einmann-bedienung und Sicherheit werden als

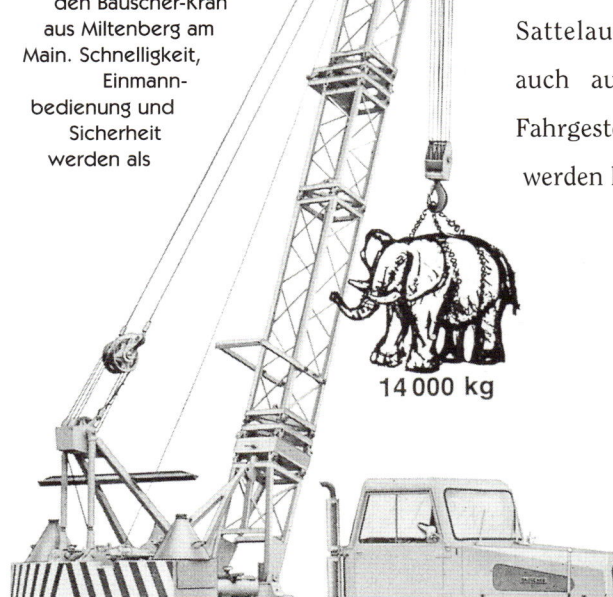

14 000 kg

Teleskopkrane kommen mit Macht

Krupp-Ardelt, man firmiert so seit der Ardelt-Übernahme in 1963, präsentiert zur gleichen Zeit seine ersten schnellfahrenden Mobilkrane mit Teleskopausleger unter der Bezeichnung 3 G und 6 G mit 3 und 6 t Traglast (Bild 290). Bald darauf existiert eine komplette Mobilkranreihe vom 9GT bis zum vier/fünfachsigen 50 GMT. Auf der Hannover Messe wird der erste 40 t hebende Teleskop-Eisenbahnkran vorgestellt, der anschließend von der DB übernommen wird. Weitere Maschinen mit 45 t Traglast für Bau- und Bergearbeiten folgen in größerer Stückzahl in den nächsten Jahren. Gottwald meldet sich mit dem 18-t-Telekran AMK 45 eindrucksvoll im Telekransegment. Seit 1964 werden diese

Bild 290: Krupp-Ardelt Mobilkran 6 G in Arbeits- und Fahrstellung. Ein 78 PS starker Deutzmotor treibt den 12,6 t wiegenden Kran mit futuristischer Kanzel an.

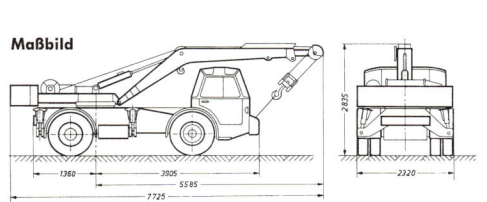

Maßbild

Maschinen entwickelt, 1965 wird der erste Prototyp getestet, ab 1966 erfolgt die Auslieferung der Seriengeräte (Bild 291), die bald Traglasten bis 55 t (AMK 75) erreichen und den damit bisher leistungsfähigsten Telekran, den Grove TM 425 T, von seinem Sockel heben. Parallel

der erste 500-Tonner. Gebaut werden die großen Gittermastkrane bei Krupp und Demag.

Bei den stationären Kranen liefert Krupp Ardelt 1969 für eine Werft in Belfast den bis dahin größten Kran der Welt, einen

Bild 291: Der 16 t hebende AMK 45 von Gottwald erblickt 1966 das Licht der Welt und ahnt noch nichts von seinen gigantischen Nachfahren.

dazu werden sehr starke Gittermastkrane wie etwa der AK 260 mit 220 Traglast gefertigt. Die noch größeren absockelbaren Geräte, wie der MK 600, erreichen Lasten bis 400 t und 160 m Rollenhöhe. 1969 wird in Ehingen an der Donau das Liebherr Werk Ehingen eröffnet. Die Fertigung von Hafenmobil-, Schiffs- und Fahrzeugkranen wird von Biberach in das neue Werk verlagert. Dieselelektrisch angetriebene Gittermastkrane von 35 bis 80 t sowie vollhydraulische Teleskopkrane von 25 bis 45 t sind im Angebot – insgesamt schon acht Maschinen. Die Kranvermietungsgruppe Bohne aus Bremen, wir erwähnten sie schon im vergangenen Jahrzehnt, durchbricht fast im Jahresrhythmus neue Leistungsklassen. 1964 wird ein 100-Tonner präsentiert, zwei Jahre später gefolgt von einem 200-Tonner und 1969 schließlich folgt

Bockkran mit 140 m Spannweite und 840 t Traglast (Bild 292). Schmidt-Tychsen aus Norderstedt kann zu diesem Zeitpunkt mittlerweile auf eine 50jährige Erfahrung beim Bau von Derrick-, Turmdreh- und Portalkranen für Steinbrüche, Großbaustellen und Hochbauten zurückblicken. Im Anlagenbau bewähren sich die filigranen Riesen ebenso. Der MDKr 50/23 hebt beispielsweise 50 t, hat 23 m Ausladung und einen 120 m hohen Mast. Krane wie dieser können mitten in Großanlagen, beispielsweise beim Bau der großen Hochöfen in Duisburg, postiert werden und überstreichen die gesamte Baustelle. Die Hebezeuge aus Norderstedt gelangen bis nach Tasmanien, wo ein Portalkran PK 100/25 beim Bau der Hobarth-Brücke bis zu 100 t schwere Spannbetonteile einhebt.

H & W

Turmdrehkrane: Filigrane Konstruktionen überspannen riesige Baustellen

Immer größere Ausladung, höhere Lastmomente, teleskopierbare Türme, neue Steuerungen, Klettermechanismen und schnelleres Aufstellen sind die Schlagworte der Turmdrehkranszene in diesem Jahrzehnt. Die wichtigsten Novitäten werden bei der Antriebstechnik vorgestellt. Hilgers und Peiner experimentieren in den 60er Jahren erstmals mit der komfortablen und sehr leicht regelbaren Thyristorsteuerung. Folgende Turmdrehkran-Typen sind zu dieser Zeit anzutreffen:

– Feststehender Turm mit obendrehendem Drehwerk (wenig verbreitet).

– Untendrehender Kran mit Nadelausleger und auf Biegung beanspruchtem Turm ohne rückseitige Abspannung.

– Untendrehender Kran mit Nadelausleger und von Biegemomenten entlastetem Turm mit rückseitiger Abspannung.

– Untendrehender Kran mit Katzausleger ohne rückseitige Abspannung.

– Untendrehender Kran mit Nadelausleger, rückseitiger Verspannung und Teleskopturm.

– Untendrehender Kran mit Nadel- oder Katzausleger mit Kletterturm, inklusive einem Mechanismus zum Einfügen beliebig vieler Turmsegmente.

– Obendrehender Kran mit Katzausleger.

– Obendrehender Kran mit Knickausleger.

Bild 292: Der von Krupp für eine Werft in Belfast gebaute Bockkran mit 140 m Spannweite und 840 t Traglast ist der bisher größte Kran der Welt.

Turmdrehkran-Hersteller, wie Peiner, Liebherr, Pekazett (Peschke), Boilot, Reich, Braud-Faucheux, Potain, Cadillon, Fauré, Favelle-Favco, Fives-Lille, Edilmac, Fuochi-Milanesi, Kaiser, Hilgers, Lindénkranar, Pingon, Pinguely, Raimondi, Schwing, Simma, Sumitomo, Weitz, Wetzel, Wolff, Zeppenfeld und Zremb-Famabud, tummeln sich auf dem dichtbesetzten Markt. Sie fertigen Nadel- und Katzauslegerkrane, entwickeln die Klettertechnik weiter und befassen sich zunehmend mit kleinen und leicht aufstellbaren Kranen, die sogar mit Ballast verfahren und in wenigen Stunden vor Ort montiert werden können. Motiv hierfür sind wohl auch die immer schnelleren Mobilkrane. In China gibt es mit der Xuzhou-Construction Machinery einen Anbieter für Turmdrehkrane, deren Anfänge sich etwa um das Jahr 1950 zurückverfolgen lassen. Liebherr will mit dem gewaltigen absockelbaren Form 500 (Bild 293) den Bau von Großprojekten ohne ständiges Umsetzen oder Verfahren des Kranes bewerkstelligen, eine Sonderlösung, die sich nicht durchsetzt. Der 30/40 HKL (Bild 294) von Liebherr ist der erste obendrehende Katzauslegerkran als

Selbstaufsteller. Einsetzbare Turmstücke vergrößern die Höhe. Krøll aus Dänemark stellt den untendrehenden Turmdrehkran mit Katzausleger K 44 D vor, eines der wohl erfolgreichsten Geräte dieses Herstellers. Mit Turmhöhen bis 32 m und Auslegerlängen bis 34 m (Traglast 1.300 kg) setzt er Akzente im Hochbau (Bild 295).

Bild 293: Ein Gigant ist der absockelbare Liebherr Form 500 aus dem Jahr 1964. Er ist für den Bau großer Siedlungen in Fertigbetonbauweise konzipiert und muß aufgrund seines enormen Auslegers nicht umgesetzt werden.

Bild 294: 1960 stellt Liebherr den 30/40 HKL aus Biberacher Fertigung vor. Der erste obendrehende Katzauslegerkran als Selbstaufsteller; mit einsetzbaren Turmstücken wird geklettert.

Bild 295: Der Krøll K 44D mit der Silhouette eines Nadelauslegerkranes ist tatsächlich ein Katzausleger mit bis zu 34 m Länge. Bis 18,2 m Reichweite hebt der leistungsstarke Kran 3 t.

1964 beginnt Wolff mit den Entwicklungsarbeiten für obendrehende Kletterkrane mit Laufkatzausleger unter der Typenbezeichnung WK-S-Reihe. Schließlich werden die Hochhäuser immer imposanter, und die Bauunternehmen verlangen eine adäquate Krantechnik, um Baustoffe in extrem große Höhen zu heben. 1963 ist die Entwicklung abgeschlossen und der erste Kran geht in die Schweiz. Die Turmbauweise zeichnet sich durch geschlossene Eckstiele, 4,5 m Element-

Bild 296: Wolff WK 80 S mit 30-m-Ausleger und 65 m Hakenhöhe. Der Klettermechanismus kann für mehrere Krane verwendet werden.

länge, und Schlagbolzenverbindung aus (Bild 296). Otto Kaiser beschäftigt sich zunehmend mit Obendrehern, die mit abknickbaren Laufkatzauslegern aus-

Bild 297: Typischer Kranwald Mitte der 60er-Jahre: Im Bild je zwei Liebherr Form 56 A/72, Form 45 A/55 und zwei Peiner Form 40/50.

gerüstet sind, welche das Arbeiten an Häuserkanten erleichtern. Der HBK 70.2 wird in drei Versionen geliefert: ortsfest an der Gebäudeaußenwand kletternd, auf Schienen verfahrbar und im Innern eines Gebäudes (Aufzugsschacht) kletternd.

Gebaut wird fast überall, und die für spätere Großbaustellen typischen Kranwälder gibt es schon in den 60er Jahren (Bild 297). Zu den kleineren, zu dieser Zeit aber erfolgreichen Kranherstellern zählt König. Die Selbstaufsteller, wie der K 5, werden seit 1960 angeboten und bewähren sich zu Tausenden (Bild 298). Braud & Faucheux bietet ferngesteuerte

Bild 299: Ein französischer Katzauslegerkran von Braud & Faucheux stellt sich auf. Er hebt 500 kg und hat 15 m Ausladung.

Was tut sich in Fernost?

1962 ist Tadano mit seinen hydraulischen Lkw-Ladekranen soweit. Der 2 t tragende Typ TM-2H mit einem hydraulischen Ausschub für maximal 4,1 m Reichweite beweist sich als gut zu den heimischen Chassis passender Kraftheber. Ende 1962 startet die Serienproduktion (Bild 301). Damit

ist der Grundstein für einen der stückzahlstärksten Ladekrananbieter auf dem Weltmarkt gelegt, der sich jedoch auf Japan und Fernost konzentriert. Ende August 1963 zieht sich Masuo Tadano nach 15 Jahren als Präsident der von ihm gegründeten Firma zurück. Im gleichen Jahr wird der TS-80 fertiggestellt, ein solider RT-Kran, auf dessen Technik die künftigen TL- und TG-Reihen aufbauen.

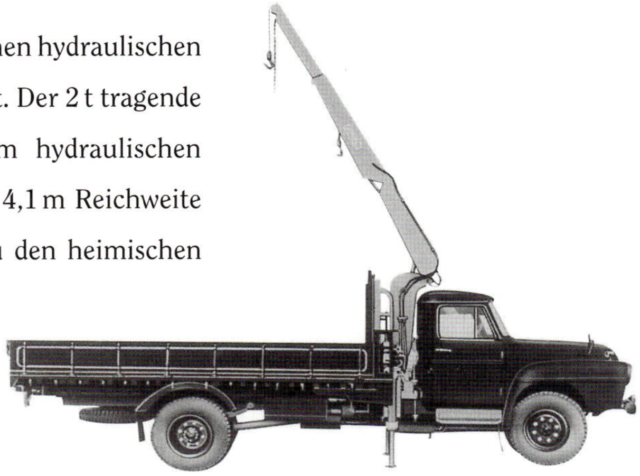

Bild 301: Der TM-2H von Tadano erleichtert in Japan ab 1962 die Lkw-Be- und Entladung. Heute ist dieser Hersteller wohl der stückzahlstärkste Anbieter des Weltmarktes.

Laufkatzkrane zur Montage auf kleinen Lkw-Fahrgestellen an (Bild 299). Die Krane haben 12 oder 15 m Ausladung und heben 400/500 kg. Ebenfalls für den schnellen Ortswechsel ist der Peschke LK 5F aus dem Jahr 1966 (Bild 300) mit Teleskopturm und Nadelausleger gedacht. Bei 13 m Ausladung hebt er 420 kg, die Rollenhöhe erreicht bei 5,4 m Ausladung erstaunliche 20,5 m. Schwenkbare Abstützungen entlasten das Lkw-Fahrgestell im Kranbetrieb. Der Hersteller Bewag baut kleine Nadelauslegerkrane zum Aufbau auf gebrauchte Lkw-Fahrgestelle. Ein typischer Vertreter ist der T 15/22 von 1969. Er hebt bei 22 m Ausladung 800 kg und erreicht 18 m Rollenhöhe. Alois Zeppenfeld, kurz Azo, aus Olpe im Sauerland soll als Anbieter derartiger Krane nicht verschwiegen werden.

Bild 298: Auf in den Bauboom, dieser Hanomag Kurier liefert einen König K 5 aus. Der Kran läßt sich für noch größere Mobilität auch auf Lkw-Chassis montieren.

Bild 300: Peschke LK 5F auf Magirus Deutz Kurzhauber. Bei 13 m Ausladung hebt der mit rückseitiger Abspannung bestückte Nadelauslegerkran 420 kg.

1967 vermeldet Kato stolz die Fertig-stellung des bisher leistungsstärksten Teleskopkranes mit 67,5 t Traglast. Kleinere Gitter- und Teleskopkrane sind auch im Programm (Bild 302). 1967 beginnt IHI-Ishikawajima-Harima Heavy Industries Co., Ltd, 1960 aus den beiden Werf-ten Ishikawajima (1853) und Harima (1907) hervorge-gangen, mit dem Bau von Con-tainerbrücken. Die erste Brücke mit 34 t Traglast wird nach Osaka an Nikon Tsuun geliefert und hat 18,6 m Hubhöhe und kann bis zu 34 m weit über die Kaimauern Container aufnehmen. Spä-ter werden Raupenkrane bis 55 t Traglast gefertigt. Sumitomo firmiert erst ab 1969 als Sumitomo Heavy Industries. Es ist ein Zusammenschluß von Uraga Heavy Industries Ltd. und Sumitomo Kikai Kogyo. Neben den Werften in Uraga und Takeaki sind nun Bauma-schinen im engen Fokus. Kobe Steel (Kobelco) hat 1964 mit der Fertigung von Gittermastkranen begonnen, nun, im Jahr 1968, wird der 9125 TC (P+H-Lizenz) mit 127 t Traglast vorgestellt – ein für derzeitige Verhältnisse echter Gigant und der größte Autokran Japans. 1969 folgen die ersten Teleskopkrane, eine sechs Maschinen umfassende Reihe mit Traglasten von 13 bis 60 t. Ende der 60er Jahre öffnet sich die japanische Wirt-schaft stärker dem Westen. 1969 erwei-tert Tadano seine Fertigungskapazitäten erneut – unter anderem wegen der Kooperation mit dem deutschen Schiffs-Ladebaum Hersteller Atlas GmbH. Dem Unternehmen geht es gut. Leider erholt sich der Firmengründer nach einem zunächst harmlos aussehenden Sturz im

Bild 302: Kato-Krane mit Gittermast-und Teleskopausleger aus den frü-hen 60er Jahren.

Badezimmer seines Hauses nicht wieder und stirbt am 1. Mai 1971 nach schweren Leiden.

Blenden wir in den relativ weit entfern-ten indischen Subkontinent, wo TIL 1962 den ersten dieselelektrisch getrie-benen 10-t-Mobilkran in Indien vor-stellt. Die Konstruktion entstammt der engen Zusammenarbeit mit dem briti-schen Kranhersteller Coles, der natür-lich an einer Lizenzfertigung in den ehe-maligen Kolonien stark interessiert ist. Das in Kalkutta ansässige Unternehmen besteht seit 1944 und hat zwischenzeitlich umfangreiche Erfahrungen im Vertrieb von Caterpillar-Erdbewegungsmaschinen gesammelt. Heute fertigt man primär Grove-RT- und Gittermastkrane für den unüberschaubar großen indischen Markt.

Letzter Schwenk nach Australien. Dort wird 1965 Linmac Pty. im westaustralischen Belmont gegründet, die sich auf knickge-lenkte Teleskopkrane mit Traglasten bis 16 t spezialisieren. Über 4.000 Maschinen der AWD-Reihe, deren größte 17 t wiegt, bis zu 14 t hebt und der nur 7,5 m äuße-ren Wenderadius aufweist, sind bis heute gebaut worden.

Hinter uns liegen zehn wild bewegte Jahre. Turbulenzen und technische Novi-täten wohin unser suchendes Auge schau-te. Krane sind, egal ob Turmdreh- oder Mobilkran, wahrhaft beweglich und flexibel geworden. Schneller Transport mit mög-lichst kompletter Ausrüstung und sogar teilweise mit Ballast sind gefragter denn je, denn der Zeitdruck auf die Anwender und Nutzer wirtschaftlicher Hebetechnik ist enorm.

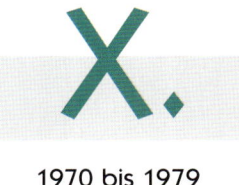
Gigantische Krane verändern
die Bauwelt nachhaltig

Soeben hat die Menschheit die Landung auf dem Mond technologisch und psychisch verdaut, da melden viele weitere Disziplinen neue Errungenschaften und Vorstöße. Die bemannte Raumfahrt ist in diesem Jahrzehnt zwar die Königsdisziplin, aber Wissenschaften, wie Mikrobiologie, Chemie und Radiologie, drängen massiv in den Vordergrund. Die USA und die UdSSR liegen im hehren Wettstreit, wer wann welche Sonde, Station und Mission zuerst erfolgreich auf den Weg bringt, wer länger im All bleibt und wer wann und vor allem wieviele Astro- oder Kosmonauten auf den Mond entsendet. Während der Amerikaner Thomas Barthel 1970 mit der Entzifferung der Inka-Schrift beginnt, erforschen Baltimore, Temin und Mizitani Enzyme und gehen der Frage nach, wie eine RNS-Struktur den Informationsfluß auf ein DNS-Molekül überträgt. Die Welt widmet sich dem Kleinen, Krankheiten werden erforscht, das Periodensystem der Elemente um neue ergänzt.

Die Hersteller von Maschinen und Anlagen beginnen zu verstehen, daß die Märkte immer globaler werden. Neben Lizenzen, die immer noch eine wichtige Rolle spielen, werden massive Vertriebsbemühungen angestrengt. Der Welthandel wächst enorm, von Mitte der 60er Jahre bis Mitte der 70er Jahre um 120%.

Riesige Geschäfte wie das Handelsabkommen Deutschland-UdSSR – Röhren gegen Erdgas – bringen die Technologie voran, beschleunigen Innovationen auch im Kranbau, wir werden es sehen, und machen den Menschen klar: Alle sitzen in einem Boot. Die einen verfügen über unermeßliche Rohstoffe, die anderen haben die Technologie, diese zu fördern, zu transportieren und zu veredeln. Die Energiekrise läßt die Nationen enger aneinanderrücken. Es wird deutlich, wie stark wir auf fossile Brennstoffe angewiesen sind. Japan ruft 1973 sogar wegen der Ölkrise den nationalen Notstand aus. Einige Staaten, darunter auch Deutschland, starten große Programme zur Förderung des Atomstroms (1973 bis 1976 6,1 Mrd. DM).

Auf Konstrukteure, Bauingenieure und auf die Kranbauer kommen wichtige Aufgaben zu. Plötzlich entsteht ein Bedarf an großen mobilen Kranen, die bisher, auch beim Brückenbau, nicht benötigt wurden. Mit Riesenschritten geht es deshalb den ganz großen Maschinen entgegen. Die Teleskopauslegertechnik setzt sich auf breiter Basis durch. Jeder Hersteller, der etwas auf sich hält (und wer tut das nicht), versucht, die Teleskopgerätetechnik bis etwa 100 t Traglast voranzubringen, darüber hinaus ist noch der Gitterausleger das Maß aller Dinge. Hochfeste

Stähle mit extremen Streckgrenzen gibt es eben noch nicht, oder wenn, nur zu unvertretbar hohen Gestehungspreisen. Klar wird, daß künftig deutsche und amerikanische Kranbauer den Weltmarkt für die am Bau befindlichen Hebezeuge zumindest technologisch dominieren werden. Mitte der 70er Jahre erleben die hydraulischen Geländekrane mit groß-volumiger Singlebereifung ihren Boom, die RT-Krane (RT = Rough Terrain). Sie starten ihren Siegeszug in den USA und in Japan und sind bald gewohntes Bild auf vielen Baustellen. Dank Allradantrieb und -lenkung sind sie wendig und kön-

nen wegen der tragfähigen Bereifung beachtliche Lasten unabgestützt lang-sam verfahren (Pick & Carry-Betrieb). Nachteilig allerdings der Umstand, daß sie meist nicht auf eigenen Rädern am Straßenverkehr teilnehmen dürfen, denn der abgesenkte Ausleger versperrt dem Fahrer – je nach Kabinenanordnung – die Sicht nach links oder rechts, was zu folgenschweren Unfällen beim Abbiegen führt und fürderhin Tieflader als best-geeignete fahrbare Untersätze für diese Maschinen qualifiziert (Bild 303).

Bild 303: Für längere Transporte müssen RT-Krane auf den Tieflader. Hier kommt ein Pettibone-RT-Kran gerade auf einer Baustelle in Chicago an.

Die RGW-Staaten bauen eigen Krane für jede Aufgabe

Unsere Zeitreise beginnen wir in diesem Jahrzehnt im größten Land der Erde, das noch Sowjetunion heißt, 268 Millionen Einwohner hat und eine Fläche von 22,4 Mio. km^2 bedeckt. Gewinnungs-, Bau- und Erschließungsprojekte brauchen Krane. Da Devisen meist für Hochtechnologien aufgewendet werden, müssen Baumaschinen selbst erzeugt werden. Im Fahrzeugbau für extreme Bedingungen beweisen die Russen, daß sie erhebliches zu leisten vermögen, denn seit 1970 ist Lunachod 1, ferngesteuert von seinen 36.000 km entfernten Überwachern, auf dem Mond unterwegs.

Es gibt in den RGW-Staaten eine aktive und vielseitige Kranindustrie. Zu tun haben die russischen Hebezeuge reichlich, beispielsweise bei Großprojekten wie dem 1971 eingeweihten größten Wasserkraftwerk der Erde mit 6.000 MW Leistung und 12 Turbinen in Krasno-

jarsk/Jenissei. Auch die 1976 aufgenommenen Bauarbeiten an der Baikal-Amur-Magistrale als zusätzliche transsibirische Bahn nötigen Respekt ab und bringen Aufträge für die heimische, aber auch für die ausländische Industrie. Der deutsche Lastwagenbauer Magirus Deutz darf 10.000 Haubenfahrzeuge in unterschiedlicher Ausführung liefern. Zemag aus Zeitz in der DDR fertigt Raupenkrane bis 63 t mit dieselelektrischem Antrieb und verkauft diese primär in die im kalten Kriege mit dem Westen befindliche Sowjetunion. Maschinoexport, zuständig für die Vermarktung russischer Hebezeuge, bietet interessante Krane an. Aufgrund ihrer Technik und der politischen Umstände sind die sozialistischen Staaten das Hauptabsatzgebiet. Größere Hubleistung, geringere Stückkosten, rationellere Fertigung, Erhöhung der Umschlaggeschwindigkeiten durch schnellere Antriebe und bessere Bremsen sowie eine ständigen Weiterentwicklungen unterworfene Ergonomie sind die primären Maximen der Russen.

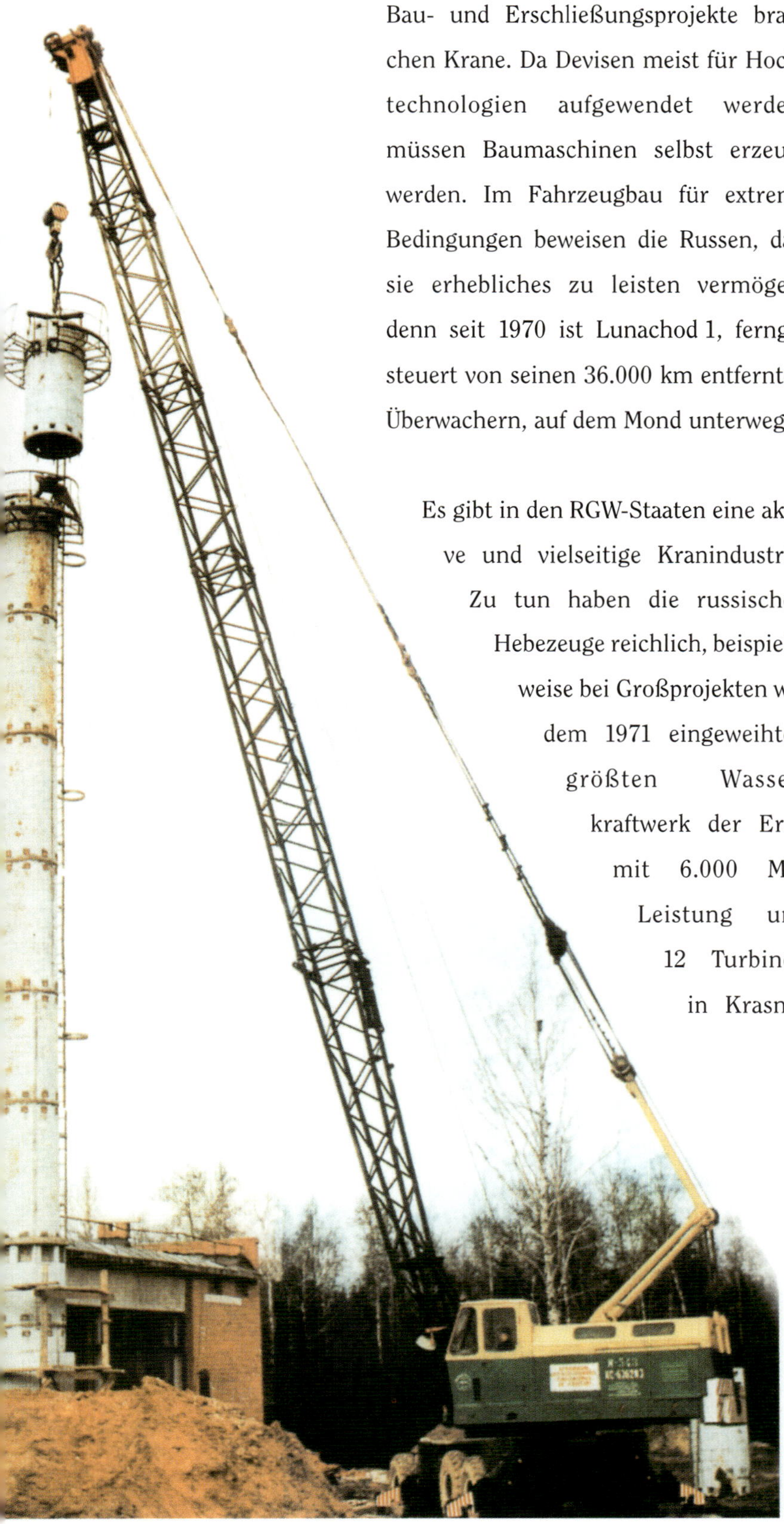

Bild 305: Der 10 t hebende KC-3571 gehört zu einer Serie von vier Maschinen. Hier ist der mit einem 14,5-m-Ausleger bestückte Kran auf ein MAZ-Fahrgestell aufgebaut.

Bild 304: Maschinoexport bietet den in Odessa gefertigten diesel-elektrischen Mobilkran KC-6362 (40 t) mit 40-m-Ausleger und 3,46 m breitem Dreiachs-Chassis speziell in den sozialistischen Ländern an.

Im 1963 gegründeten Kranwerk in Odessa (genau jenes, in welchem Liebherr in den 80er Jahren eine Kranfertigung aufzubauen versucht) werden selbstfahrende Gittermastkrane mit Raupen- und Mobilunterwagen für Traglasten von 25, 40, 63 und 100 t gefertigt. Wegen des regional weitgestreuten Kundenkreises werden die Hebezeuge in speziellen Varianten für extrem tiefe Temperaturen und für den Einsatz im Wüstenklima angeboten. Besonders die dieselelektrisch angetriebenen Mobilkrane KC-5363 (25 t, zwei Achsen) und KC 6362 (40 t, drei Achsen) erfreuen sich großer Beliebtheit. Letztgenannter kann mit Hauptauslegern bis 40 m ausgerüstet werden (Bild 304). Bei Straßenfahrt wird der Standard-15-m-Ausleger abgeklappt und der Kran verfährt mit 18 km/h. Fein abgestuft ist das Programm der hydraulischen Teleskopkrane KC-1571, KC-2571, KC-3571 (Bild 305) und KC-4571

mit Traglasten von 4; 6,3; 10 und 16 t. Aufgebaut werden sie auf die ebenfalls in der Sowjetunion produzierten GAZ-, ZIL-, MAZ- und KRAZ-Fahrgestelle.

Die rasch voranschreitende Besiedlung der unendlichen russischen Weiten mit den unausweichlichen Plattenbauten zwingt die Krankonstrukteure, auch schwere Turmdrehkrane zu ersinnen. Der in zahlreichen Varianten angebotene KB 674 (Bild 306) erreicht bis 70 m Hakenhöhe und bis zu 50 t Traglast. Der einsatzfertig bis zu 236 t wiegende Kranriese hat eine installierte Leistung von 166 kW. Thyristorsteuerung für Hub- und Drehwerk ist auch hier Stand der Technik. In der Version 674-3 werden 4 t bei 12,5 m gehoben, der Typ 674-4 hebt 6,3 t bei 25 m. Rückverspannte unterdrehende Nadelauslegerkrane, wie der C-981A für 12,5 bis 25 m Ausladung und maximaler Traglast von 8 t, ermöglichen

Bild 306: Für Hubhöhen bis 70 m und Lasten bis 25 t ist der KB-674 konzipiert. Der Kranführer gelangt mit einem Aufzug in die Kabine des Obendrehers, der bis zu 50 m Ausladung bietet.

züiges Bauen. Klettermechanismus und identische Auslegerverlängerungen entsprechen durchaus westlichem Standard (Bild 307). Der Vollständigkeit halber soll erwähnt werden, daß die Russen auch hydraulische Ladekrane bis etwa 10 t im Programm haben (Bild 308).

Bild 307: Untendrehender rückverspannter Nadelauslegerkran C-981A aus russischer Fertigung. Der Turm kann mit Zusatzelementen erhöht werden.

Für stationären Einsatz werden Portal-Umschlag-, Lauf- und Gießereikrane angeboten. Takraf bietet über ein in Düsseldorf angesiedeltes Büro des Ministeriums für Außenwirtschaft speziell die mobilen Gittermastkrane ADK 63-2 und MDK 204/404 in Deutschland an.

Europa: Fast kein Land ohne Kranindustrie

Zurück nach Europa. Hier stehen in den vor uns liegenden zehn Jahren teilweise extreme Entwicklungen auf dem Programm. Dies bezieht sich gleichermaßen auf Teleskop-, Gitter- und Turmdrehkrane. Beginnen wir unseren Rundgang auf der britischen Insel. 1970, genau

am 13. März, wird die British Crane and Excavator Corporation Ltd. offiziell in Coles Cranes Ltd. umbenannt. Ein Jahr später erblickt der 225 t hebende Coles-Colossus 6000 (Bild 309) das Licht der Welt und zeigt, was man aus clever konstruierten Stahlrohren im Auslegerbereich machen kann. Interessante Details am Rande: Die Auslegersegmente des Colossus 6000 können beim Straßentransport äußerst platzsparend ineinander geschachtelt werden und sämtliche Achsen sind zwillingsbereift. Coles, die erheblich expandieren, fertigen immer noch in Fabriken, die nicht dem Stand der Technik und veränderten Fertigungsstrukturen entsprechen. So kommt es, daß die Gebrüder Steel nach einer finanzkräftigen Verbindung Ausschau halten und diese auch finden. Schließlich hat man eine sehr attraktive Tochter zu verheiraten. Im Juli 1972 wird Coles vom britischen Mischkonzern Acrow übernommen. Ein Jahr darauf folgt die Vorstellung des Teleskopkranes

Bild 308: Der auf einen ZIL-130G montierte Ladekran 4030II hebt 4,68 t und hat 3,6 m hydraulische Reichweite.

Bild 309: 1971 stellt Coles den 225 t hebenden Colossus 6000 vor – der bisher größte in England gebaute Kran. Das kleine Bild zeigt den wenig später vorgestellten 100-t-Teleskopkran LH1000.

J.D.White Ltd. CRAN...

COLES

250 TONS

LH1000 mit 100 t Traglast (Bild 309, kleines Bild). Acrow gilt als eine der englischen Erfolgsstories. Der Konzern wird 1935 von William A. De Vigier, einem Schweizer, gegründet. Das Unternehmen wird übrigens von seinem Gründer nach Arthur Crow benannt. Der geniale

Bild 311: Rapier RT-Kran HK30 mit 28 t Nutzlast im typischen Einsatzumfeld für Geländekrane. Die Last wird vom „Anschläger" sicher für die Ablage auf dem Anhänger geführt.

Bild 310: 1976 stellt Ransomes & Rapier, seit 1968 zum NCK-Konzern gehörend, neue vollhydraulische Raupenkrane vor. Hier wird der etwa 65 t hebende Rapier-NCK Olympus in einem englischen Hafen eingesetzt.

sten bauen ebenfalls hochinteressante Hebezeuge für die Bau- und Montageindustrie. Ransomes & Rapier führt mit dem Olympus HC150 die vollhydraulische Steuerung für Raupenkrane ein, was deren Bedienung sichtlich verbessert und zumindest die technologische Marktführerschaft für kurze Zeit bringt (Bild 310). Allerdings bleiben mechanisch gesteuerte Krane im Programm, da sowohl der heimische Markt in England wie auch viele Länder in Afrika und Asien einfache und robuste Maschinen fordern. Ein Phänomen, an welchem die immer hochgezüchteteren Fahrzeugkrane speziell mitteleuropäischer Produktion künftig häufig scheitern. Vollgepackt mit Elektronik, speicherprogrammierbaren Steuerungen und sensiblen Sensoren, vermögen sie den Unbilden in arktischem oder tropischem Klima nicht zu entsprechen.

Rechtsanwalt tauft das von ihm in der Gründungsphase betreute Unternehmen „Acrow", damit es bei sämtlichen alphabetischen Aufzählungen ganz am Anfang stehen möge. Coles und auch der englische Baggerhersteller Priestman sehen sich Ende der 60er Jahre heftiger amerikanischer und japanischer Konkurrenz ausgesetzt und folgen dem Ruf von Vigier und Acrow 1972 gerne.

Andere Kranbauer aus dem Lande der hartnäckig linksfahrenden Automobili-

Bild 312: Der Marksman von Hydrocon mit hydraulischen Abstützungen, abklappbarer Verlängerung und vollhydraulischem Antrieb. Der Fahrer bedient den Kran vom Unterwagen aus.

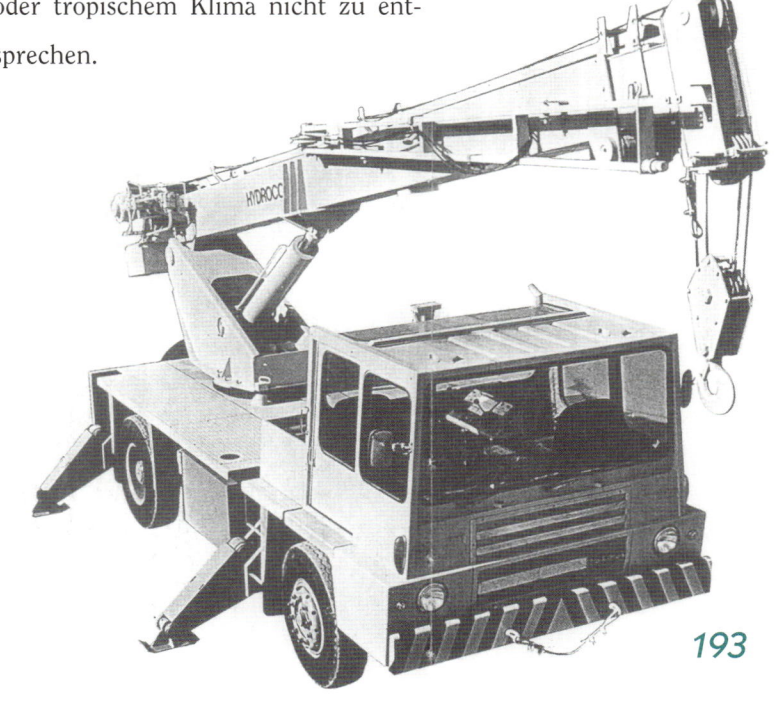

Bild 313: Der Coles Colossus 4200 Mobile Port Tower kombiniert Turm-dreh- und Gittermasteigenschaften auf seinem achtachsigen Chassis. Er wird in Dortmund gefertigt, hebt 65 t und erreicht bis 50 m Ausladung.

Die als Site-Cranes bezeichneten Rough Terrain-Krane von R & R finden gleichfalls viele Freunde. Sie werden, beginnend beim kleinen Hofkran H 7 mit 5,4 t Hubvermögen bis zum HK30 (Bild 311) mit Kabine am Oberwagen angeboten. Lambert entwickelt die Hydrocon-Krane weiter. Teleskopausleger substituieren die Gittermasten. Die vollhydraulischen Krane aus Glasgow werden mit klangvollen Namen wie Marksman (Bild 312), Clansman oder Swordsman angeboten und decken den Bereich von 6 bis 49,5 t ab. Leider überlebt der kleine Anbieter den gnadenlosen Wettkampf der Großen nicht und verabschiedet sich gegen Ende der 70er Jahre aus dem Anbieterreigen.

1976 bringt NCK-Rapier seine neuen vollhydraulisch gesteuerten Gittermast-Raupenkrane auf den Markt. Sie kommen aus dem bekannten Standort Ipswitch, wo seit der Übernahme durch Central & Sherwood ein frischer Wind weht. Unter einer neuen Geschäftsführung werden neue Produkte entwickelt und die Fertigung deutlich gestrafft. Neue Bagger, Draglines und Raupenkrane sichern fortan die Existenz dieses Anbieters – allerdings nicht sehr lange, wie sich bald herausstellen wird.

Coles holt Ende des Jahrzehnts, genau 1979 zu einem weiteren Schlag aus, nun sollen auch die Hafenbetreiber mit mobilen Kranen versorgt werden. Der Colossus 4200 Mobile Port Tower (Bild 313), englische Bezeichnung, aber in Duisburg gefertigt, ist ein echter Gigant. Auf ein 4,3 m breites achtachsiges Chassis wird ein 26,5 m hoher Turm gesetzt, an den ein bis zu 48 m langer Wippausleger montiert werden kann. Angetrieben von einem Zehnzylinder-Deutzmotor mit 217 kW, vermag er bis zu 69,2 t bei 8 m Ausladung oder 15,4 t bei 50 m Ausladung zu heben. 120 t Gegengewicht sorgen für das Einhalten des allen Kranen zugrunde liegenden mechanischen Gesetzes: Kraft x Kraftarm = Last x Lastarm.

Wenden wir uns von den großen Brocken hin zu den ebenfalls interessanten hydraulischen Lkw-Ladekranen. Palfinger aus Österreich, ein in diesem Marktsegment ganz wichtiger Anbieter, nimmt in der zweiten Hälfte der 70er Jahre ein Montagewerk in Kasern in Betrieb. Die schwedischen Kranspezialisten von Hiab (Bild 314) landen einen Coup von erheblicher Tragweite. Denn sie gehen mit der Daimler-Benz AG in Gaggenau einen Unimog-Gerätevertriebsvertrag ein. Ab nun sind die Schwedenheber verstärkt auf den hochgeländegängigen

Bild 314: 1971 ist der Hiab 950 mit 5 m Reichweite und 5 t Traglast bei 1,9 m Ausladung gerade der richtige Helfer, um einen Trafo anzuheben. Als Trägerfahrzeug dient ein JCB-Baggerlader.

Fahrzeugen der Gaggenauer zu finden – sehr zum Leidwesen vieler anderer Ladekranhersteller, die sich mit dem unabdingbaren Hilfsrahmen, der zum Aufbau des Kranes auf dem verwindungsfreundlichen Unimog-Fahrgestell benötigt wird, oft sehr schwer tun. Hiab

Die Italiener sind, wir ließen es schon durchblicken, bei Ladekranen besonders emsig. 1970 stellt PM den Ladekran PM 450 mit 6 t Traglast vor. Er markiert mit einem dreiteiligen hydraulischen Teleskopausleger für 7 m Reichweite, 60 cm Einbaulänge und 1.500 kg Gewicht

Bild 316: 1970 liefert Effer verschiedene Krane zur Montage auf Rottenkraftwagen, wie sie für Inspektionsarbeiten bei allen europäischen Bahnen benötigt werden. Hier eine Spezialversion des E/80; beachtenswert die hydraulischen Abstützungen.

Bild 315: PM-150-Ladekran an eine Planierraupe Fiat A07 montiert. Das fehlende Planierschild läßt auf weitgehenden Einsatz als Schweiß- und Rohrlegeraupe schließen.

den Stand der Technik. Drei manuelle Verlängerungen erhöhen die Reichweite auf 13 m. Der kleinste hydraulische Helfer (Bild 315) erfreut sich großer Beliebtheit. Effer macht mit der Ausrüstung von Rottenkraftwagen für die italienische Staatsbahn (FS) von sich reden (Bild 316). Parallel dazu entstehen südlich der Alpen die ersten Teleskopautokrane. Marchetti stellt eine Reihe von Teleskopkranen vor, stärkster Lifter dieser Serie ist der MG 77 TEL mit 20 t Traglast und 22-m-Teleausleger in Oktogonalform (Bild 317). Eine klappbare Gitterverlängerung von 10 m vergrößert die Reichweite.

Bild 317: Marchetti MG 77 TEL mit 20 t Traglast und 22-m-Teleausleger, die mit einer manuell abklappbaren 10-m-Gitterverlängerung für die Reichweitenvergrößerung ausgestattet werden können.

wächst weiter und übernimmt den schwedischen Holzladekranhersteller Jonsered AB. Man ist außerdem stolzer Ausrüster der Nasa, die zwar die schwedischen Krane nicht mit in den Weltraum nimmt, aber immerhin, montiert auf Amphibien-Fahrzeuge, die Apollo- und Mercury-Kapseln aus dem Ozean fischen läßt.

Bild 318: Der mit einem 38-m-Ausleger bestückte Rigo RGT 6575 ist ein Zweimotorenkran, der den Stand Ende der 70er Jahre repräsentiert. Zwei Fiat-Motoren treiben Ober- und Unterwagen an. Im Hintergrund helfen Edilmac-Turmdrehkrane beim Bau mit.

Rigo meldet die Fertigstellung des 1.800sten Krans. Das Programm um- faßt nun die sechs Teleskop-Autokrane RGT12 bis RGT70 (12 bis 35t), die sowohl auf eigene Fahrgestelle wie auch auf Fremdfabrikate wie CVS (Bild 318) oder SFB (Gründung des aus Berlin kom- menden und mittlerweile in Langenfeld bei Düsseldorf ansässigen Kranverleihers Bodo Toense) montiert werden. Ein 22 t hebender RT-Kran mit 23-m-Ausleger und die bekannten Hofkrane der RTN-Reihe erfüllen wohl primär italienische Anforderungen. In Finish und Technik brauchen diese Krane keinen Vergleich zu scheuen. Der Hersteller betont in einer seinerzeit herausgebrachten Festschrift ausdrücklich, daß man als erster italienischer Anbieter den „All-Hydraulic Crane" baut – alle Funktionen also voll hydraulisch gesteuert.

machbar ist. Außerdem präsentiert dieser Anbieter mit dem 4535PTM einen Hafenmobilkran für 45 t Traglast bei 35 m Ausladung. Italgru hat ein wachsendes Interesse für leistungsstarke Großkrane in Ringerversion diagnostiziert. Wohl angestachelt durch deutsche und amerikanische Konstruktionen entstehen die TR- und TGN-Ringer (Bild 319) mit Traglasten von 60 bis 500 t. Die Off-Shore-Versionen können, wie von Betreibern gefordert und gerade noch von den Zertifizierungsgesellschaften zugelassen, bei Krängungen von ± 5° arbeiten.

Entsteht bis jetzt der Eindruck, daß am Bau primär mobile Krane eingesetzt werden, so möchten wir diesen sogleich revidieren. Ein besonders aktiver Hersteller stationärer Hebezeuge für den Bau ist Loro & Parisini. Ihre Derrick-Krane werden sowohl mit seilverspanntem Zentralmast (Guy Derrick, DKV) oder mit festabgespanntem Zentralmast (Stiff-Legged-Derrick, DKT) für Radien bis 80 m und Traglasten bis 12 t gebaut. Haupteinsatzgebiet sind Dammbaustellen. Bild 320 zeigt die prinzipielle Anordnung eines solchen stati-

Bild 319: Italgru-Ringer TGN 5300 von 1979 mit 300 t Traglast und 62-m-Ausleger. Die Ringer werden in TR-Version für stationäre Einsätze von 60 bis 150 t und als TGN-Ausführung für Offshore-Hübe mit 200, 300 und 500 t angeboten.

Ormig zeigt mit seinem 100 t hebenden Gittermastkran 1200tg mit 72-m-Ausleger, montiert auf einen fünffachsigen Unterwagen, zusammen mit dem noch stärkeren Bruder 1750tg (150 t/94m), was

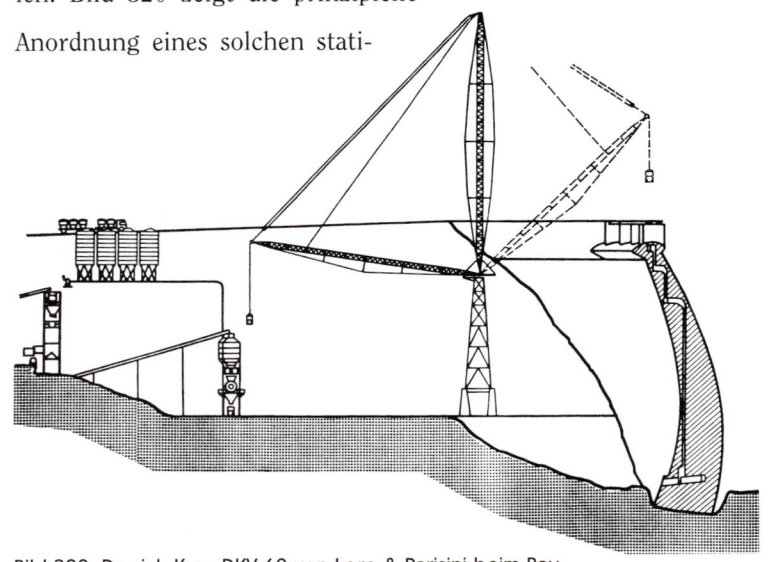

Bild 320: Derrick-Kran DKV 60 von Loro & Parisini beim Bau der 76 m hohen Staumauer bei Ascoli Piceno. Der Kran hat 60 m Ausladung und hebt maximal 6 t.

onären Derrick-Kranes. Die obendrehenden Turmdrehkrane von Simma gehören in den 70er Jahren in Deutschland zum gewohnten Anblick auf vielen Baustellen. König rundet mit diesen Hochbaukranen sein eigenes Programm nach oben ab (Bild 321).

In Frankreich übernimmt 1970 der Rüstungskonzern Creusot-Loire den kleinen Kranhersteller Pinguely, der sich soeben ein besonderes System zum Blokkieren der Achsen seiner Krane hat patentieren lassen. Die im Tiefbau gefragten Raupenkrane gehören ebenso zum Produktionsprogramm dieses Herstellers (Bild 322). Man verbleibt bei dem Rüstungskonzern 14 Jahre lang und nimmt auch die Produktion von Spezialkranen für Bergepanzer auf.

In der Schweiz werden feine Untendreher und Katzauslegerkrane gebaut.

Anbieter ist die Bachmann AG Beringen in Schaffhausen. Sie fertigt ein lückenloses Programm (Bild 323) von 2t (TKF200) bis 20t (TKF 2500). Nach Dänemark richten sich 1975 die Augen der Großbaustellen-Spezialisten aus aller Welt. Der von Krøll vorgestellte Riesen-Turmdrehkran K 10000 (Bild 324) ersetzt

ganze Kranwälder. Vier Jahre später steht er „in Eisen" vor seinen stolzen Käufern, dem amerikanischen Ingenieurbau-Unternehmen United Engineers and Constructors. Der untendrehende Katzauslegerkran hat 88 m Ausladung, 86 m Hakenhöhe und hebt über die gesamte Ausladung 120 t. Das Gerät bewährt sich so gut, daß in den nächsten Jahren 15 weitere Exemplare ihren Weg in die

Bild 324: Der 1975 vorgestellte K 10000 ist der größte Turmdrehkran der Welt und wird in knapp 20 Exemplaren gebaut.

Welt des Hochbaus finden. Der Kran bestreicht stationär – Schienenfahrwerk optional – 31.400 m² Fläche. Im Gegensatz zu üblichen Kranen befindet sich die Windenplattform oben auf dem Ausleger direkt bei der Anlenkung. Auf diesem Modul sind Winden, Hub- und Katzfahrantriebe, Bremsen, Schaltschränke und die Steuer- und Überwachungselektronik untergebracht. Spezielle Kabinen ordern russische Betreiber. Zwei Kranführer können in der mit Küche, Toilette und Aufenthaltsraum ausgerüsteten Kabine wohnen und arbeiten – sie müssen den Boden tagelang nicht betreten.

Noch weiter nördlich, genau in Finnland, werden mobile Teleskopkrane

von Lokomo in Tampere gebaut. Der A 350 NW mit 30 t/3 m, vierachsigem Fahrgestell (von Waggonbau Rastatt) und unter voller Last teleskopierbarem Ausleger macht eine gute Figur. Er wird in Deutschland von Robb in Düsseldorf-Reisholz importiert, genau in dem Stadtteil, wo Gottwald seine Krane baut. Besonderheit der Lokomo-Krane sind Winden mit großer Kapazität für Hafenumschlagarbeiten. RT-, Spezial- und Eisenbahnkrane runden das Lokomo-Programm ab. Zeitgleich ersetzt Volvo im Nachbarland Schweden die stupide Fließbandarbeit durch Gruppenarbeit. Umgekehrt suchen viele Kranhersteller (Liebherr, Potain, Grove u.a.) die Fertigung zu rationalisieren und sogar so

Bild 325: Linden-Kran aus der Serie 8000 beim Einsetzen eines Turmstückes. Die Klettereinrichtung arbeitet auch bei Windgeschwindigkeiten von 15 m/s.

Bild 326: Seitenansicht des Bohne K 10000, der bei Straßenfahrt 23 m lang ist und auf einem zehnachsigen Fahrwerk (3,25 m Breite), das an den Drehtopf angebolzt wird, verfährt.

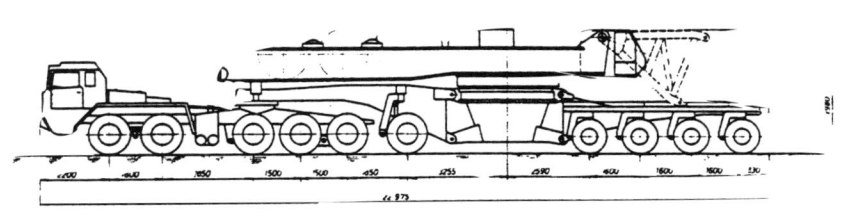

komplexe Investitionsgüter wie Krane in Baugruppen rationell zu fertigen.

Deutschland: 1.000 t Traglast bei mobilen Kranen sind erstmals erreicht

Bleiben wir noch kurz in Skandinavien. Linden, Mitte der 70er Jahre schon zu Alimak gehörend, präsentiert das Kransystem 8000 (Bild 325). Dieser modulare Baukasten aus genormten und exakt aufeinander abgestimmten Turm- und Auslegersegmenten erlaubt das Zusammenstellen von 41.272 verschiedenen Kranen, wie ein Prospekt belegt. Die schwedischen Krane sind sehr elegant und decken den Lastmomentbereich von 100 bis 8.000 mt ab. Technische Besonder-heiten sind etwa das gelenkig aufgehängte Gegengewicht, das im Kranbetrieb auftretende Schwingungen 20 mal schneller absorbiert als herkömmliche statische Montagemethoden.

Anfang der 70er Jahre formieren sich große Kranverleiher wie etwa die deutsche Bohne-Gruppe, Scholpp, Schmidbauer oder Bodo Toense. In England entstehen Sparrows, Grayston und J.D. White, in Holland sind es beispielsweise Stoof, van Seumeren und van Twist, um nur einige zu nennen. Diese Firmen lassen gerne schwere Krane speziell für sich bauen. Beispielsweise der 1971 für die in Bremen ansässige Bohne-Gruppe von Demag in Kooperation mit dem Ingenieurbüro Horst Vesper gebaute K 10000. Faun und Scheuerle bauen den Unterwagen. Der K 10000 hat 1.000 t Traglast und über 10.000 mt Lastmoment (Bild 326, 327). Für die Statik zeichnet das Ingenieurbüro

Bild 327: Der K 10000 von Bohne, hier eine Aufnahme aus den 80er Jahren, wird 1971 vorgestellt und hebt 1.000 t – er nimmt wichtige Entwicklungen wie etwa die Anordnung der Abstützungen vorweg. Er bleibt ein Einzelstück und wird viele Baustellen und Länder kennenlernen. Auch heute gibt es ihn noch.

Horst Vesper verantwortlich. Der riesige Kran hat einen 121-m-Hauptausleger und kann mit einer 105-m-Wippspitze für sage und schreibe 203 m Rollenhöhe aufgerüstet werden. Rekordverdächtig – einer der ersten Einsätze wird deshalb auch die Montage des Daches im Münchner Olympiastadion sein. Verständlicherweise möchte die Leo Gottwald KG in Düsseldorf, nennen wir sie mal ruhig beim offiziellen Namen, nicht hinten anstehen. 1973, in dem Jahr, in dem der tragbare Fernseher vorgestellt wird, wird der für viele Kranverleiher sehr interessante 125 t hebende Teleskopkran AMK 155 gebaut. 1978 folgt auch hier ein erster echter Gigant – der 200-t-Telekran AMK 200 (Bild 328).

Wir erwähnten es eingangs. Der Welthandel, und mit ihm die Containerisierung nehmen in erheblichem Maße zu. 1968 schon gelangte die erste genormte Superkiste nach Deutschland. Nun stel-

len sich auch die Kranbauer auf dieses den weltweiten Stückgutverkehr verändernde Gefäß ein. Mit dem wachsenden Containerverkehr und den immer größer dimensionierten Containerschiffen werden parallel immer größere und leistungsfähigere Krane entwickelt bis hin zum Modell HMK 360, das eine Tragfähigkeit am Haken von 120 t bei 26 m Ausladung und 44,4 t bei 53,5 m Ausladung besitzt. Die Hafenmobilkrane

Bild 329: Spezialversion des bis zu 140 t tragenden Demag MC 600. Der vierachsige Kran mit einem hydraulisch verstellbaren Spezialausleger ist bei der Röhrenverladung für ein Großprojekt in Rußland im Einsatz.

Bild 328: Der AMK 200 von Gottwald, hier für Verleiher Sparrows in England, hat ein sechsachsiges Fahrgestell. Bei Straßenfahrt ruht der Ausleger auf einem vierachsigen Dolly.

werden grundsätzlich mit einem diesel-elektrischen Antrieb ausgerüstet, jedoch ist für kleinere Modelle auch der diesel-hydraulische Antrieb lieferbar. Gerade bei mobilen Hafenkranen werden die Diskussionen um dieselelektrischen und dieselhydraulischen Antrieb zwischen den wichtigen Anbietern Demag, Gottwald, Liebherr, Reggiane, Italgru, FMC, Nelcon und anderen durchaus kontrovers geführt.

Anfang der 70er Jahre sind laut Datenservice der Fachzeitschrift „dhf – deutsche hebe- und fördertechnik" die wichtigsten Teleskopkrananbieter: Bantam, Coles, Demag, Gottwald, Grove, Kässbohrer, Pettibone, PPM, Krupp, MFL, Rheinstahl, Bucyrus-Erie, Lorain. Das Angebot reicht vom 14 t hebenden Bantam S 626 bis zum Grove TM 800 mit 72,5 t (erster Grove-Kran mit Trapez-Auslegerprofil: ein Rekordgerät). Wir haben gesehen, daß Ende diesen

den großen Demag TC-Kran. Alle Räder, außer denen an der fünften zwillingsbereiften Vorderachse sind lenkbar. Transportgewicht sind 96 t, angetrieben wird es von einem 530 PS starken Dieselmotor. 1976 umfaßt das Programm 14 Typen für alle Arten von Gitter- und Telekranen. Auf das größte Fahrgestell baut im rheinland-pfälzischen Zweibrücken Demag bald den TC 800 auf. Die schweren Gittermastkrane werden als TC (TC = Truck Crane) und CC (Crawler Crane) angeboten. Der 80 t hebende TC 280 wird parallel zum straßenfahrbaren Kran mit Faun-Fahrgestell auch als vollhydraulischer Raupenkran (CC-Version) gefertigt. Ein wichtiges zusätzliches Standbein sind die Gittermast-Mobilkrane (MC = Mobile Crane), die für Traglasten bis zu 140 t bei 4 m Ausladung gebaut werden (Bild 329). Zwischen 1972 und 1978 schraubt Demag, die seit 1973 mehrheitlich zum Mannesmann-Konzern gehört, die Krantechnologie

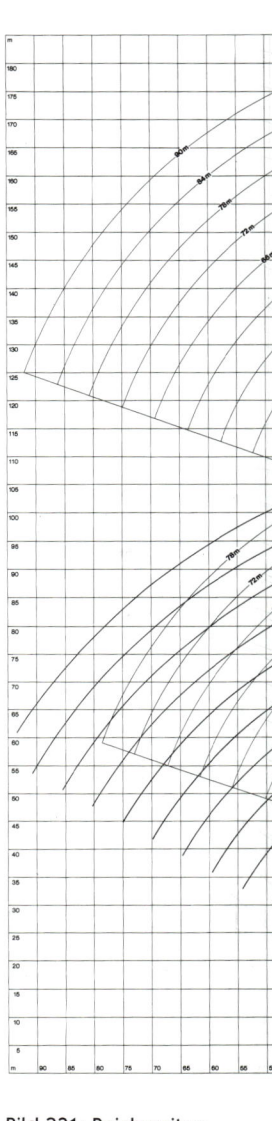

Bild 330: 1975 wird der 160 t hebende HC 500 präsentiert. Hinter den Abstützungen verbergen sich Achsen mit schmaler Spur.

Jahrzehnts 200 t Traglast bei mobilen Teleskopkranen erreicht werden – und diese Schallmauer wird ebenfalls bald durchbrochen. Noch dominiert Faun in Deutschland den Unterwagen-Markt. 1972 wird das tausendste Fahrgestell ausgeliefert. Die Unterwagen tragen nun die Bezeichnung KF (Kranfahrgestell). Größter Verteter ist das KF 400.83/99 für

erheblich voran. 1975 wird der zum Zeitpunkt seiner Vorstellung größte Teleskopkran der Welt mit 160 t Traglast und Ovaloid-Auslegerprofil als Typ HC 500 präsentiert (Bild 330). Seit 1972 bietet Demag große Gittermast-Autokrane mit Traglasten von 125 t (TC 500) und 250 t (TC 1200) an.

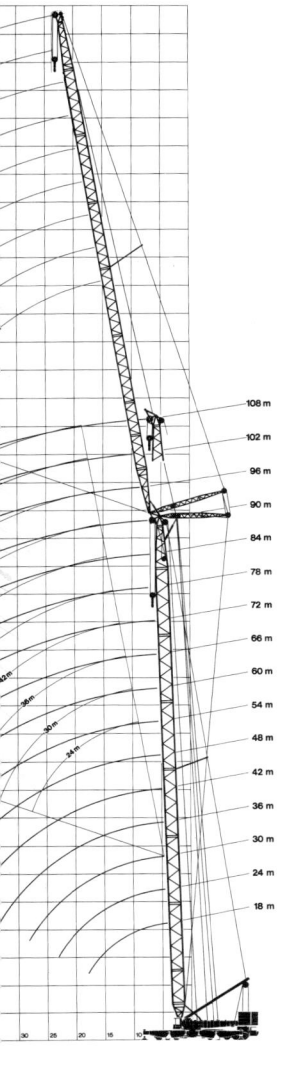

Der 650 t tragende TC 4000 (800 t mit Superlift) wird 1978 auf ein Faun-Fahrgestell montiert und geht in der ersten Version an den englischen Kranvermieter Sparrows. Der von einem 372 kW starken Cumminsmotor angetriebene Großkran erreicht mit Wippspitze 180 m Rollenhöhe (Bild 331) und ist damit in der Lage, schwierigste Montagen an Fernsehtürmen oder in Industriekomplexen durchzuführen. Dieser Kran ist von eminenter Bedeutung, da hier konsequent die zentrale Einleitung der Stützkräfte in den Drehtopf (genau wie beim Bohne K-10000) realisiert wird. Was bedeutet dies? Die vier Abstützungen des TC 4000 (Abstützweite 16,5 m) leiten die Kräfte sternförmig vom zentralen Drehtopf des Kranes direkt in die Abstützungen ab. Dank Superlifteinrichtung (Derrick-Ausleger und 250 t Schwebeballast) können am 30 m langen Hauptausleger bei 75 % Tragfähigkeit und 8,5 m Ausladung 800 t gehoben werden. Wird der Hauptausleger auf 84 m verlängert, kann dieser Kran bei 50 m

Ausladung und 250 t Schwebeballast immer noch 108 t heben.

Liebherr wagt 1974 den Schritt nach Brasilien. In Guaratinguetà werden Hafen- und Deckkrane für diesen speziellen und schnell wachsenden Markt gefertigt. Mehrere Hersteller, darunter auch Mannesmann Demag, etablieren Produktionsstätten in Brasilien, um Strafzöllen für das Einführen kompletter vorgefertigter Produkte zu umgehen. 1976 wird der Liebherr-Konzern in den deutschen Teilkonzern unter Führung der Liebherr-Holding GmbH und in den Schweizer Teilkonzern unter Führung der Liebherr-International AG umstrukturiert. Bild 332 zeigt einen typischen Liebherr Teleskopkran aus den 70er Jahren. Parallel dazu erfolgt der Ausbau der österreichischen Aktivitäten. Im Mai 1976 wird im Bundesland Vorarlberg das Liebherr-Werk Nenzing gegründet. Hier werden von nun an Seilbagger, basierend auf Menck-Konstruktionen, Schiffskrane und später auch Hafenmobilkrane im

Bild 332: Liebherr AUK 40T-60 mit vierteiligem Teleausleger plus Klappspitze für maximal 25 t bei 4 m Ausladung. Das mit 280 bar Druck betriebene Gerät ist Bestandteil eines acht Krane umfassenden Angebotes.

Schatten hoher Berge gefertigt. Von Fall zu Fall lagern die Ehinger Kranbauer die Fertigung von Komponenten oder sogar einzelner Projekte hierhin aus. 1978 gründet Liebherr die Container Cranes Ltd. in Irland, das seit 1973 genau wie Dänemark und England zur EWG gehört. Sie vermarktet die im 1958 gegründeten Werk Killarney gefertigten Großkrane für Häfen weltweit.

In Hamburg verläßt der Menck M 750 Raupenkran die Zeichenbretter seiner Konstrukteure und wird zu Eisen. Als universelles Gerät für Spezialtiefbaugeräte, für Schleppschaufeln und auch für den reinen Hakenbetrieb soll dieser bis zu 65 t hebende Seilbagger/Raupenkran ein neues Zeitalter einleiten. Nur zwölf Maschinen werden jedoch bis zum Menck-Konkurs im Jahr 1978 gebaut. Liebherr kauft ein Jahr danach die Lizenzen und beginnt im österreichischen Nenzing mit der HS-Seilbagger

Serie, die sich in den kommenden Jahren zu einem universellen Geräteträgersystem mit Traglasten bis 100 t entwickelt. Der Menck M 750 (Bild 333) ist der direkte Vorfahre des Liebherr HS 870.

Ein weiterer riesiger Werftkran erstaunt die Öffentlichkeit. Das Konsortium Krupp, Salzgitter, Peiner und Noell nimmt im Januar 1974 von der Howaldtswerke Deutsche Werft AG für die HDW-Werft in Kiel-Gaarden den Auftrag für einen gigantischen Bockkran mit 900 t Traglast entgegen (Bild 334). Krupp hat sich bereits 1969 mit einem nach Belfast gelieferten Riesenkran mit 140 m Reichweite und 840 t einen

Bild 333: Nur 12 Einheiten baut Menck zwischen 1973 und 1978 vom 65 t hebenden M 750, der nach dem Menck-Konkurs bei Liebherr als weiterentwickelter HS 870 aufleben wird.

Bild 334: 1975 geht der von einem deutschen Firmenkonsortium gebaute 900-t-Bockkran bei der HDW-Werft in Kiel-Gaarden in Betrieb. Er ist 91 m hoch, hat 163 m Spurweite und kann Schiffsektionen um 180° wenden.

Namen für derartige Großprojekte gemacht. Der Superkran soll bis zu 900 t schwere Schiffssektionen um 180° wenden können, wodurch das schwierige Überkopfschweißen vermieden wird. Ab Jahresbeginn 1975 beginnt die Montage, schwere Gittermastkrane helfen dabei. Mit drei für die Bundesbahn gebauten 150-t-Eisenbahnkranen (dieselhydraulischer Antrieb) erreichen die Krupp-Ardelt Krane den Leistungszenit (Bild 335). Ansonsten sind die Kruppianer emsig und stellen als Krupp Industrie und Stahlbau (Kranbau Wilhelmshaven) nun ein Teleskopkranprogramm eigener

Fertigung vom 6 GT (7,5 t) bis zum 140 GMT (140 t) auf die Räder. Importware von Valla rundet das eigene Angebot nach unten ab. Und mit dem ROP 6 ist ein kleiner 6 t hebender Kran mit 15,5-m-Ausleger im Programm, der seinen Dienst auf Lagerplätzen versieht. Kurz vorher, genau 1972, baut Takraf den zweiten 125-t-Eisenbahnkran EDK 750 für die Deutsche Reichsbahn. Ein dritter Kran dieser Leistungsklasse soll an einen Braunkohletagebau geliefert worden sein (Bild 336).

Bleiben wir gleich bei den Besonderheiten des Tagebaus, der in Ost- und Westdeutschland eine wichtige Energiequelle ist. Die sehr schwierigen Geländeverhältnisse in den Braunkohletagebauen der DDR zwingen die Betriebsleiter immer wieder zu interessanten Sonderlösungen; so beispielsweise 1979 zur Kombi-

Bild 335: Bei 8 m Ausladung hebt der 1977 vorgestellte Eisenbahnkran von Krupp Industrie- und Stahlbau 150 t. Bei 19,5 m Ausladung sind es immerhin 32 t.

Bild 336: Tandemhub mit zwei EDK 750 Eisenbahnkranen von Takraf. Die dieselelektrisch angetriebenen Großkrane heben bei 14 m ab Drehmitte 36 t und werden hier von Heitkamp im schweren Gleisbau eingesetzt.

nation eines typischen Autokranes aus DDR-Produktion, dem ADK 125, mit einem russischen Panzerfahrgestell Typ T 34 (Bild 337). An den kabinenlosen Oberwagen des ADK wird eine Nobas-Vollsichtkanzel montiert und diese aufwendige Kombination mit dem fast nicht umzuwerfenden Panzerchassis „verheiratet". Als Antriebsquelle dient ein 55-kW-Diesel von Robur. Für hohe seitliche Tragkräfte sorgt eine Federwegblockierung an den Laufrädern. Der Kran hebt 29 t, hat einen 7,96 m langen Grundausleger, der bis auf 15,06 m teleskopiert werden kann. Das Muster wird im VEB Braunkohlenwerk Oberlausitz Hagenwerder gebaut und in der Folgezeit vom zentralen Rationalisierungsbau in Regis und Babelsberg in Serie gefertigt. In Regis werden die 331 kW starken Panzerfahrgestelle hergerichtet, in Babelsberg der Kranteil für den außergewöhnlichen Einsatz präpariert. Der ursprüngliche ADK 125 ist zu DDR-Zeiten ein weitverbreiteter Autokran mit 18,6 t Hublast. Das Fahrgestell – ausgenommen den Motor – kommt aus Ungarn, Kran und Antrieb fertigt der VEB Maschinenbau Karl-Marx in Babelsberg. Mannesmann Demag bietet den modifizierten ADK 125 auch in Westdeutschland als Demag HC 38 mit 13 t, 21,61 m Rollenhöhe und vierteiligem Teleausleger an (Bild 338).

Bild 337: Prototyperprobung des PD-125 (später HG 125). Der 29 t hebende Panzer-Drehkran basiert auf T 34-Chassis und ADK 125-Oberwagen und wird für Reparaturarbeiten an Tagebaugroßgeräten in den Braunkohletagebauen der DDR eingesetzt. Bei Ortswechsel nimmt der Fahrer in einer verglasten Kanzel am vorderen Wannenende Platz.

1973 gründet Harnischfeger in Deutschland eine Tochtergesellschaft gemeinsam mit Thyssen Industrie, in welcher Rheinstahl aufgegangen war. Mehrere tausend Raupen- und Fahrzeugkrane werden fortan in Dortmund gefertigt. Das Ersatzteillager und der Verkauf für Europa, den mittleren Osten und Afrika werden im Sunderweg konzentriert. 10 Jahre später soll hier unter Leitung von Heribert Wiedenhues der erste P&H AT-Kran entstehen.

Immer wieder gibt es Einzelstücke, die entweder für Spezialanwendungen gebaut werden oder die technologisch zwar interessant, aber von Werkstofftechnik und Fertigungsverfahren überholt sind, bevor sie realisiert werden. Von zwei solchen Beispielen möchten wir berichten. Faun baut 1974 für einen Hersteller von Schiffsmotoren einen treffend „Heuschrecke" genannten Spezialkran, der 160 t zu heben vermag (Bild 339). Das Gerät wird viele Jahre lang eingesetzt.

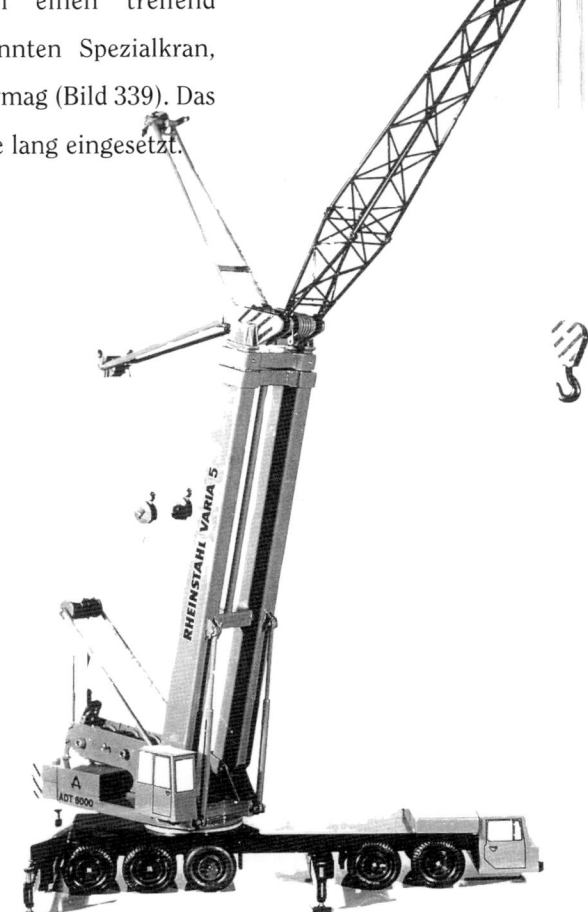

Die Rheinstahl AG Stahlbau und Fördertechnik, Bereich Hebetechnik, präsentiert Mitte der 70er Jahre das Konzept für einen 120 t hebenden zweimotorigen Teleskopkran. Interessant an dem ADT 6000 sind die zwei parallelen Teleskopausleger (Bild 340, 341), die miteinander kombiniert werden, um die enormen Traglasten zu erzielen. Der Kran hebt 110 t am 45 m langen Hauptausleger, der mit einem Windwerk auf- und abgewippt wird. Die kleinen Teleskopzylinder an der Vorderseite der beiden Ausleger dienen lediglich zum Anheben des Auslegers. Ein Konzept, das von seinen Vätern als zukunftsweisende Kombination aus Teleskop- und Gittermastkran bezeichnet wird. Dieser Kran ist wohl nur in einem Exemplar gebaut worden.

Weiterentwicklungen bei Hydraulik sowie hochfeste Stahlqualitäten und neue Schweißverfahren lenken die Konzentration auf Teleskopkrane mit nur einem Ausleger. Im Sunderweg 86 in Dortmund arbeiten nun schon Rheinstahl und P&H, später Century II und heute PPM – wahrlich ein Ort wechselhafter Krangeschichte. Bei so viel geballter Kranpower möchten natürlich auch amerikanische Hersteller mitmischen, die über keine eigene Fertigungsstätte in Europa verfügen. So kommt es, daß Klöckner-

Wolff-Krane in Düsseldorf die amerikanischen Autokrane von Pettibone, die in Rom/USA und Tiffin, Ohio, gebaut werden, importiert. Nach Anpassung an deutsche Zulassungsvorschriften stellen sich erste Erfolge ein.

Turmdrehkrane:
Neue Ausleger bauen
Kühltürme für Atomkraftwerke

Wolff hat mit seinen obendrehenden Kletterkranen viel Erfolg und erweitert die WK-S Reihe für Nutzlastmomente bis 1.500 kNm (WK 60 S bis WK 150 S). 1973 werden die neuen „Systemkrane" der WK-SL-Reihe präsentiert. Diese Maßnahmen sind dringend notwendig. Durch die fast vollständige Ausrichtung auf den schweizerischen Markt vernachlässigen die Heilbronner heimische Unternehmer zu stark, was der Wettbewerb, speziell Peiner, Potain (Bild 342), Elba/Künz (Bild 343) und Liebherr ausnutzen. Elba

Bild 342: Einer für alle: Potain GAT 875 A/DM von 1971 auf einer Großbaustelle. Der obendrehende Katzauslegerkran in Verbindung mit Schienenfahrwerk ist eine Kombination für sehr große Arbeitsflächen.

Bild 341: Fahrzustand des Doppel-Teleskopkranes ADT 6000. Der Teleausleger wird auf einem Dolly abgestützt. Dieser nimmt auch zwei große Gegengewichte auf.

ist findig und übernimmt die äußerst erfolgreiche Knickauslegerkonstruktion von Kaiser, eine deutlich gelungenere Variante als die eigene.

Bild 343: Elba/Künz K 80 an strategischer Position im Brückenbau. Ein recht harmonischer Kran, der in Österreich gebaut wird und die Elba-Knickauslegerkrane gut abrundet.

Mitte der 70er Jahre läuft übrigens das Patent für die Knickausleger von Kaiser aus und viele Wettbewerber, wie etwa Liebherr, haben derartiger Krane nun plötzlich im eigenen Programm. Bei Liebherr, heißen Sie HC-K. Sie basieren auf dem 1969 vorgestellten 50 HC, ein obendrehender Katzausleger-Kletterkran mit Führungsstück und feststehendem Kranturm. Diese Konstruktion löst das sogenannte Außenmantlersystem ab. Die HC-Reihe besteht aus 60 HC, 90 HC, 130 HC, 180 HC und dem 255 HC.

Elba rundet die eigenen Knickausleger mit den österreichischen Künz-Obendrehern ab. Was man selbst nicht baut, kann man ja gut importieren. Erst das Schaffen weiterer Fertigungskapazitäten im Heilbronner Werk erlaubt Wolff, den wichtigen heimischen Markt zu beliefern. Ab Mitte der 70er Jahre verschwindet der untendrehende Nadelauslegerkran von der Bildfläche. Wir erwähnten ein-

gangs, daß die Energiepolitik der 70er Jahre den Kranbau erheblich beeinflußt hat. Als Atomkraftwerke mit ihren riesigen Kühltürmen immer wichtiger für die Versorgung des Energiehungers der Industriestaaten werden, ist der Knickausleger bei Turmdrehkranen ein probates Mittel, um noch mehr Höhe zu gewinnen (Bild 344). Aus den Turmdrehkranen werden bemerkenswerte Sonder-

Bild 344: 1975 führt Liebherr die Knickausleger-Krane mit der Serienbezeichnung HBK ein.

lösungen für den Lagerplatzeinsatz geboren. Nahezu alle Hersteller modifizieren ihre für Hochbauaufgaben bestimmten Maschinen. Reich, die zum Ende dieses Jahrzehnts die RS-Krane (Reich-Schnellmontagekrane) bauen, erweitern das Lagerplatz-Kranprogramm um die Typen Form LL 30 bis LL 100 mit Katzauslegerlängen von 15 bis 30 m und Lasten bis 4 t (Bild 345). Auch Schwing bietet derartige Geräte mit auffallend „schwungvollen" Auslegern an (Bild 346).

Bild 347: Wolff-Lagerplatzkran WK 160 SP mit 9,5 t/20 m und 20 t/10,4 m Ausladung. Der Untendreher entstammt dem WK-SL-Systemkranprogramm.

Bild 345: Reich LL 60 für den Lagerplatz. Der Untendreher hebt bei 20 m Ausladung 3 t und ist auch für den Greiferbetrieb geeignet.

Wolff macht sogar eine Reminiszenz an die Konstruktionen der Jahrhundertwende und baut auf ein Schienenportal einen WK 160 SP für ein Sägewerk auf (Bild 347). Die Krane anderer Hersteller lassen sich ebenfalls zu interessanten Sonderkonstruktionen umrüsten (Bild 348).

346: Schwing UT für den Lagerplatzeinsatz. Klar, daß Holz-, Eisen- und Stahllieferanten auch auf Konstruktionen aus dem Baukransektor für ihre Aufgaben zurückgreifen.

Bild 348: Hilgers BDK 90/120 als Hafenkran modifiziert. Der untendrehende Katzauslegerkran erlebt hier am Kai sicher ein zweites Leben nach anstrengenden Baustelleneinsätzen.

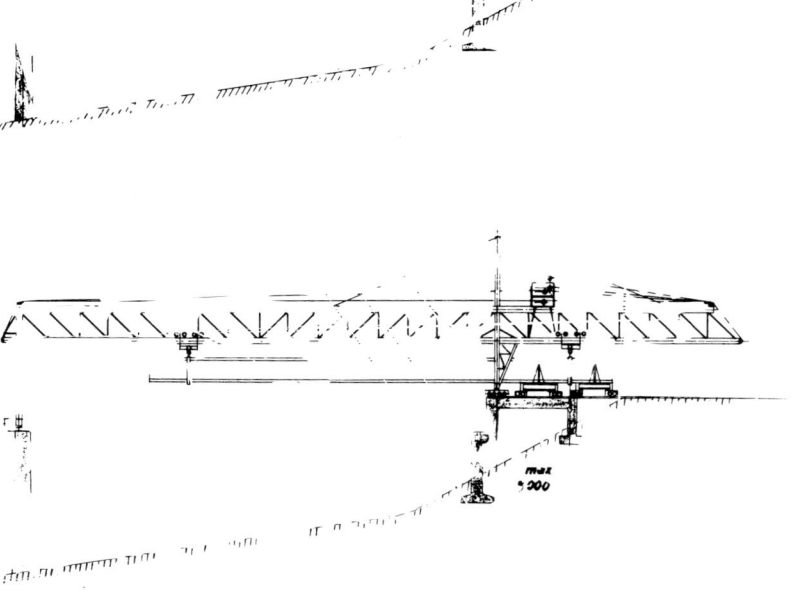

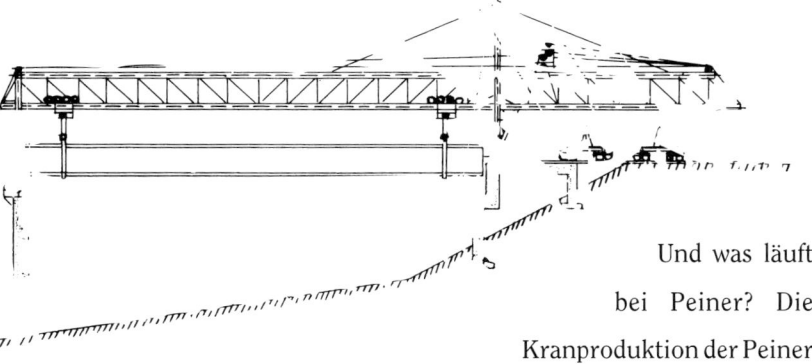

Bild 349: Peiner-Vorbaukran VL 165 mit 2 x 82,5 t Traglast, 52 m Spurweite (Querfahrbahn) und 130 t Eigengewicht. Die bis zu 160 t schweren und 82 m langen Träger einer typischen Autobahnbrücke baut er, abgestützt auf die Brückenpfeiler, ein.

bei Peiner technischer Vorstand und erkennt, daß dieses Produkt die eigenen Schalungsträger gut abrundet – schließlich müssen sie ja irgendwie zum Einsatzort kommen. Das Engineering für die Krane kommt aus München, gebaut wird in Peine. 1966 wird der erste Großkran mit 500 mt Lastmoment und 110 m Hakenhöhe vorgestellt. Kurz darauf stellt Tax, der im Zweiten Weltkrieg in russischer Gefangenschaft mit dem Bau von Radiogeräten begann, erstmals eine Funkfernsteuerung vor, mit der vier Kranfunktionen gesteuert werden können.

Neue Bauverfahren brauchen neue Hebezeuge. Das für den Brückenbau immer wichtigere Taktschiebeverfahren ermuntert Peiner, spezielle Vorbaukrane für bis zu 160 t zu entwickeln. Bild 349 zeigt den prinzipiellen Ablauf dieses besonders rationellen Arbeitsverfahrens. Für den freien Brückenvorbau werden in Peine Laufkatzkrane mit extrem großen Ausladungen produziert (Bild 350).

Und was läuft bei Peiner? Die Kranproduktion der Peiner Maschinen- und Schraubenwerke AG, so die offizielle Bezeichnung, startet um 1960 aus der Verbindung von Hans Tax und Carl Schlüter. Tax ist Bauingenieur und Erfinder eines schnell zu montierenden Kranes. Schlüter ist

Bild 350: Auch große Turmdrehkrane, wie der Peiner SKL 112 mit 53 m Ausladung und 1,8 t Traglast, machen dank des frequenzumrichtergeregelten Antriebes von Hub- und Katzfahrwerk beim Autobahnbau eine gute Figur.

Fernost – ein eigenes Marktprofil entsteht

Die Mehrzahl der fernöstlichen Baumaschinenhersteller setzt mit dem Start ihrer jeweiligen Kranproduktion auf amerikanische Lizenzen. Bewährte Konstruktionen, eingeführte Technik und die Gewißheit, sich beim Lizenzgeber Rat holen zu können, machen das Risiko überschaubar. Was passiert in diesem Jahrzehnt? Kato nimmt – ein Jahr nach der Weltausstellung Expo 70 in Osaka – die Fertigung von Gittermastkranen auf und entwickelt den ACS-Lastmomentbegrenzer zur Serienreife, der vorwiegend in eigenen Kranen zum Einsatz kommt. 1978 stellt Kato den 108 t hebenden Teleskopkran NK-1200 vor, das leistungsstärkste „homemade" Gerät in Japan. Bild 351 zeigt den etwas kleineren Typ NK-800. Lange Ausleger werden ebenso

wie zwei Winden die hervorragenden Merkmale japanischer Telekrane.

Die 1970 von der Hitachi Ltd. getrennte Hitachi Construction Machinery Co. Ltd. bietet nun eigene Raupenkrane an. 1971 ist die KH-Serie (Bild 352) auslieferungsreif. 1972 wagt der Hersteller den Schritt auf den europäischen Kontinent. Im niederländischen Oosterhout wird eine Fertigungsstätte für Minibagger errichtet, die auch Raupenkrane und Seilbagger an die Wünsche der europäischen Kunden anpaßt. Die Seilbagger/Raupenkrane werden als Trägergeräte für Tiefbauausrüstungen ebenso wie für den Hafenbau und als Abbruchmaschinen modifiziert.

Bild 351: Spektakuläre Verladung eines Kato NK-800 (80 t Traglast) für einen Exportauftrag. Die Abstützungen werden zum Anschlagen der Hebebänder verwendet – ein sicheres Verfahren und Beweis für die gute Schwerpunktlage des Sechsachsers.

352: Hitachi Seilbagger/Raupenkran aus der 1971 vorgestellten KH-Serie im niederländischen Oosterhout. Der KH 180 und seine Kollegen werden in der europäischen Dependance auch als Trägergeräte für Tiefbauausrüstungen modifiziert.

Tadano kommt Anfang der 70er Jahre mit dem Single-Engine-Konzept auf den Markt. Im Unterwagen, das kann ein fremdgefertigtes Kranfahrgestell beispielsweise von Fuso, Nissan, Hino oder ein Lkw-Chassis sein, wird die Kraft per Drehdurchführung an den Oberwagen

auf Lkw montierten TS-Teleskopkrane decken den Bereich von 5 t (TS-50) bis 13 t (TS-130L) ab. Flaggschiff ist der TG 450 mit fünfteiligem Teleskopausleger und 45 t Traglast. Aufgebaut ist er auf einen Fuso-Carrier (Bild 353) mit der Antriebsformel 8x4. Der 15 t hebende RT-Kran TR150 für 21,5 m Hakenhöhe ist zu diesem Zeitpunkt der einzige echte Geländekran von Tadano (Bild 354).

Bild 353: Der Tadano TG450 von 1971 auf Fuso-Chassis bietet 45 t Traglast und hat einen fünfteiligen 40,2-m-Teleskopausleger, der mit einer Klappspitze um 8 m verlängert werden kann.

geliefert. Die Teleskopkrane der TL-Reihe (TL-150D bis TL-360) werden auf spezielle Kranunterwagen montiert und bieten Traglasten von 15 bis 36 t. Die

Mit 20 t Traglast ist der Kobe/P&H T200 ein veritabler Telekran für den Bau. Er mausert sich zu einem Longtime-Seller und hat somit mehr Erfolg als der 1969 vorgestellte 15 t hebende RT-Kran R150. Dessen Produktion ist zum Erscheinen der straßentauglichen Brüder bereits Geschichte. Nachdem sich Kobe Steel mit der Raupenkran-Serie 300 lange Jahre gut am Markt behauptet, fordern die Kunden nun ein leichter und feinfühliger zu bedienendes Gerät. Die Antwort ist der erste vollhydraulische Raupenkran dieses Anbieters, der 1976 als Typ 550S vorgestellt wird und der 50 t hebt.

Bild 354: Typischer Einsatz für einen RT-Kran: Tadano TR150 mit 4x4x4-Chassis und einem 15,5 + 5,8 m langen Ausleger. Hubkraft 15 t. Der 135 PS starke Motor sitzt am Heck des Unterwagens.

Aber hundertprozentig zufrieden sind die Kunden nicht. Die mechanisch angetriebenen Winden der 300er-Serie boten den Vorteil des sehr leichten „Inching" (extrem langsames Arbeiten unter Last); ein Feature, welches die hydraulischen Winden zu dieser Zeit zwangsläufig noch nicht bieten können, da es keine Ventile mit Vorsteuerung gibt. Deshalb beginnen Arbeiten an einer Hybrid-Konstruktion: Einem Kran mit sowohl mechanischem wie auch hydraulischem Windensystem, der aber noch einige Jahre auf sich warten läßt.

USA: Mobile Krane für eine mobile Nation

Bucyrus-Erie übernimmt 1970 Hy-Dynamic in Lake Bluff, Illinois, und erweitert die Gittermast- und Teleskopkrane um zwei geländegängige Krane mit 11,25 und 13,5 t Traglast. Die Krane ähneln britischen Konstruktionen und haben hinter der am Unterwagen montierten Kabine einen um 360° drehbaren dreiteiligen Teleausleger, der sie für das Lasthandling abseits befestigter Wege prädestiniert. Die Krane können auch

mit kleineren Lasten verfahren. 1973 muß der Hersteller seine Fertigungsstätte in Mexiko wegen sinkender Nachfrage schließen.

Bild 355: Link-Belt HC-108B für 47 t Traglast, montiert auf ein 3 m breites Mol-Fahrgestell, Typ 4555/84 LH 8×4. Der Gittermast kann bis 45,75 m anwachsen. Der Oberwagen wird von FMC S.p.A. in Mailand gebaut.

1972, im Jahr der großen Energiekrise und der sechsten US-Mondlandung, verbinden sich FMC und Link-Belt zur FMC Corporation mit Headquarter in Chicago. Link-Belt in Mailand wird nun eine hundertprozentige Tochter und firmiert als FMC S.p.A. Bereits 1971 werden überarbeitete Gittermast-Autokrane vorgestellt, 1974 folgen Spezialvarianten wie eine Turmdrehkran-Ausrüstung.

Ab 1978 präsentiert FMC Corporation neue schwere Raupenkrane mit der Serienbezeichnung LS. Auch die neuen FMC Link-Belt Teleskopkrane der HTC-Serie (Hydraulic Truck Crane) wissen zu gefallen. In Europa werden sie auf Mol (Bild 355), Faun, CVS und andere Fahrgestelle aufgebaut, in den USA ist der

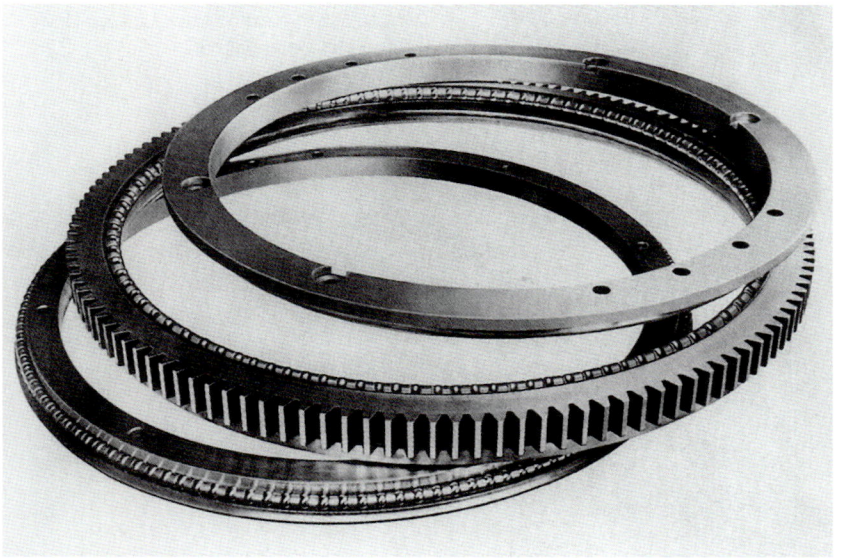

Bild 356: Doppelreihige dreiteilige Kugel-Drehverbindung mit außenliegendem Zahnkran.

kanadische Lieferant Consolidated Dynamics mit seinen drei- und vierachsigen Chassis idealer Partner. Die schmalen, dicht befahrenen Straßen Europas erlauben den 3 und 3,35 m breiten Kanadiern nur sehr eingeschränkt die Teilnahme am Straßenverkehr. Doch es gelingt,

Bild 357: Der 1976 von Lorain vorgestellte Raupenkran LC 1700 verfügt über eine Tragkraft von 153 Tonnen.

die Gittermastkrane der HC-Baureihe werden sowohl in Europa wie auch in den USA weitgehend baugleich gefertigt. Die Kugeldrehverbindung (Bild 356) ist auch in den 70er Jahren noch für viele Hersteller ein nicht selbstverständliches Detail, das sie gern in Prospekten und Informationen vorstellen. In der Tat, eine der wichtigsten Komponenten im Zusammenspiel von Kranaufbau und Fahrgestell – dies gilt für alle Krane, die einen drehbaren Aufbau haben – egal, ob filigranen Katzausleger oder schweren Telekranaufbau.

1975 errichtet Northwest Engineering ihr neues Testfeld für Krane und benennt es nach Paul Burke, dem 1950 pensionierten Vice President Engineering, der in seinem viele Jahrzehnte dauernden Arbeitsverhältnis bei diesem Kranbauer 38 Patente angemeldet hat. Koehring verkauft seinen 25-Prozent-Anteil an IHI an den Firmeneigner, der im Gegenzug

den Lizenz-Nutzungsvertrag für die Koehring-Bagger verlängert. Überhaupt ist dieses Jahrzehnt, auch in den USA, gut für Raupenkrane. Lorain präsentiert 1976 den extrem leistungsstarken LC 1700 (Bild 357) mit 153 t Traglast, der das Kranprogramm nach oben abrundet. Es ist auffällig, daß die Entwicklung schwerer Teleskopkrane nicht in dem Maße forciert wird wie in Europa. Einer der Gründe dafür sind die meist sehr großflächigen Baustellen, die das Zusammenbauen und Aufrichten eines langen Gittermastes deutlich leichter machen, als die engen verschachtelten Anlagen in der alten Welt. Zudem sind die unübersichtlichen nationalen Straßenbenutzungsregeln für die vielachsigen Telekrane äußerst schwer einzuhalten.Viele US-Staaten haben unterschiedliche Achslast und Radstand-Vorstellungen.

Weitere Weltrekorde gibt es in diesem Jahrzehnt zu feiern. Die Kranindustrie schaut zu American Hoist & Derrick. Auf einer Barge montiert, ist der M-3000 mit 84-m-Ausleger und 2.700 t wohl der bisher größte Kran. Er wiegt 5.670 t und arbeitet in der Nordsee bei der Montage von großen Ölplattformen (Bild 358).

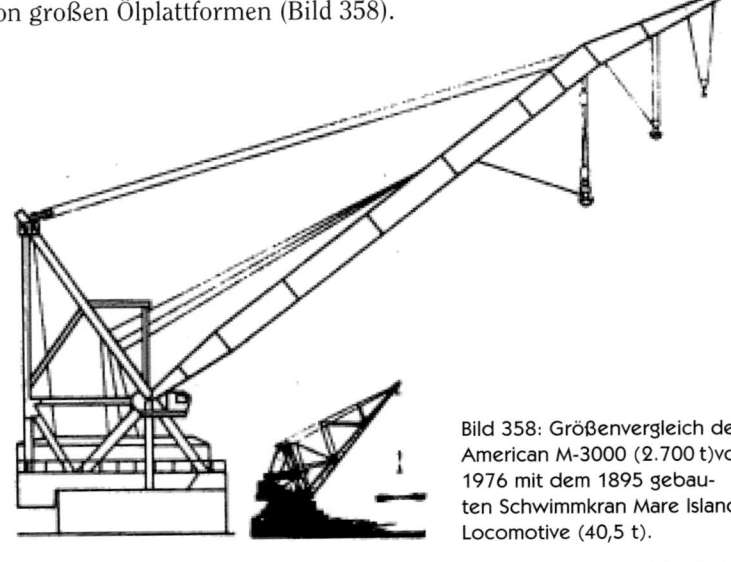

Bild 358: Größenvergleich des American M-3000 (2.700 t)von 1976 mit dem 1895 gebauten Schwimmkran Mare Island Locomotive (40,5 t).

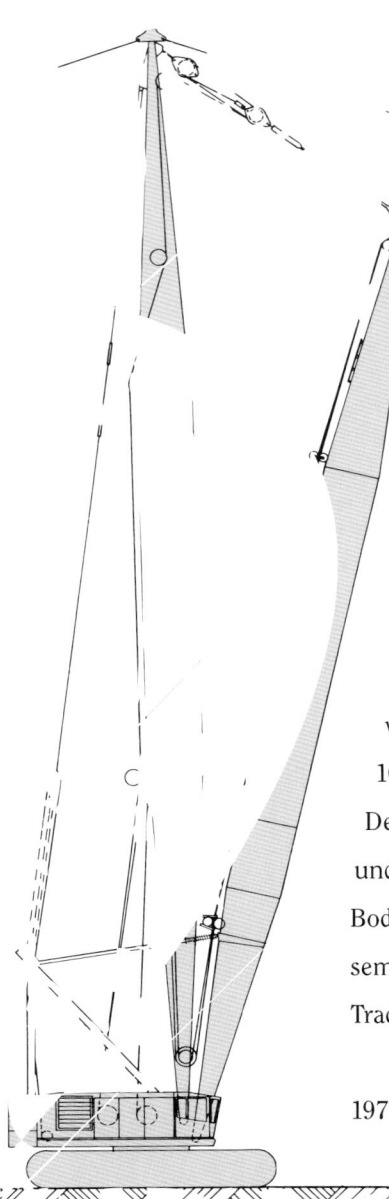

Mit dem 1976 vorgestellten Raupenkran der 1100-Baureihe in der sogenanten Guy-Derrick-Version (Bild 359) werden erstmals 540 t Hublast realisiert. Der 39 m lange und im Betrieb senkrecht gestellte Zusatzmast entlastet den Hauptausleger von Biegekräften, was die Tragkraft um den Faktor 10 erhöht. Beim Arbeiten wird der Derrick-Ausleger senkrecht gestellt und dann mit mehreren Seilen fest am Boden verspannt. Also tatsächlich ein semimobiler Derrickkran, welcher der Tradition des Hauses folgt.

1977, in dem Jahr, in welchem die USA Voyager 1 zur Erforschung von Jupiter und Saturn auf den langen Weg schicken (Ankunft am Saturn erst 1981), findet JI Case, bedeutender Hersteller von Land- und Erdbewegungsmaschinen, Gefallen an Drott und verleibt sich die kleinen Krane ein. Es folgt die Entwicklung des Carrydeck 3330 mit 7,5 t Hublast; von ihm werden bis 1984 rund 1.500 Ein-

Bild 359: Der Amhoist 1100 Series Guy Derrick für 545 t Traglast im typischen Rüstzustand. Weitere Rüstvarianten waren: Standardausleger, Sky Horse (Gegengewichtswagen und Derrick) sowie Tower (abgespannter Turm mit Nadelausleger). Bis 1985 werden 154 Maschinen produziert.

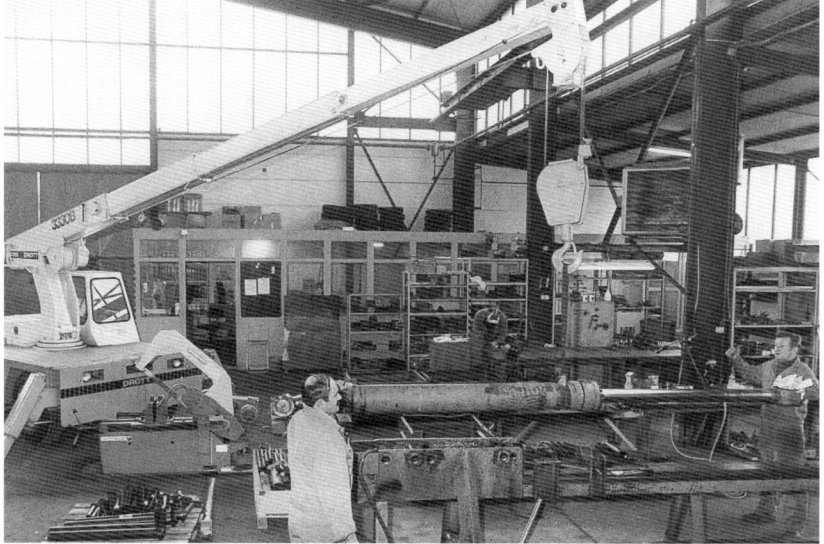

heiten vorwiegend für den amerikanischen Markt produziert (Bild 360).

Unter der Typenbezeichnung Omega stellt P&H 1977 seine RT-Baureihe vor, von der in den nächsten Jahren stattliche 6.000 Einheiten gebaut werden. Die angedachten Allterrain-Krane werden als Omega-S (S = schnell = autobahntauglich, also mind. 62 km/h) bezeichnet und in Zusammenarbeit zwischen dem amerikanischen Harnischfeger-Entwicklungszentrum in Cedar Rapids und der deutschen Tochter in Dortmund gebaut. Ein nicht ganz einfaches Unterfangen, gilt es doch, verschiedene technische Regelwerke und Marktanforderungen aufeinander abzustimmen. Mit dem nur 40 t wiegenden Alpha 100 zieht der Hersteller in diesem Jahrzehnt ebenfalls die Aufmerksamkeit auf sich. Warum? Der Kran hat zwei statt vier sehr weit ausschwenkbare Abstützungen (15 m Abstützweite), die direkt in den Drehtopf einmünden (Bild 361).

Bild 361: Der P&H Alpha 100 hebt 90 t und hat zwei große Abstützungen, die direkt in den Drehtopf münden. Ein interessantes Konzept, das später auch von PPM aufgegriffen wird.

Bild 360: Als Drott-Case 3330 B wird der ehemalige Carrydeck-Kran von Case auch in Deutschland vermarktet; hier im Industrieeinsatz mit dreiteiligem Standard-Teleausleger (6,15 m Hakenhöhe).

Eine dritte Abstützung unter dem Fahrerhaus dient primär zur Entlastung der Räder. Der vierteilige Hauptausleger ist 40,2 m lang und unterscheidet sich durch den Teleskopiermechanismus erheblich von den Kranen anderer Hersteller. Ausleger und Abstützungen werden mit Spindeln und nicht mit Hydraulikzylindern ein- und ausgefahren. Als

Bild 362: Der B-E 60-XC von 1978 mit 31,2-m-Teleskopausleger ist hier im Hochbau tätig. Die Telekrane decken zu dieser Zeit den Bereich von 4,5 bis 81 t ab.

Vorteile führt der Produzent höhere Tragkräfte beim Teleskopieren, mehr Sicherheit und vereinfachten Aufbau der Konstruktion ins Feld. Der 90 t (75 % Sicherheit) hebende Alpha 100 bleibt eine technische Einzelentwicklung der Krangeschichte. Bucyrus-Erie stellt auf der Western Mining Show in Las Vegas den waschechten RT-Kran 1200-C/SP vor. Er wird, für den Hintergrund des Herstellers verständlich, als besonders geeignet für den Einsatz in Tagebauen angepriesen. B-E präsentiert die mobilen XC-Hydraulikkrane, von denen speziell die beiden Typen 60-XC (Bild 362) und 90-XC mit 54 und 81 t größere Verbreitung finden. Die vier- und fünfachsigen

Geräte sind besonders leicht gefertigt, damit sie ohne allzu große Schwierigkeiten den Zulassungsbestimmungen in den einzelnen US-Bundesstaaten genügen. Ein schwieriges Unterfangen, das beispielsweise europäische Kranhersteller speziell bei größeren Teleskopkranen mit nach hinten geschwenktem Ausleger, der auf einem zusätzlichen Dolly-Fahrwerk ruht, zu lösen versuchen. Denn nur mit diesem aufwendigen Kunstgriff können die Achslasten und -abstände den teilweise sehr komplizierten und kaum nachvollziehbaren Bedingungen angepaßt werden. Bucyrus hat Ende der 70er Jahre drei RT-Krane (15 bis 20 t), sieben Telekrane (4,5 bis 81 t), vier Gittermastkrane (54 bis 99 t), vier Log-Handler, zwei Raupen-Hafenkrane und sechs Raupenkrane (25 bis 99 t) im Programm und zählt zu Recht zu den großen Fulline-Anbietern.

1978, Cassius Clay ist zum dritten Mal Boxweltmeister geworden und Reinhold Messner hat soeben den Mount Everest ohne Sauerstoffmaske bestiegen, übernimmt Grove den amerikanischen Ladekranhersteller National. Diese hinter dem Fahrerhaus oder am Fahrzeugheck montierten Krane können nicht quer zur Fahrtrichtung zusammengelegt werden und sind typisch für Amerika, wo sie in großen Stückzahlen verkauft werden. Parallel dazu stellt die künftige Grove-Tochter Coles, die noch nichts von ihrem Schicksal weiß, den Hydramobile 911 vor. Dieser selbstfahrende Hydraulikkran wird in der in Darlington angesiedelten Fabrik gefertigt und bewährt sich als Bau-, Hof- und Montagekran. Im Januar 1979 verkauft Grove den 20.000 Kran,

Bild 363: Der Galion Model 150 mit 7,2 t Traglast und 12-m-Ausleger beim Bau einer Umspannstation. Auto- und Stationärkrane bis 13,5 t runden das Programm ab – der Hersteller wird von Dresser übernommen.

Bild 364: Pettibone 160TK-LSPC mit eigenem Unterwagen mit Antriebskonfiguration 12x6. Der Kran hebt 72,5 t und ist zu seiner Zeit wohl einer der stärksten Hydraulikkrane des nordamerikanischen Marktes.

Pettibone soll nicht vergessen werden. Der verstärkt auch auf den deutschen Markt drängende Anbieter überrascht mit dem Teleskop-Großkran 160TK-LSPC mit 72,5 t Traglast, einem 12x6-Unterwagen und einem vierteiligen Ausleger, der mit Verlängerungen 61,5 m Rollenhöhe erreicht (Bild 364). Mit kleineren Mobilkranen und den RT-Kranen der SC-Reihe rundet dieser wichtige amerikanische Hersteller sein Programm ab.

gleichzeitig erwirbt man den amerikanischen Hubarbeitsbühnen-Hersteller Manlift Inc. und kann so nun auch Arbeitsbühnen anbieten. Ein, wie sich bald herausstellt, Produktionszweig mit erheblichem Zukunftspotential. Galion, schon im Verbund mit Dresser Industries ist mit seinen Truck- und Mobile Cranes in den 70er Jahren im amerikanischen Markt gut etabliert. Die Mobilkrane 80 bis 150 A (Bild 363) heben zwischen 8,1 und 13,5 t und sind dank Allradantrieb und -lenkung Helfer beim Bau, bei Industrieumzügen, aber auch bei der Beladung der nun in Mode kommenden großen Frachtflugzeuge mit den weit öffnenden Frontklappen.

Bild 364a: Auf den teleskopierbaren Gitterturm des GCI 5402 wird ein Grove-Tele-Oberwagen montiert, bis 78 m Rollenhöhe sind technisch machbar.

Ein Unikum aus Kanada darf nicht vergessen werden. GCI (General Crane Industries, wie Grove Tochter von Kidde) stellt Turmdrehkrane vor, die einen teleskopierbaren Arm haben, der direkt mit einem vierachsigen Straßenfahrwerk verbunden ist. Auf dem Turm wird ein aus dem Grove-Programm entlehnter Teleskopausleger montiert. 27,3 t Traglast bei 52 m Rollenhöhe oder 3 t bei 78 m Rollenhöhe sind die überzeugenden technischen Daten. Der mit

Kabelfernsteuerung in wenigen Minuten aufgebaute Kran fährt mit 62 km/h und kann damit auch in Europa über Autobahnen reisen (Bild 364a).

Blenden wir nun in den Andenstaat Peru, wo zur gleichen Zeit eines der ambitioniertesten Bauprojekte der Menschheit seit der Chinesischen Mauer beginnt: Das Wasserkraftwerk Itaipu, das die Wassermassen des Rio Paraná aufstauen und zur Energie-Erzeugung (12.600 MW) nutzen soll. Ein klassisches Einsatz-gebiet für riesige Kabelkrane. Diese basieren auf zwei zu beiden Enden der Staumauer errichte-ten Gittermastkonstruktionen, zwischen denen, ähnlich wie bei einer horizontal verlaufen-den Seilbahn, schwere Betonkübel, Kon-struktionsteile und Maschinen bewegt werden können. Die 185 m hohe Schwer-gewichtsmauer hat eine Kronenlänge von 1.406 m. Für den Bau des Staudam-mes müssen 13,21 Mio. m^3 Beton bewegt werden. Pohlig Heckel Bleichert (PHB) aus dem saarländischen St. Ingbert-Rohrbach erhält den Auftrag für den Bau zur wohl bisher größten Kabelkran-anlage überhaupt. Sieben Krane mit Spannweiten von 1.360 m und Stützen-höhen von 75/90 m werden bald errich-tet. Für das Hubwerk eines jeden Kranes wird ein 445 kW starker Elektromotor vorgesehen, der Katzfahrmotor ist eben-so stark. Neu bei diesen jeweils 20 t tragenden Kranen sind die 75 bzw. 90 m hohen parallelfahrbaren A-Stützen sowie die parallel dazu verfahrenden Gegen-

gewichtswagen. Zwei A-Stützen fahren bei diesen Kranen nun auf einer Schiene – verbunden sind sie durch das Tragseil. Die beiden zu einem Kabelkran gehö-renden A-Stützen verfahren synchron und decken somit eine Arbeitsfläche von 1.250 x 280 m ab (Bild 365). Zwei ver-setzt angeordnete Fahrbahnen erlauben es den A-Stützen, sich bis zu einem Tragseilabstand von nur 14 m anzunä-hern. Die Krane können sowohl vom brasilianischen wie auch vom paraguay-ischen Ufer aus per Funk gesteuert wer-den. Vor der Inbetriebnahme wurden die A-Stützen komplett vormontiert und anschließend mit horizontalen Spann-seilen zwischen Füßen und Stützen-hälften aufgerichtet. Hierbei finden die gleichen Spannsätze wie bei der Errich-tung des Olympiadaches 1972 in Mün-

Bilder 365 und 365a (nächste Seite): Die 1978 zwischen Brasilien und Paraguay begonnene Baustelle des Itaipu-Staudammes ist die weltgrößte. Sieben Kabelkrane mit jeweils 1.250 x 280 m Arbeitsraum und 20 t Traglast bringen 13,21 Mio. m^3 ein.

chen Verwendung. Trag- und Nackenseile haben 108 mm Durchmesser und
wiegen 69 kg/m (!). Gespeist werden die
Elektroantriebe aus einer 6.600 V/60 Hz-
Versorgung, die mit Leonardumformern

auf 440 V heruntertransformiert wird.
PHB realisiert den Auftrag zusammen
mit seiner brasilianischen Tochtergesellschaft. Im nächsten Jahrzehnt wird PHB
im O&K-Konzern aufgehen.

XI.

Die großen weltweiten Anbieter formieren sich
– Dennoch: viel Raum für Experimente

4,5 Mrd. Menschen beanspruchen im Laufe der vor uns liegenden Dekade auf der Welt ihren Lebensraum. Dies bedeutet zwangsläufig gewaltige Anstrengungen in Infrastruktur, Umweltschutz und Energieerzeugung. Schlüsseltechnologien dieser Zeit sind Roboter, Computer, Mikroprozessoren, Verbundwerkstoffe, Recyclingverfahren, Telekommunikation, Energiespeicherung und die Gentechnologie. Supercomputer wie der „Cray" schaffen 80 Mio. Rechenoperationen in der Sekunde; in den USA wird die größte Primzahl mit 13.395 Stellen berechnet.

Was das mit Kranbau zu tun hat, fragt sich der geneigte Leser? Gewichtsoptimierung, hochfeste Werkstoffe, größere Hubleistungen mit weniger Stahl – dafür aber bitteschön lange Ausleger. Der Forderungskatalog an die Kranbauer macht rechnen, konstruieren und evaluieren mit bisher nicht geahnten und für notwendig befundenen Mitteln notwendig. Nur ausgeklügelte Konstruktionen mit optimiertem Materialeinsatz bestehen im Markt, der immer härter wird. Ein Trost für die Liebhaber des Rechenschiebers: 1983 (sic!) ergeben sich erste Lösungsansätze für das berühmte Fermatsche Rechenproblem aus dem Jahr 1658. Unvorstellbar aber wahr – auch die Supercomputer packen es nicht, dieses scheinbar harmlose Zahlenrätsel in diesem Jahrzehnt zu lösen.

1981 arbeiten in Deutschland schon 1.350 Industrieroboter, ihre Zahl steigt jährlich um 25 Prozent. Japan liegt bei diesen Maschinen, die auch viele Krankomponenten schweißen und lackieren, weit vorn. Das Jahrzehnt der Superlative liegt vor uns. Es gibt den immer noch geschlossenen russischen Markt, der, wir werden es sehen, sich jedoch speziell für deutsche Mobilkrantechnik langsam öffnet. Es gibt den amerikanischen Markt mit wenigen großen Anbietergruppen, die Teleskop- und Gittermastkrane forcieren. Die Traglastgrenzen für erstgenannte Maschinen liegen bei Kranen US-amerikanischer Herkunft bis heute bei 300 t. Und es gibt die immer ambitionierteren deutschen Hersteller, die sich als die Erzeuger gigantischer Gittermast- und Teleskopkrane mit bisher ungeahnten Kräften qualifizieren.

Nachdem Demag 1978 die 800-t-Grenze durchbrochen hat, stellt Gottwald 1985 mit 1.000 t Traglast für einen Teleskopkran einen bis heute für diese Gattung unerreichten Rekord auf. Mit dem CC 12000-Raupenkran für 1.200 t Traglast rückt Demag wieder die Leistungsgrenze für frei verfahrbare Krane zurecht. In Amerika macht sich Neil F. Lampson auf, mit teilweise mehreren parallel fahrenden Raupenkranen Lasten von 1.645 t bei 26,4 m Ausladung zu heben und zu verfahren.

Bei Turmdrehkranen werden, speziell von Potain und Krøll, Dimensionen erreicht, die alle bisherigen Leistungsklassen von Obendrehern in die Schranken verweisen. Es ist erstaunlich, wie sich Bauverfahren und Krantechnologie gegenseitig beeinflussen. Für den Einsatz in Industriekomplexen, Raffinerien und Stahlwerken bewähren sich die einfachen und mit wenig Platzbedarf aufzustellenden schweren Teleskopkrane bestens. Sie können auch unter beengten Platzverhältnissen mit vertretbarem Aufwand aufgerüstet werden. Vorteil hierbei sind die ausfahrbaren Ausleger, die auf die gewünschte Arbeitslänge nach dem Aufwippen ausgefahren werden können. Anders sieht es bei der Umsetzung von Großprojekten wie Kernkraftwerken aus. Die Krantechnologie ist gegen Ende des Jahrzehnts in der Lage, gigantische Lasten aufzunehmen und dank riesiger Raupenfahrwerke über weite Strecken zum Einbauort zu transportieren. Die Vorfertigung von großen Komponenten, ein Verfahren, das sich auch bei der Konstruktion von Bohrinseln bewährt, wird erst durch die großen Raupenkrane von Lampson, Manitowoc, American Hoist, Demag, Liebherr, Hitachi und Sumitomo möglich. So lassen sich komplette Reaktorkuppeln für Kernkraftwerke außerhalb der Baustelle montieren und mit großen Raupenkranen in die endgültige Montageposition bringen. Doch bei kleinen Kranen sind Konstrukteure und Marketingmanager ebenso emsig.

Bild 366: Faun/Petter mit 40 t Traglast auf dem weitläufigen Werksgelände. Ab 1980 bietet Faun nun komplette Teleskopkrane an, die 1987 120 t Traglast erreichen werden.

Wir werden dieses letzte Kapitel eher chronologisch denn geographisch aufbereiten. Blieben wir jüngst bei Faun stehen, um zu reklamieren, daß man sich nur mit Fahrgestellen verdingt, so ändert sich dieser Tatbestand 1980. In diesem Jahr verlagert Liebherr zum selben Zeitpunkt die Produktion der Hafenmobilkrane von Ehingen nach Nenzing/Vorarlberg, erwirbt Faun die in Unna-Massen ansässige Petter GmbH, Hersteller von kleineren Hydraulikkranen seit 1978. Somit ist man erstmals in der Lage, komplette Teleskopkrane (Bild 366) anzubieten. 1984 erfolgt die Umwandlung in eine Aktiengesellschaft. Jedoch übernimmt Faun sich dabei und braucht schon bald frisches Geld. Orenstein und Koppel zeigt Interesse, kommt aber erst zum Zug, nachdem die Familie des Firmengründers Schmidt den Bereich Umwelttechnik zurückkauft und Faun-Kuka in Osterholz-Scharmbek (ehemaliges Büssing-Werk) in eine eigenständige Firma umwandelt. Dann übernimmt O&K 51 % der Aktien, 49 % verbleiben bei Familie Schmidt. O&K gliedert den Baumaschinenbereich von Faun dem eigenen Haus in Dortmund an. Im Stammwerk verbleibt die O&K/Faun Nutzfahrzeuge, Fahrzeugaggregate und Wehrtechnik, die 1990 von Tadano übernommen wird. Dieser Anbieter wird in den 90er Jahren in Japan gefertigte Oberwagen mit deutschen Fahrgestellen „verheiraten" und diese auf den Markt bringen. Parallel dazu werden Faun-Fahrgestelle mit bis zu sechs Achsen nach Japan geliefert, wo sie mit Tadano-Oberwagen zu Kranen für den japanischen Markt kombiniert werden. Als Hersteller für Kranfahrgestelle spielt Faun seit Anfang der 80er Jahre eine immer kleinere Rolle. Man hat die Entwicklung der hydropneumatischen Federung verschlafen. Große Anbieter, wie Gottwald, Krupp, Demag und vor allem Liebherr, Grove und P&H, setzen mittlerweile auf eigene Konstruktionen. Im September 1987 stellt Faun den sechsachsigen 120-Tonner HK 120.06 vor, den stärksten je selbst gebauten Teleskopkran. Parallel entstehen AT-Krane mit zwei bis vier Achsen und Traglasten bis 60 t.

Bild 367: Im Zuge eines Auftrages über 323 Krane wird der LTM 1055 S 4 von Liebherr nach Rußland für den Gasleitungsbau geliefert. Er gilt als Vater der AT-Technologie.

AT: ein neues Kürzel, ein neuer Krantyp

All Terrain-Krane, mobile Teleskopkrane, die sich sowohl auf der Straße mit auto- oder highwaytauglichen Geschwindigkeiten von einem Einsatzort zum nächsten bewegen und abseits der Straßen auch im extremen Gelände vorankommen, sie sind die Zauberformel der Mobilkranbauer in diesem Jahrzehnt. Sie sollen die Geländegängigkeit von Rough-Terrain Kranen mit der Mobilität der Straßenkrane kombinieren. Das ist teuer, technologisch aufwendig, aber schlußendlich von Erfolg gekrönt. Doch wie kommt es zu dieser Entwicklung und wer gibt den Anstoß?

Wenden wir den Blick in ein beschauliches Städtchen an der Donau. Im November 1981 gewinnt Liebherr-Ehingen gegen internationale Konkurrenz einen der wohl bedeutsamsten Aufträge in seiner Firmengeschichte. 323 Teleskopkrane im Wert von 360 Mio. DM werden in die UdSSR für den Bau von Gaspipelines

und Pumpstationen geliefert. Ein Kran mit sehr guten Geländeeigenschaften, leichter Verfahrbarkeit auf der Straße, einem komfortablen Federungssystem, das auch das Anheben des Aufbaues ermöglicht, all dies sind Forderungen an einen Kran, von dem die Legende, zu der Hans Liebherr schon zu Lebzeiten wird, erzählt, er habe ihn einfach auf ein Stück Papier gemalt und sinngemäß gemeint: „Wenn wir den nicht haben, dann bauen wir ihn eben." Die Silhouette dieser Strichzeichnung soll dem späteren LTM 1055 S 4 (Bild 367) sehr ähnlich gesehen haben. Dieser Vierachser gilt zu Recht als Vater der deutschen, wenn nicht gar der weltweiten, All-Terrain-Kran Technologie. In der Schnelläufer-version wechselt der LTM 1055 mit bis zu 65 km/h den Einsatzort. Alle vier einzelbereiften Achsen sind angetrieben und gelenkt. Eine hydropneumatische Federung sorgt für das Anheben und Absenken des Aufbaues um ± 300 mm. Für den Einsatz bei Temperaturen bis zu −50 °C sind erhebliche Umrüstarbeiten notwendig. Heizungen und Vorwärmeinrichtungen temperieren Motor- und Hydrauliköl, Batterien und Treibstoff. Krane wie dieser werden durch das Erdgasgeschäft UdSSR/BRD mit einer 5.000 km langen Pipeline von Sibirien notwendig. Der Bau muß schnell vorankommen, denn ab 1988 sollen jährlich 12 Mrd. m³ durch die Rohre strömen.

Dieser bisher unbekannte Krantyp beeinflußt künftig die gesamte Kranpalette von Liebherr. Mobile Krane aus Ehingen tragen von nun an das Kürzel LTM, die RT-Krane hören auf das Kürzel LTL. Auch im Raupenkranbau verdient

sich Liebherr erste Sporen: Der nach Kanada gelieferte LR 1600 hebt bei 50 m Ausladung bis zu 365 t schwere Wärmetauscher in 46 m hohe Reaktorgebäude (Bild 368). Das Angebot reicht vom 12-t-Industriekran über Teleskopkrane bis 200 t bis hin zu den Raupenkranen. 1983 wagt Liebherr den Schritt in den Nahen Osten. Die Saudi Liebherr Company Ltd. mit Sitz in Jeddah (50 % Beteiligung) wird neuer Vertriebspartner. Parallel dazu wird im japanischen Yokohama die Liebherr Japan Co. Ltd. zur Vermarktung der Fahrzeugkrane gegründet. Zahlreiche Raupenkrane und große Teleskopkrane werden nach Fernost exportiert. Übrigens kann man mit Kranen und Baumaschinen viel Geld verdienen. Die

Bild 368: Der 1981 vorgestellte LR 1600 von Liebherr ist ein Raupenkran mit Nadelderrick und 730 t Schwebeballast. Der Kran ist für 18.000 mt Lastmoment konstruiert und arbeitet in Kanada.

deutsche Ausgabe des amerikanischen Wirtschaftsmagazines „Forbes" attestiert Ende der 80er, Anfang der 90er Jahre der Familie Liebherr ein Privatvermögen von mindestens 1,4 Mrd. DM, und das ist noch sehr vorsichtig geschätzt. Damit gehört die Familie zum erlauchten Kreis der 81 deutschen Milliardäre, die gegen Ende dieses wechselvollen Jahrzehnts in Deutschland gezählt werden.

Krupp versucht ebenfalls in Japan Fuß zu fassen und geht ein Vertriebsabkommen für große Teleskopkrane mit Tadano ein. Bedeutende Stückzahlen sind allerdings nicht abzusetzen. Die japanischen Zulassungsvorschriften sind sehr streng.

Beim Straßentransport müssen bei vielen größeren Kränen die Ober- von den Unterwagen getrennt werden. Aufwendige Abstützungen für den Oberwagen sind die Antwort deutscher und ausländischer Krankonstrukteure, die bestehen wollen.

Zurück nach Deutschland. Gottwald sieht sich Mitte der 80er Jahre in wirtschaftlichen Nöten. Aufwendige Konstruktionen immer größerer Krane mit teilweise gigantischen Leistungen, aber kaum auf den Kunden „abwälzbaren" Konstruktions- und Fertigungsstunden erschweren das Mitschwimmen in einem Pool von Herstellern, die stärker das Baugruppenprinzip mit möglichst hohen Gleichteil-

Bild 369: Gottwald präsentiert 1985 den 20 t hebenden AT AMK 31-21 – ein eigenständiges Konzept mit einer kombinierten Kabine am Oberwagen.

Bild 370: Derrick-Ausleger, Schwebeballast und 1.200 t Hubvermögen kennzeichnen den AK 1200 von Gottwald für einen italienischen Kranverleiher. 1982 wird das Gerät vorgestellt.

quoten zu erfüllen suchen. Doch schauen wir uns einige der sensationellen Produkte genauer an. Gottwald verfolgt ein ganz eigenes Konzept bei AT-Kranen. Nur am Oberwagen befindet sich eine Doppelkabine, in der sowohl Fahrer- wie auch Kranführerplatz untergebracht sind (Bild 369). Bei Straßenfahrt wird der Ausleger nach hinten geschwenkt, eine Gelenkwelle vom Lenkrad zum Lenkgetriebe im Unterwagen eingesteckt und los geht's. Sieben AT's von 21 bis 100 t (AMK-Reihe mit zwei bis fünf Achsen) werden im Laufe des Jahrzehnts vorgestellt. Viele Exemplare des AMK 31-21 von 1985 arbeiten noch heute.

Wir wissen, Gottwald ist speziell bei Großkranen eine feine Adresse. 1980 wird der 1.000 t hebende Mobilkran MK 1000 vorgestellt. Käufer dieses Einzelstückes ist Sparrows in England, ein Verleiher mit einem Fuhrpark echter Giganten, der weltweit in der Offshore-, Chemie- und Bauindustrie eingesetzt wird. Diesem Kran folgt 1982 der nach Italien gelieferte AK 1200 für 1.200 t. Er ist strenggenommen ein absockelbarer Kran. Die Raupenfahrwerke dienen zum Verfahren ohne Last auf der Baustelle (Bild 370). Mit 16-m-Hauptmast wer-

den bei 3 m Ausladung 1.200 t gehoben. Praxisrelevanter sind beispielsweise 115 t am 107 m Hauptausleger bei 48 m Ausladung. Ein 276 kW starker MAN-Motor treibt zwei Verstell-, eine Einfach-, eine Tandem-, eine Zahnrad- und eine Axialkolbenpumpe für die unterschiedlichen Verbraucher an. Anfang 1985 reist der 1.000 t hebende AMK 1000-103 (103 steht für 10 Achsen und ein 3m breites Fahrgestell) Teleskopkran (erste Bezeichnung AMK 800) nach Mainz zu den stolzen Betreibern Friedel und Uwe

Bild 371: Der AMK 1000 von Riga bei der Eröffnung der Mercedes Benz Niederlassung Mainz mit einem Hub, der in das Guiness-Buch der Rekorde einging. Die Hubkraft dieses Teleskopkranes von 1.000 t ist bis heute unerreicht.

Langer, die auch an der Konstruktion maßgeblich mitgewirkt haben (Bild 371). Wichtiges Merkmal neben der imposanten Leistung ist das HPC-Auslegerprofil (High-Power-Control). Stark dimensionierte Eckprofile und Trapezbleche zur Verbindung sind die Besonderheiten der Konstruktion, die am 62 m langen Hauptausleger bei 10 m Ausladung noch 175 t Traglast zuläßt. Mit dem Speed Connection System wird der Ausleger, er reist auf einem separaten Transporter zum Einsatzort, an den mit Wippzylindern am Oberwagen verbleibenden Mastfuß angebolzt. Spann- und Maxilift-Einrichtungen erhöhen die Traglast zusätzlich.

Dazu ein kurzer Hinweis. Das Abspannen von Teleskopauslegern wird von Gottwald, Liebherr und Demag forciert. Abspanneinrichtungen sind eine einfache Konstruktion mit großer Wirkung. Teleskopausleger biegen sich, wenn sie weit

Bild 373: Caterpillar Triebkopf mit Gottwald-Geländekran G 45 speziell für die rauhen Bedingungen im Braunkohletagebau mit typischer Last: einem aufgetrommelten Fördergurt.

ausgeschoben sind, konstruktionsbedingt durch, was zwangsläufig die Ermüdung des Werkstoffes vorantreibt und die Traglast reduziert. Diese Biegebelastungen können Werkstoffe und Konstruktion nur bedingt abfangen. Um die Hubleistung der Ausleger bei großer Ausladung und Länge zu erhöhen, werden sie abgespannt – also nicht mehr auf Biegung, sondern auf Druck belastet. Wie das geht? Recht einfach. Auf der Oberseite des untersten Auslegerschusses wird ein ausklappbarer kleiner Mast mit Seilwinde montiert (Bild 372). Das Seil wird mit dem Auslegerkopf am vordersten Tele-

Bild 372: Tandemhub mit zwei abgespannten Demag-Teleskopkranen (links AC 810, 300 t; rechts Demag AC 1600, 500 t). Bei großen Ausladungen mit langen Auslegern können bis zu 70 % mehr gehoben werden, denn der Ausleger wird von kritischen Biegemomenten entlastet.

skopschuß verbunden, gespannt und die Winde arretiert – dieses Nackenseil dient nicht, wie anfangs einige glaubten, dem Wippen des Auslegers, es ist allein dazu da, Biegespannungen aus dem Ausleger zu nehmen. Diese Konstruktion macht den AMK 400/500 in Verbindung mit dem HPC-Profil besonders leistungsfähig.

Übrigens entstehen bei Gottwald auch sehr interessante Krane für den Braunkohle-Tagebau. Zu nennen sind der mit einem Caterpillar-Scrapertriebkopf kombinierte G 45 für 45 t Hublast (Bild 373) und spezielle vierachsige AT-Krane von 80 bis 125 t Tragkraft, die dank großvolumiger Spezialreifen, besonders niedrig untersetzten Endantrieben und 750 mm

Bild 374: Größtmögliche Auslegerkombination mit maximalem Ballast (auf Wagen hinter dem Kranheck) des Demag CC 12600, der Weiterentwicklung des CC 12000. Großkrane wie dieser haben Einfluß auf den Anlagenbau. Mit über 60 Tiefladern reist der Kran zerlegt von einem zum nächsten Einsatzort.

Bodenfreiheit bei 25 km/h bis zu 70 % Steigung überwinden können. Ende der 80er Jahre, auf den Zeichenbrettern befindet sich schon der AMK 401-83 mit zwei Motoren im Unterwagen und keinem mehr im Oberwagen, wird die komplette Teleskopkrantechnologie von Gottwald an Krupp verkauft. 1988 übernimmt Mannesmann-Konzern die restlichen Produktionszweige mit der Gittermasttechnologie. Diese rundet das vorhandene Demag-Programm gut ab. Im Zuge der Produktbereinigung wird die Fertigung der Gittermastautokrane bei Mannesmann Demag Baumaschinen in Zweibrücken zusammengefaßt und Gottwald konzentriert sich in Düsseldorf ganz auf Hafenmobil-, Eisenbahnkrane und Sondergeräte. Seit Produktionsbeginn wurden 500 Hafenmobilkrane für Kunden auf allen Kontinenten gebaut.

1987 ist das Demag-Jahr. Angespornt durch die italienische Decalift-Gruppe von Carmine Devicia wird der Raupenkran CC 12000 für 40.000 mt Lastmoment gebaut (Bild 374). Derrickmast und separater Gegengewichtswagen erlauben es, 2.000 t bei 60 m Radius zu heben. Der Kran wiegt, nur um die Dimensionen einmal zu verdeutlichen, mit Gegengewicht, 54 m Hauptausleger und schwerer Hakenflasche 1.410 t. Zahlreiche Auslegerkombinationen, vom einfachen Hauptausleger bis hin zum 108-m-Hauptausleger mit 102-m-Wippe, Derrickausleger und Schwebeballast prädestinieren ihn für den allerschwersten Anlagenbau. Bei schweren Teleskopkranen ist Demag dank des patentierten Ovaloid-Auslegerprofiles ebenfalls gut im Rennen.

Bild 375: Der Krupp 500 GMT mit spreizbarem Heckfahrwerk und Derrickausleger macht sich bei klirrender Kälte in Belgien bereit für das Aufwippen des mächtigen Auslegers.

Schauen wir bei Krupp vorbei, der neuen Gottwald-Mutter. 1983 wird der Krupp-Konzern komplett restrukturiert. Die Kranbauer in Wilhelmshaven firmieren von nun an als Krupp Industrietechnik. 1984 blickt die Kranwelt nach Wilhelmshaven, wo der 400 GMT (später 500 GMT) erstmals aufgerüstet wird. Das Dämmerlicht auf dem norddeutschen Testgelände offenbart tatsächlich ein nie dagewesenes Fahrwerkkonzept für diesen Teleskop-Superkran. Vorderwagen, Drehtopf und Heckfahrwerk sind bekannte Unterwagenkomponenten. Die Einmaligkeit ist das längs teilbare Heckfahrwerk, das in Zusammenarbeit mit dem französischen Schwerlastspezialisten Nicolas entwickelt wird. Was ist denn das? Um Gewicht zu sparen, so denken sich die Krupp-Ingenieure, muß man Fahrwerk und Abstützungen miteinander vereinen – eine Komponente, zwei Funktionen. Das hinter dem Drehtopf montierte Unterwagenteil wird im Kranbetrieb hydraulisch längs geteilt, besser gesagt, ausgeklappt (Bild 375). Bei Straßenfahrt trägt es die Last des Kranes, auf der Baustelle werden die beiden Rahmenhälften abge-

Bild 376: Herzstück des 1989 von Krupp vorgestellten Mega-Track Fahrwerkes für Mobilkrane ist ein Federbein für jedes Rad. Weniger Reifenverschleiß und gute Geländegängigkeit werden ins Feld geführt.

Bild 377: So sehen die KMK's (Krupp Mobil Krane) aus, die nun mit Einzelradaufhängung auf die Straße und ins Gelände gehen. Hier beim Testgelände der Bundeswehr-Erprobungsstelle in Trier.

Sie soll mehr Bodenfreiheit, bessere Fahreigenschaften und 30% weniger Reifenverschleiß bei den AT's (Krupp nennt sie KMK = Krupp Mobil Kran) von 40 bis 160 t bringen. Das Prinzip wird von Herstellern und Betreibern anfangs kontrovers diskutiert, schlußendlich eingeführt und bewährt sich nach anfänglichen Kinderkrankheiten gut (Bild 377).

Nachahmer hat es in der Kranwelt allerdings nicht gefunden. Megatrack soll zudem die Realisierung modularer Fahrgestelle erleichtern. Was ist das? Ganz einfach. Die Modularität gestattet es, einen 50-t-Teleoberwagen beispielsweise auf ein drei-, vier-, fünf- oder sogar sechsachsiges Fahrgestell zu montieren. Landesspezifische Zulassungsbedingungen werden somit besser erfüllt (erinnert sei an die Brückenformel in einigen skandinavischen Ländern). Dieses Feature bringt den japanischen Baumaschinen-

spreizt und dienen als Abstützung. Die erhebliche Abstützweite ist das größte Hindernis – nur etwa fünf Einheiten werden verkauft. Die 1988 vollzogene Übernahme der Gottwald-Teletechnik gilt als ein guter Griff. Die Kruppianer lassen die Fachwelt nicht „aus ihren Fängen". Schon ein Jahr später kommt die Mega Track-Einzelradaufhängung mit hydromechanischen Federbeinen für jedes einzelne Rad (Bild 376).

Bild 378: Der Omega-S wird von Harnischfeger in Deutschland und in den USA entwickelt und ist einer der ersten echten AT-Krane. Auf der Bauma 1983 wird er offiziell vorgestellt.

konzern Komatsu auf die Idee, Krupp-Krane unter eigenem Namen in Japan anzubieten.

P&H möchte bei all dieser AT-Euphorie verständlicherweise nicht zurückstehen und präsentiert 1983 mit dem Omega S-35/40 (35/40 t je nach Landesversion) den dritten rein europäischen All-Terrain-Kran aus Dortmunder Fertigung. Der mit mittiger Kabine am Unterwagen und einer weiteren am Oberwagen ausgestattete Zweiachser (Bild 378) knüpft an die kleineren Brüder Omega S-15 (15 t) und Omega S-20 (20 t) an, die ab 1980 in Dortmund gefertigt und in alle Welt exportiert werden, darunter auch in das Heimatland von Harnischfeger. Diese wiederum basieren auf den Geländekranen R 150, R 180 und R 200 (deren Vorläufer ist der WS 250 M).

1985 markiert für den Traditionshersteller Fuchs eine Wende. Seit dem 15. Juli gehört Fuchs zum Baggerbauer Schaeff aus Mainburg. Künftig sind die Seilmaschinen mit Teleskopausleger (MTK), die Mobilseilkrane (MSK), die Mobilseilbagger (MSB) und die Mobilbagger (MHB) Stütze der Fertigung. Lade- und Umschlagmaschinen auf Raupen und Rädern (MHL/RHL) runden das Programm ab und machen diesen Anbieter in Deutschland zum Marktführer im Schrottumschlag. Zur gleichen Zeit festigt Sennebogen seinen Ruf. Gittermastkrane

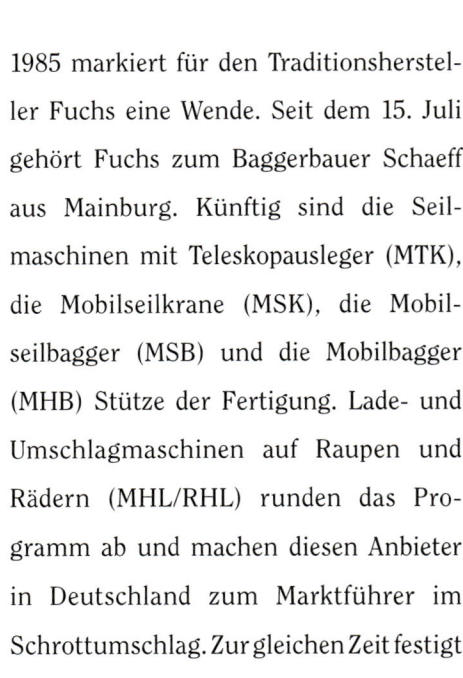

Bild 379: Mobilkran von Sennebogen. Die neun Hebezeuge dieses Anbieters decken den Bereich von 15 bis 45 t ab. Mobil-, Raupen- und Lkw-Fahrgestelle sind im Programm.

mit Mobil- und Raupenfahrwerk und als Aufbaukrane für Lkw machen im Bausektor eine gute Figur. Ende der 80er Jahre werden die Seilmaschinen der S-Serie mit Traglasten von 12 bis 35 t angeboten, die Auslegerlängen sind auf Baustellenverhältnisse mit Längen von 20 bis 31 m gut angepaßt (Bild 379).

Machen wir einen Zwischenstop bei den Turmdrehkranen. Die Baustellen der Welt verändern sich. Platzsparende Lösungen, zumindest was den Ausleger betrifft, werden gesucht. So entwickelt Liebherr die HC-L-Reihe mit gelenkig aufgehängtem Gegengewicht und Verstellausleger (Bild 380). Krane dieser Art haben in den engen Metropolen der Welt viel zu tun. In London, um nur ein Beispiel zu nennen, ist der Einsatz von Katzauslegern nicht möglich, da der Ausleger des Baustellenkranes aus versicherungstechnischen Gründen nicht über Nachbargrundstücke reichen darf, was ein kreisrund arbeitender Katzausleger ja

Bild 380: Liebherr F 500 HC-L von 1984. Das Gegengewicht dieses Verstellauslegerkranes für den Hochhausbau ist gelenkig aufgehängt, je größer die Ausladung, desto weiter entfernt es sich von der Drehmitte.

Bild 381: 1983 ist dieser Emscor/König K-65 mit Teleskopturm auf dem Weg zum Einsatz – mit typischem US-Zugfahrzeug versteht sich.

zwangsläufig tut. Hier spielen Verstellausleger ihre Trümpfe aus.

Der us-amerikanische Markt öffnet sich zunehmend für Turmdrehkrane. Das führt zu Kooperationen und neuen Vertiebsabkommen. Ein Beispiel gefällig? König Baumaschinen, seit 20 Jahren mit kleinen Untendrehern erfolgreich, vergibt eine Lizenz an Emscor in Houston. Dort werden die König-Produkte folgerichtig als „King-Crane" offeriert. Die

Bild 382: Ein selbstaufstellender Obendreher mit bis zu 40 m langem Ausleger ist der Reich RSTK 210 mit Biegebalken-Katzausleger. Ein Vorläufer der heutigen Citykrane.

Typen K-45 und K-65 (Bild 381) sollen amerikanische Unternehmen für deutsche Hochbautechnik begeistern. Generell prägen untendrehende Schnellaufsteller in den 80er Jahren das Bild der immer enger werdenden Citybaustellen. Wichtige Anbieter sind neben den vorgenannten BPR, Cadillon, Fauré, Peschke, Peiner, Pingon, Zeppenfeld.

Wolff in Heilbronn macht sich ein Jahr nach dem 125jährigen Jubiläum an die Überarbeitung der Systemkrane und stellt 1986 den WK 43 SL vor; einen obendrehenden Laufkatzkran als Alternative zu den Schnellaufstellern im 30- bis 40-m-Bereich. Wenig später experimentiert man mit neuen Kranantrieben. Der Hydro 320 B verfügt über hydraulische Antriebe und soll folglich auch auf Bohrinseln und anderen Einsatzgebieten, bei denen E-Antriebe verpönt sind, genutzt werden. Zwei Jahre später wird der WK 160 B mit elektromechanischen Antrieben sowie Nadel- oder Katzausleger vorgestellt.

Bild 383: Der 1986 von Liebherr vorgestellte HC 3150 ist der größte Katzausleger-Turmdrehkran mit Kletterwerk. Hier beim Wechseln von Filterelementen in einem Kraftwerk im Ruhrgebiet.

Mit einer recht auffälligen Krankonstruktion macht sich Reich aus Nersingen bei Ulm bemerkbar. Der Vorläufer der Schnellmontagekrane ist der RSTK 210 – ein Obendreher (Bild 382), der nach dem Straßentransport abgesockelt wird und sich dann selbst aufstellt. Einmal in Betrieb, kann der Biegebalkenausleger manuell von 14 auf 40 m verlängert werden, dazu müssen allerdings mindestens zwei Monteure in den Katzausleger klettern. Bewährt hat sich diese Konstruktion nicht, beweist aber den hohen Stand der Ingenieurskunst, die zu früh den selbstaufstellenden schnellen Citykran wollte. Liebherr lenkt mit untendrehenden Schnelleinsatzkranen der K-Serie mit Auslegerluftmontage und dem 1981 vorgestellten 450C/750 als höchsten freistehenden und verfahrbaren Turmdrehkran mit 122 m Hakenhöhe die Aufmerksamkeit auf sich. 1986 folgt der HC 3150, der als größter obendrehender Katzausleger-Kletterkran gilt (Bild 383). Um die Finanzen zu konsolidieren trennt sich Peiner von der amerikanischen Tochter American Pecco und übergibt den Kranbestand an diverse Verleiher.

Europa in den 80ern: wahrlich keine ruhigen Zeiten

Ein rauher Wind weht. Die Rezession bläst vielen kleinen Herstellern das Lebenslicht aus. In Italien ist es besonders schlimm, die Kranabsätze gehen um 90 % zurück – nur wenige Hersteller haben finanziell Speck angesetzt und stehen die schweren Jahre durch. In der zweiten Hälfte der 80er Jahre beschließen die Verantwortlichen von Raimondi in Legnano bei Mailand, sich künftig ganz auf Turmdrehkrane zu spezialisieren. Produkte wie Betonmischmaschinen verschwinden aus dem Programm. Die formschönen und unverwechselbaren Obendreher finden Abnehmer in der ganzen Welt. Die Geschichte von Raimondi läßt sich bis 1853 zurückverfolgen.

Bild 385: 1989 machen Eurogru-Amici mit einem Kran auf sich aufmerksam, der entweder ein riesiger Ladekran oder ein kleiner auf Lkw-Chassis montierter Telekran ist.

Bild 384: So stellt sich ein Ferro-Kran selbst auf. Die 1980 vorgestellte F-Serie besteht aus fünf Typen. Ferngesteuert kann von Zwei- auf Vierstrangbetrieb umgeschaltet werden.

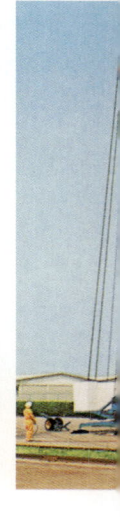

Ferro aus Mailand blickt auf eine 50jährige Tradition im Kranbau zurück und beglückt den italienischen Markt mit selbstaufstellenden Untendrehern der F-Serie. Sie besteht aus fünf Kranen mit Ausladungen von 16 bis 36 m und Tragkräften von 500 bis 4.000 kg (Bild 384). Marchetti aus Piacenza baut den ersten eigenen AT-Kran, den MG 344 mit 28 t Traglast und 4x4x4-Antrieb (Allradantrieb und -lenkung). Hier wird erstmals ein CVS-Chassis verwendet. Auf Konstruktionen dieses Spezialfahrgestell-Herstellers greifen unter anderem auch Rigo, P+H/Century II zurück. Die Fahrbewegungen können, wie beim Wettbewerb, bei diesem Kran sowohl von der Ober- wie auch von der Unterwagenkabine gesteuert werden. Ein

Jahr später erblickt der MG 144 mit 24 t Traglast das Licht der Kranwelt, er ist nun wieder komplett selbst gefertigt. Ihm folgt der fünfachsige MG 196 und 1986 ein 200 t hebender Sechsachser mit maximal 98 m Rollenhöhe als Topkran im Sortiment. 1989 machen Eurogru-Amici mit einem Kran auf sich aufmerksam, der entweder ein riesiger Ladekran oder ein kleiner auf Lkw-Chassis montierter Telekran ist (Bild 385). Die Typen 650 UP und 700 UP heben bis zu 60 t und verfügen über bis zu 39,5 m lange Ausleger.

Luna ist in Spanien aktiv. Der GT-300 ist ein mächtiger achtachsiger Teleskopkran mit 300 t Traglast und einem sechsfach gekanteten 52 m langen Ausleger (Bild 386). Natürlich ist er der größte der iberischen Halbinsel. RT-Krane (22 bis 50 t) und drei Gittermastkrane von 70 bis 200 t vervollständigen die „Range" der Spanier.

1981, Pläne für einen privat finanzierten Tunnel zwischen England und Frankreich werden wieder einmal diskutiert, geht Ruston Bucyrus ganz in britischen Besitz über. Die neue Firmierung ist R-B

Bild 386: Der Luna GT-300 hat einen 52-m-Teleausleger und hebt 300 t. Ein Krangigant, der auch nach Kuba und Angola exportiert wird. Mittlerweile prägen AT-Krane das Programm dieses spanischen Kranbauers.

International plc. und man gehört zur Lincoln Industries Group of Companies. Es entstehen die R-B „Long-Reach Bagger", aus denen später die Seilbagger/Raupenkrane mit Einsatzgewichten bis zu 100 t „erwachsen". Für Ransomes & Rapier beginnt ab 1987 eine Odyssee. Die neuen Eigner, Hollies Industries, schließen die Fabrik in Ipswitch und legen die Krankapazitäten von Ransomes & Rapier sowie Stothert & Pitt in Bath zusammen. Hollies Industries gehört dem berüchtigten Pressezaren Robert Maxwell. Dieser entscheidet sich zum Ausstieg aus seinen Schwerindustrieaktivitäten und verkauft Stothert & Pitt zusammen mit deren Tochtergesellschaft an den ehemaligen Hollies-Geschäftsführer Colin Robertson. Wiederum ein Jahr später muß die Gesellschaft Konkurs anmelden. NEI Clarke Chapman kauft Stothert & Pitt, und Wettbewerber Bucyrus erwirbt die Rechte an den Draglines von Ransomes & Rapier. Ransomes & Rapier-Verkaufschef Tom Crean und Chefkonstrukteur Terry Neale suchen krampfhaft nach einem neuen Investor – und finden ihn schließlich in David Fry, dem Begründer von Cliffe Holdings. Dieses Firmenkonglomerat unterhält in seiner Tochtergesellschaft Cliffe Construction eine große Flotte von NCK-Kranen. Man ist also mit dem Produkt bereits von Betreiberseite vertraut. Cliffe übernimmt NCK, man firmiert nun unter NCK Cranes Ltd. Kurz darauf suchen die Verantwortlichen nach einer neuen Fertigungsstätte – und finden sie tatsächlich wieder in Ipswitch, Suffolk. Bald werden 20 Mitarbeiter angeworben. Im Juli

1989 startet der Verkauf der ersten beiden Raupenkrane Ajax C75 mit 66 t Traglast. Das kleine Unternehmen muß sich primär den Wettbewerbern Manitowoc, R-B Lincoln, Liebherr, Sennebogen, Fuchs und den Japanern Hitachi und Sumitomo stellen. Das Programm besteht aus vier hydraulisch gesteuerten Raupenkranen und mit bis zu 300 t. Für 1990 werden ein 50 t tragender HC50 und ein verstärkter HFC80 als Trägergerät für Rammen und Bohrgeräte angekündigt.

Wir wechseln zu Grove, und zwar in unserer Europa-Sektion. Nicht ohne Grund. Im April 1981 vermelden die Amerikaner den Verkauf des 25.000sten Kranes, einen Autokran vom Typ TM2500. Die Armee ist traditionell ein guter Kunde. Zwei Jahre später gewinnt man einen Auftrag über 6.500 spezielle Ladekrane für die US-Streitkräfte. Sie haben jeweils 11 t Trag-

Bild 387: 81 t vermag der größte RT-Kran der Welt frei zu verfahren. Eine hebbare Kabine erleichtert dem Fahrer die Arbeit.

last und werden am Heck der hochgeländegängigen und allradgetriebenen Oshkosh-HEMITT (Heavy Expanded Mobility Tactical Vehicle) montiert (Auftragsabwicklung bis 1991). Im Oktober 1984 macht Grove in den USA und in England gleichermaßen von sich reden. Denn es folgt mit der Übernahme des 1890 gegründeten englischen Kranherstellers Coles wohl der wichtigste Neuerwerb in der Firmengeschichte. Der im nordwestenglischen Sunderland ansässige Kranbauer macht seit Jahrzehnten, wir haben es gesehen, mit interessanten Entwicklungen auf sich aufmerksam. Zudem erleichtert eine Fertigungsstätte in Europa, wie sie Rivale P&H schon hat, den Marktzugang erheblich. Währungsschwankungen und Importbeschränkungen für außereuropäische Produkte lassen sich somit vorzüglich ausgleichen. Ein Handicap, unter dem beispielsweise japanische Gabelstaplerhersteller leiden, die in diesem Jahrzehnt Fuß fassen wollen in der alten Welt. Ende 1986 ergeht an Grove der Auftrag, 269 RT-Krane des Typs RT875CC für die amerikanischen Streitkräfte zu bauen. Im gleichen Jahr wird mit dem TM3000 die magische Traglastgrenze von 300 t bei Teleskopkranen erreicht. Das erste Gerät mit 3 m breitem Chassis geht ausgerechnet in die mit Straßenzulassungsvorschriften besonders strenge Schweiz, wo sich Kranverleiher Piatti schon sehnlichst auf den größten je in Amerika gefertigten Teleskopkran freut.

Bei RT-Kranen wird in diesem Jahrzehnt ein bis heute ungeschlagener Rekord aufgestellt. Der vierachsige Grove RT 1650 für 135 t Traglast (Bild 387) hat einen

Bild 388: AT 400 von Grove im Pick-and-Carry Betrieb. Der Unterwagen wird dabei aus der Oberwagenkabine gesteuert.

fünfteiligen Ausleger, der mit Spitze 82,3 m hoch in den Himmel reicht. Im November 1987 übernimmt der britische Hanson-Konzern die Kidde-Gruppe (Grove-Mutter). Grove gehört nun zum Bereich Maschinen und Anlagen des weitverzweigten englischen Unternehmens, das von einem echten Lord geleitet wird. Verständlicherweise möchte Grove auch bei AT-Kranen mitmischen und stellt 1986 den parallel in England und in den USA hergestellten AT 400 vor (Bild 388). Der Zweiachser hat Allradlenkung und -antrieb, einen 21-m-Ausleger und erreicht mit der Klappspitze 36,3 m Rollenhöhe. Ende 1989 werden die Krane AT700B, AT700BE, AT880, AT1100, AT1500, TMS700B und die Lkw-Ladekrane von National der Reihe 1200 vorgestellt, so viele Neuheiten wie nie zuvor.

Kurz zurück nach England. Der erst ein Jahr alte neugegründete LMB-Anbieter Wylie Weighload präsentiert den ersten auf Mikroprozessoren basierenden Überlastbegrenzer MK2. Er ermittelt Lastdaten über Druckzellen, berechnet Stand- und Kippmoment permanent

Bild 390: Lastra LK 4500 beim Anpassen der neuen Derrickausrüstung (Statik von Müller) mit 480 t Prüflast. Die Typenbezeichnung bedeutet: LK = Lastra Kran; 4500 = maximales Lastmoment in mt.

Bild 389: Tornborgs Magni S-46 von 1989 hat einen ähnlich wie ein Taschenmesser zusammenklappbaren Ausleger für Einsätze in engen Innenstädten.

und zeigt die Kranauslastung digital auf einem Display an.

In Schweden erwirbt der finnische Konzern Oy Partek AB durch eine Kapitalerhöhung 40% des Aktien-Paketes von Hiab-Foco, die seit 1967 so firmieren. Im darauffolgenden Jahr übernimmt Partek die restlichen Anteile und hat nun neben seinen Baustoff-Aktivitäten noch ein profitables Standbein in der Technik.

Tornborg, schwedischer Turmdrehkranhersteller, erweitert seine Magni-Serie mit dem Typ S-46. Merkmal dieser Krane ist der wie ein Taschenmesser zusammenklappbare Ausleger, der in Kranhochachse zusammengefaltet werden kann (Bild 389). Pinguely trennt sich 1985 vom Rüstungskonzern Creusot-Loire und kann Solem nun als wichtigsten Teilhaber begrüßen. All-Terrainkrane

Bild 391: Sehr viel Arbeit und Können steckt in der Montage riesiger Auslegersysteme mit Wippspitzen wie hier beim LK 4500. Jeder Griff muß sitzen, sonst sind die Folgen fatal.

von 20 bis 40 t Traglast, ein kleiner 8 t hebender Industriekran und die Kombibaumaschine TL 75, eine Mischung zwischen Bagger und Radlader, sind neben dem Stahlbau und der Pflege von insgesamt 3.000 ausgelieferten Kranen die Hauptaktivitäten der 49 Personen umfassenden Belegschaft.

Langlebige Superkrane in Holland

Was ist aus den großen Gittermastkranen der 70er Jahre geworden? Sie sind beileibe keine Eintagsfliegen. Von Bohne über Richter (AKR) und Franke wandert der schwere 500-Tonner K 5000 nach Müller-Konstruktionen. Lastra in Holland baut den Kran teilweise neu auf und setzt ihn als LK 4500 ein (Bild 390, 391). Ein Beweis, wie lange Gittermastkrane „leben" – 20 Jahre sind bei großen Maschinen keine Seltenheit. Oft erfahren sie im Laufe ihres Lebens zahlreiche Modifikationen an Fahrgestell und speziell am Auslegersystem. In den 80er Jahren etabliert sich Munsters HMC aus dem holländischen Erp mit untendrehenden Turmdrehkranen, die auf Lkw-Fahrgestelle und auch auf Raupenfahrwerke (Bild 392) gebaut werden. Dieser Anbieter fertigt auch Hafen-, Offshore- und Laufkrane.

USA: Von der Rezession heftig geschüttelt

Der Konzentrationsprozeß in der amerikanischen Baumaschinenindustrie schreitet unaufhörlich voran. Der Baumaschinenriese Koehring wird offiziell am 30. November 1980, im Jahr des gigantischen Vulkanausbruches des Mount St. Helen bei Seattle, von AMCA International Corporation übernommen, einem Tochterunternehmen von Dominion Bridge Company Ltd. aus Montreal in Kanada. Koehring erhält den Auftrag, 1.000 RT-Krane des Typs LCD 150 in den kommenden vier Jahren an die US-Armee zu liefern (Wert 58 Mio. $). 1980 stellt Kobelco den ersten RT-Kran nach P&H-Lizenz vor. Drei Jahre später folgt sogar eine eigene Konstruktion, die noch besser auf die Marktbedürfnisse in Japan zugeschnitten ist.

Die NASA kann auf Krane beim Space Shuttle-Programm nicht verzichten und bestellt 1981 bei American Hoist & Derrick schwere Derrickkrane, um das Spaceshuttle bei seinen Erprobungsflügen auf das Trägerflugzeug, einen modifizierten

Bild 392: Der HMC CRL 740 von Munsters wird fernbedient und hebt 6 t bei 15,3 m Ausladung. Seine Hakenhöhe erreicht 24 m. Ein DAF-Diesel treibt einen Generator an, der die Kranmotoren versorgt.

Jumbo-Jet, zu heben. Das Mobilkrangeschäft dieses Herstellers macht kontinuierlich Verluste und wird 1988 an die American Crane Corporation verkauft. Dieser neue Hersteller ist bisher nur Insidern bekannt. Die Gründer sind Investoren, von denen sich einige bereits bei der Sanierung von Ohio Locomotive Cranes Co. (Hersteller von Eisenbahnkranen) engagiert hatten. Die Fertigung wird alsbald in Wilmington, North Carolina, konzentriert. Hier entstehen Abschlepp-, Eisenbahn-, Raupenkrane und Sonderlösungen. Ein 9320 Sky Horse und ein mobiler Gittermastkran 7150 werden entwickelt. Schon bald folgen spektakuläre Neuvorstellungen, die jeweils mit dem Zusatz „Horse" gekennzeichnet sind. Dazu gehören der Super Sky Horse, der Ringlifter Ring Horse, der M-1000 (315 t) und der M-1500 (900 t am Hauptausleger ohne traglaststeigernde Zusatzeinrichtungen).

Der mit einem rückwärtigen Ballastwagen (Bild 393) speziell für weiträumige amerikanische Baustellen ausgerüstete Super Sky Horse, der auf einem American 11320 Raupenkran

basiert, ist ein wichtiger Schritt hin zu superschweren Raupenkranen. Er kann mit 900 t Last drehen und verfahren. Mit dem 180-m-Hauptausleger ist er in der Lage, bis zu 63 t zu heben.

Manitowoc ist mit der Lieferung schwerer Gittermast- und Raupenkrane für die Erprobung neuer Kernwaffen im ausgedehnten Testgelände bei Mercury in Nevada beschäftigt. Ein 3950WT Gittermastkran (Bild 394), aufgebaut auf einen Pierce-Carrier, bohrt Löcher zur Aufnahme von Meßinstrumenten. Ein Raupenkran vom Typ 4600 wird in Ringer-Aus-

Bild 393: Der Super Sky Horse von American Crane besteht aus Raupenkran 11320, Gittermast-Hauptausleger, Wippspitze und Ballastwagen. Die Abmessungen sind für amerikanische Baustellen kein Problem.

Bild 394: Manitowoc 3950WT mit Bohrausrüstung auf dem Atomwaffen-Testgelände des Department of Energy (DOE). Der schwere Sechsachser hebt 144 t.

"heruntergefahren" werden. Da liegt es nahe, einige Produktgruppen zu Barem zu machen. 1981 folgt deshalb der Verkauf der gesamten schweren Krane an Kobelco in Japan, schon seit Jahrzehnten Lizenznehmer. Im Gegenzug erwirbt Kobelco 10% der Harnischfeger-Aktien. Ein Jahr darauf wird der Prototyp der Raupenkran-Serie 5000 vorgestellt. Der schon angedeutete Hybrid-Raupenkran, mit sowohl mechanischer wie auch hydraulischer Windensteuerung. Ab 1985 ist die nochmals umbenannte Serie 7000 auf dem Markt (Bild 396). Diese hydraulischen Raupenkrane lösen die seit 1959 gebauten Raupenkrane der Serie 300 nun endgültig ab. Am 1. Dezember 1984 feiert

führung zum Entladen von Schiffen und Bargen (Bild 395) eingesetzt. Ein weiterer interessanter Kran ist ein mit Derrick-Ausleger und vorgebautem Crawler zur Aufnahme von Haupt- und Derrickausleger ausgerüsteter Raupenkran 4600 für 315 t.

P&H in Milwaukee durchlebt schwere Zeiten. Von 1979 bis 1982, dem Jahr des größten Kurssturzes an der New Yorker Börse seit 1929, muß die weltweite Belegschaft von 8.000 auf 3.800

Bild 395: So sieht ein schwerer Ringer-Kran aus: Vom Manitowoc 4600-Raupenkran ist fast nichts mehr zu sehen.

der Harnischfeger-Konzern in West Milwaukee, Wisconsin, sein hundertjähriges Bestehen. Durch ein Leveraged Management Buyout wird P&H ein von Harnischfeger unabhängiger Kranhersteller, der fortan als Century II firmiert, das P&H-Label aber noch als Markenzeichen weiter benutzen darf. Anfang der neunziger Jahre erfolgt der Aufkauf durch die Terex Crane Corporation, der noch weitere Kranhersteller angehören sollen (PPM, Lorain, Koehring, Marklift, P&H, Bendini). Ein uns seit vielen Jahrzehnten begleitender Hersteller steigt aus dem

Reigen aus. 1985 verkauft Bucyrus sein Kranprogramm an Northwest Engineering, die unter der Bezeichung BCP Construction Products die Ersatzteilversorgung sicherstellen.

Auf riesigen Raupen zum absoluten Weltrekord

Sprechen wir von ganz großen Kranen, so müssen wir die größten frei verfahrbaren Raupenkrane des Erdenrunds nun vorstellen. Sie kommen, das muß in aller Deutlichkeit gesagt werden, nicht aus Europa, sondern aus dem Land der unbe-

Bild 396 (linke Seite): Kobelco/P&H Raupenkran 7450 bei der Montage eines Kranes im Zuge des Brückenschlages von der Insel Honshu nach Shikoku. Der Kran hat 450 t Traglast.

Bild 397: Größer geht's fast nicht mehr: Zwei Lampson Transilift LTL-1500 mit je 2.300 t Hubkapazität bei der Montage einer Bohrplattform im schottischen Arderiser. Die vielen kleinen Manitowoc-Raupenkrane wirken dagegen wie Spielzeuge.

grenzten Möglichkeiten. Der in Kenne-
wick, Washington, ansässige Konstrukteur Neil F. Lampson modifiziert seit den
70er Jahren Manitowoc-Raupenkrane.
Derrickausleger und ein separates Rau-
penfahrgestell zum Transportieren des
Zusatzballastes machen die Krane unge-
mein leistungsfähig. Mit dem Transilift
Series III Typ LTL-1500 steht ein Raupenkran zur Verfügung, der aus Vorderwagen
mit Hauptausleger und Derrickmast,
Verbindungsstück zum Gegengewicht-
Transportwagen und dem eigentlichen
Gegengewicht-Transportwagen besteht
(Bild 397). Zunächst sind die Krane mit
eigenen fest montierten Raupenfahrwerken versehen, später folgt mit dem
LTL-2000 ein System, das auf vorhandene 405 t schwere Raupencarrier mit
bis zu 3.600 t Nutzlast, wie sie auch
zum Versetzen von schweren Brechern
oder anderen semimobilen Anlagen in
der Gewinnungsindustrie benutzt werden, aufgesetzt wird. Der LTL-1500 kann
mit Hauptauslegern bis 129 m Länge
bestückt werden, an ihn passen Wippspitzen von bis zu 66 m. Der Kran kann
bei 15,3 m Ausladung am 36-m-Haupt-
ausleger 2.295 t heben. Die Montage von
Bohrplattformen und Einsätze in den
weitläufigen us-amerikanischen petro-
chemischen Industriekomplexen sind
seine Haupteinsatzgebiete. Krane dieses
Typs werden die größten jemals gemach-
ten Hübe durchführen. Dazu zählen zum
Beispiel 1.655 t bei 60 m Ausladung.
Der LTL-2600 hebt als frei verfahrbarer
Raupenkran 855 t bei 70 m Radius, das
entspricht 59.850 mt. Zwei solcher Krane
kommen später in Schottland und auch
in Australien zum Einsatz.

Globale Märkte
erfordern neue Strategien

Giganten wie Caterpillar oder Komatsu
machen es vor – nur wer Fertigungs-
stätten auf der ganzen Welt unterhält
und strategische Allianzen eingeht, kann
im Baumaschinen-Business bestehen.
Ein Beispiel, wie es treffender nicht sein
kann: 1986 gründet sich die Link-Belt
Construction Company. Sie ist ein Joint-
venture zwischen der FMC Corp. und
Sumitomo. Heute ist Link-Belt ein unab-
hängiges Unternehmen nach amerika-
nischem Recht, aber eine selbständige
Einheit von Sumitomo. Zum Ende des
Jahrzehnts häufen sich die Übernahmen.

Bild 398: PPM RT-Kran Typ A 280 mit vierteiligem Hauptausleger (23,7 m), 7,3 und 4,7 m langen Verlängerungen und einem 4x4x4-Unterwagen.

Gottwald geht zu Krupp. Potain, gerade von Legris Industries aufgekauft, übernimmt PPM nach jahrelangem Abbau seiner Anteile plötzlich komplett. Zu Legris gehört nun PPM, BPR, Cadillon, Simma, und es werden weitere folgen. PPM hat mit dem C 1180 einen schönen 100-t-Teleskopkran mit sternförmigen Abstützungen (in dieser Klasse sehr selten), gegen Ende des Jahrzehnts die ATT-Reihe mit AT-Kranen und natürlich seine RT-Krane (Bild 398) im Programm.

Ende September 1988 übernimmt eine Gruppe europäischer Investoren FMC S.p.A. von FMC Corporation und benennt sich in LBS S.p.A. um. Die Fertigungs- und Vertriebsrechte für Link-Belt Krane bleiben bestehen. Naturgemäß darf man nicht auf den beiden wichtigsten Stammmärkten dieses Herstellers aktiv werden. Dies sind Nord- und Südamerika. Shuttle-lift aus Sturgeon Bay in Wisconsin übernimmt von Case die Carrydeck-Hofkrane und führt die verbesserten Baureihen 3330C und „D" ein.

In Österreich eröffnet die Palfinger-Familie Ende der 80er Jahre das dritte Werk in Wenig in der Steiermark. 1992 folgen ein weiteres Werk in Köstendorf und 1993 in Marburg/Slowenien. Seit vielen Jahren beträgt der Exportanteil 90 %. Die magische Umsatzmarke von 2 Mrd. ÖS wird erstmals überschritten. Hydraulische Ladekrane für den Unimog sind noch immer eine Spezialität der Österreicher (Bild 399).

Bild 399: Stolze Ladekran-Präsentation auf der Bauma 1989. Palfinger ist noch immer, neben Hiab, Experte für die Kranausrüstung des Unimog von Mercedes-Benz.

Turmdrehkrane: von Realitäten und Visionen

Krøll aus Dänemark lichtet mit riesigen Turmdrehkranen ganze Kranwälder, wie sie für viele Großbaustellen typisch sind. Zwischen 1969 und 1986 hat dieses zur Grevenkop-Castensklold-Firmengruppe gehörende Unternehmen 176 Turmdrehkrane ausgeliefert, rund 80 % entfallen auf die Größenklassen bis 40 t. Nun wird auf Erfahrungen, die man beim Bau der insgesamt 15 Exemplare des Großkranes K 10000 gesammelt hat, zurückgegriffen. Der K 25000 wird für 400 t Hublast bei 57 m Ausladung, 200 t Hublast über die gesamte Ausladung von 88 m und 87 m Hakenhöhe projektiert. Sein Schienenfahrwerk soll 22 m Spurweite bekommen. Der Kran kann bei Wind-

geschwindigkeiten bis zu 20 m/s noch arbeiten. Der Turmquerschnitt beträgt „bescheidene" 10 x 10 m. Interessant, technisch machbar – jedoch bis heute nicht gebaut. Dieses Schicksal teilt der Potain MD 22500. Nach der Auslieferung mehrerer Riesenkrane vom Typ MD 2200 (Bild 400) aus der Maxi-Topkit-Reihe mit 124 m Hakenhöhe und 80 m Ausladung (Hublast 24 t bei 41,7 m), befindet sich nun der MD 22500 für 180 t bei 98 m Ausladung auf den Reißbrettern. Bei 62,5 Ausladung hebt der Kran 360 t. Der außen am drehenden Turmoberteil montierte Hilfskran mit 141 m Hakenhöhe hebt je nach Ausladung zwischen 30 und 5,6 t. Auch diese ehrgeizigen Pläne bleiben in der Schublade. Mit Hauptsitz in

Malaysia geht Favco daran, den Fernen Osten mit Hochbaukranen zu bestücken.

Bild 401: Favco-Kran in Sydney. Der in Malaysia ansässige Hochbaukranhersteller macht im Fernen Osten von sich reden.

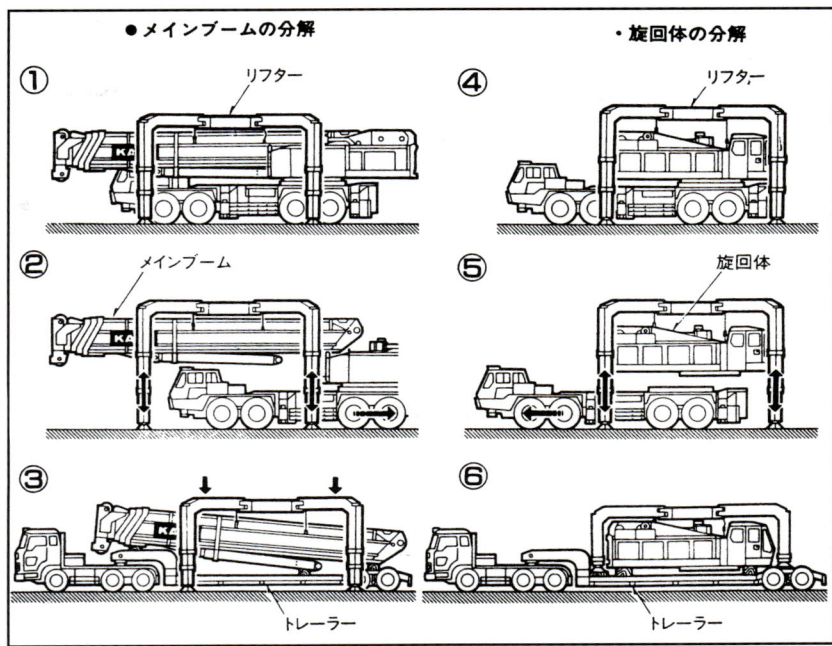

Bild 402: Kato NK-3000 für 200 t Hubkraft. Hier mit wippbarer Spitze bei der Montage eines Kamins.

Dieselelektrisch angetriebene Verstellauslegerkrane (Bild 401) mit erheblichen Leistungen sind Spezialität dieses Unternehmens, das übrigens in den 90er Jahren die Mutter von Krøll werden wird.

Das Unglück von Tschernobyl ist ein Erschwernis beim Absatz großer Turmdrehkrane, da die Anzahl der realisierten Atomkraftwerke nach dem verheerenden Unglück drastisch zurückgehen. Übrigens werden bei der Erstellung des Bleibeton-Sarkophages in Tschernobyl mehrere deutsche Raupenkrane von Demag und Liebherr mit modifizierter Ausrüstung eingesetzt. Bleiplatten schützen die Kranführer vor der Strahlung.

Bild 403: Auf der Baustelle verfährt der größte Kato-Kran auf vier Achsen. Für den Straßentransport ist ein ausgeklügelter Zerlegungsmechanismus in übersichtliche Baugruppen geplant.

Japan hat eine eigenständige Kranindustrie – mit wenigen Herstellern

In Japan macht Kato von sich reden: Der 160 t hebende NK-1600 ist fertig. Es folgt der 50 t hebende Rough Terrain Kran KR-500, eine Maschine, die sich in den fern-

Bild 404: AT made in Japan: Der vierachsige Kato KA-800 mit Allradantrieb und -lenkung (hier Kreisfahrt) wird 1987 vorgestellt.

östlichen Baustellen gut bewährt. 1987 endlich der Sprung in die 200-t-Klasse. Der Kato NK-3000 (Bild 402/403) kann mit seiner Gittermast-Wippspitze für schwierige Montagen eingesetzt werden. Der NK-3000 hat ein vierachsiges Fahrgestell. Für den Straßentransport muß der Kran in mehrere Teile zerlegt werden. Im gleichen Jahr folgt der vierachsige All Terrain Kran KA-800 (Bild 404), der seine Ähnlichkeit mit dem Liebherr LTM 1055 nicht leugnen kann. Der Kran wird außerhalb Japans speziell in Skandinavien, England und Holland gut aufgenommen. Kobelco stellt schwere Raupenkrane der

Bild 405: Größter Vertreter der Sumitomo-Raupenkrane ist der 650 t hebende CT 12000, der die vorher genannte Leistungsspitze bei 6 m Radius „schafft".

Bild 406: Verstellauslegerkrane, wie sie von Wolff, Liebherr, Favco und anderen angeboten werden, finden sich auch bei IHI, hier bei einem Dammbauprojekt.

Bild 407: Verschiedene interessante Heber, wie die links abgebildeten Raupenkrane mit Teleskopausleger und der sehr große Raupenkran mit Turmkranausrüstung, zeugen von einer ausgeprägten Baumaschinenkultur im Fernen Osten.

SL-Reihe vor. Der SL 13000 hebt 800 t, der kleinere 7800 beachtliche 750 t. Sumitomo (S.H.I.) Construction Machinery nimmt im Werk Niihama die Fertigung von AT- und Schiffskranen auf. Wichtigste Neuvorstellung ist der 360 t tragende Teleskop-Autokran ST 3600. Ein Jahr später beginnt dieser Anbieter mit der Entwicklung einer AT-Kranreihe von 80 bis 170 t. Der leistungsstärkste Raupenkran vom Typ CT 12000 (Bild 405) hebt 650 t bei 6 m Radius. Mechanische (Hybrid-) Raupenkrane, ein mobiler Gittermastkran, eine AT-Range von 80 bis 170 t, Trägergeräte für Tiefbohrausrüstungen und natürlich jede Menge Hydraulikbagger – ein komplettes Programm wird bis Ende der 80er/Anfang der 90er Jahre entwickelt.

IHI rundet sein Programm in diesem Jahrzehnt mit kletternden Verstellauslegerkranen (Bild 406) sowie mit Raupenkranen ab, die mit Teleskop- und Turmkranausrüstungen (Bild 407) versehen werden können.

Der zeitlich letzte Schwenk unseres Buches führt zu Liebherr. 1987 gibt man Details der beiden Super-Teleskopkrane

LTM 1400 (400 t) und LTM 1800 (800 t, teilbarer Kran mit sep. Ausleger) bekannt. Den ersten 1800er erhält Anfang 1988 Großkunde Schmidbauer in München. Weitere Besteller folgen stehenden Fußes (Bild 408). Dieser Kran ist der erfolgreichste große Telekran oberhalb von 500 t auf dem Weltmarkt. Sein über A-Bock und nicht mit schweren Zylindern gewippter Teleausleger kann vielfältig verspannt und kombiniert werden. Viele Verleiher nutzen die Option, den Teleausleger problemlos gegen einen Gittermast (auch mit Derrick und Schwebeballast) auszutauschen. Der ganze Kran kann zudem auf ein Raupenfahrwerk gesetzt werden, wodurch ein neuer Krantyp, Teleskop-

Bild 408: Voll aufgerüsteter Liebherr LTM 1800 für 800 t. Der mächtige, separat transportierte Teleskopausleger wird mit Seilen gewippt, was Gewicht spart und den Austausch gegen einen Gitterausleger zuläßt.

Raupenkran (Grove hat einen kleineren mit 20 t im Programm) entsteht.

Am 4. Oktober 1989 feiert der Liebherr-Konzern, größter deutscher Baumaschinenhersteller mit 42 Werken und 16.000 Mitarbeitern, sein 40jähriges Jubiläum – 54.000 Turmdrehkrane wurden seit der Produktionsaufnahme in alle Welt geliefert. Die Ehinger Tochtergesellschaft engagiert sich in Odessa. Gemeinsam mit dem Kranwerk „Januaraufstand" sollen Lafetten von Mittelstreckenraketen zu Telekranen umgerüstet werden. Der urtümlich anmutende Progress 2000

(Bild 409) ist ein interessanter Beitrag zur Abrüstung. Auf einem 40 t schweren sechsachsigen MAZ 547 A (12×12)-Fahrwerk, angetrieben von einem 650 PS starken Deutzmotor, wird ein 120-t-Teleoberwagen vom Serienkran LTM 1120 montiert. 1990 übernimmt Liebherr alle Anteile der spanischen Imenasa Grúas S.A. in Pamplona, einem Hersteller von Turmdrehkranen. Die Neuerwerbung wird drei Jahre später in Liebherr Industrias Metálicas S.A. umbenannt und übernimmt neben der Kranfertigung die Vermarktung des Erdbaumaschinenprogrammes.

Bild 409: East meets West: Der Progress 2000 ist eine Kombination des sechsachsigen russischen MAZ 547 A und einem Liebherr 120-t-Teleoberwagen.

Fazit und Ausblick

Jeder Hersteller pflegt, in einem Markt der sich immer ähnlicher werdenden Technik, eigenes Profil, so gut er kann. Dazu gehören zum Beispiel mit Patenten hartnäckig verteidigte Auslegerprofile. Das Ovaloid-Profil von Demag, der Trap Boss-Trapezausleger von Grove, der HPC-Ausleger von Gottwald – typische Aktivitäten, um sich vom Wettbewerb abzuheben. Denn Achsen, Motoren, Getriebe, Zylinder, Hydraulik und Sicherheitstechnik kommen verstärkt für alle Anbieter aus gleichen Quellen.

Um 1990 zeichnet sich eine zunehmende Elektronisierung von Kranen ab. Der Kran wird zu einem elektronischen Netzwerk verbunden. Lastmomentbegrenzung, Stützdrucküberwachung, ja sogar Arbeitsbereichsbegrenzungen lassen sich miteinander kombinieren und individuellen Vorgaben anpassen. Viele Hersteller haben neben den bekannten LMB-Lieferanten eigene Systeme entwickelt, die alle Daten von Kran, Ausrüstung und Komponenten ständig überwachen, aufzeichnen und dem Fahrer in Klartext melden. Sowohl Mobil- wie auch Turmdrehkrane lassen sich so zu echten Hightech-Liftern umrüsten. Die umfangreichen Sicherheitseinrichtungen können teilweise sogar per Ferndiagnose mit einem Mobiltelefon ferngewartet werden. Mikroprozessoren analysieren jeden Hub und errechnen die Auslastung und Abnutzung von Kranen sowie deren Einsatzeffektivität. Krane werden also zu immer aufwendigeren Maschinen, deren Entwicklung dank moderner Werkstoffe und immer dehnbarerer Stähle bei kaum verändertem Eigengewicht immer längere Ausleger und immer höhere Traglasten erzielen.

Resümee

Hinter uns liegt eine Zeitreise vom Papyrusboot bis zur Mondlandung. Computer steuern die Welt, die Menschen sind durch Telekommunikation, die Möglichkeit des schnellen und erschwinglichen Reisens viel näher aneinandergerückt. In der zivilisierten Welt ist der Bau von Industriekomplexen, Verkehrswegen, Energieversorgungseinrichtungen und selbstverständlich Behausungen, gleich, ob sie Wohn- oder Kulturraum beherbergen, fast ungebrochen.

Wir haben exemplarisch versucht, deutlich zu machen, daß es zu allen Zeiten findige Konstrukteure, eifrige Fertigungsspezialisten, gute Marketingstrategen, anspruchsvolle Betreiber und gewissenhafte Kranführer gegeben hat. War über lange Zeit Platz für alle, so lehrt die zyklische globale freie Marktwirtschaft, daß es mehr als pure Technik und ingeniösen Geist braucht, um im Wettbewerb zu bestehen. Marketing, Service, Vermarktung gebrauchter Maschinen, Beratung bei Spezial- und Großprojekten – kurzum ein gutes Image machen den guten Anbieter in einem Wettbewerb aus, dessen Produkte sich immer ähnlicher werden.

Krane sind, egal wer sie unter welchen Bedingungen herstellt, ein äußerst faszinierendes Produkt, dessen technische Möglichkeiten noch lange nicht ausgereift sind. Neue Werkstoffe, veränderte Steuerungstechnologien und sicher noch ganz neue Krankonzepte, die wieder einige derzeit auf dem Markt befindliche Grundgedanken zu neuen Maschinen formieren, werden die neunziger Jahre prägen und die Entwicklung dieser großartigen Maschinen nie enden lassen.

Dieses Buch ist ein Nachdruck. Die hier vorliegende Geschichte der Krantechnik erschien erstmals 1997, ihr Berichtszeitraum reicht von der Antike bis zum Ende der 1980er Jahre. Die Entwicklung, die die Krantechnik in diesem langen Zeitraum genommen hat, ist sicherlich ebenso faszinierend wie die Krantechnik selbst. Ein nahezu unveränderter Nachdruck der Originalausgabe erschien deshalb gerechtfertigt, auch wenn damit die weitere Entwicklung ab 1990 außen vor blieb.

Und die Fortschritte, die in den zurückliegenden Jahren erzielt wurden, waren gewaltig. „Die Krantechnik", so ist aus dem berufenen Mund des Autors Lothar Husemann zu hören, „ist in dieser Zeit regelrecht explodiert." Die Beschreibung der jüngsten technischen Entwicklungen auf diesem Gebiet würde deshalb leicht ein eigenes Buch füllen. Für eine Ergänzung des hier vorliegenden Werks wäre sie somit bei weitem zu umfangreich geraten.

Es gibt sie aber, diese aktuelle Ergänzung, und zwar als eigenes Buch, das sich dem aktuellen Stand der Krantechnik widmet. Es ist ebenfalls im Motorbuch-Verlag erschienen, stammt – natürlich – von Lothar Husemann und heißt schlicht „Krane".

Danksagung

Dieses Buch wäre nicht ohne die Mitarbeit zahlreicher Firmen, Museen, Sammler und Freunde möglich gewesen. Erneut sind Verlag und Autoren allen Beteiligten sehr zum Dank verpflichtet.

Besonderer Dank gebührt Richard Blokker, Peter Meyer, Rainer Oberdrevermann, und Francis Pierre (AIPETHOAC, Frankreich) für ihre intensive Mitarbeit sowie für die Beratung und Hilfe bei der Recherche. Erst durch ihre Mithilfe fanden sich viele Mosaiksteine in unserem historischen Kranpuzzle.

Bereitwillige Unterstützung fanden wir zudem bei folgenden Sammlern historischer Baumaschinen-Dokumente: Hans-Kurt Berndsen, Stefan Heintzsch, Carsten Hilbers, Erich Hoepke, Klaus Holl, Bill Huxley, Dirk Moeller, Steve Moreland, Helmut Reschke, Alberto Rossinelli, Karin und Peter Storz, Friedrich Ströbele, Dietmar Thiels, Wolfgang Weinbach, Bill Willinger.

Gedankt sei ihnen allen herzlich!

Quellen- und Literaturhinweis/Bildnachweis

Anderson, George B.: One Hundred Booming Years
Arnold, G.: Bilder aus der Geschichte der Arbeitsmaschinen
Barnes, W.: Excavating Machinery
Cohrs, H.-H.: Baumaschinen-Geschichte(n) - Menck Album
Farrell, William E.: Digging by „Stame" (HCEA-Nachdruck)
Fürst, Artur: Das Weltreich der Technik
Grimshaw, Peter N.: Excavators
Haddock, Keith: Marion Power Shovel Co. 1884-1984
Kuipers, H.: Gouden Boek over Autokranen
Preston, James: Aveling & Porter
Torrens, Hough: The Evolution of a Family Firm: Stothert and Pitt of Bath
Toussaint, F.: Lastenförderung durch fünf Jahrtausende
Dr. Wessel, Horst A.: Kontinuität im Wandel
Wilson, Martin, und Spink, Karen: Coles 100 Years
Zeitschrift „Engineering", No.1, 1934

Weitere Firmengeschichten von

American Hoist & Derrick/Craven Cranes/Faun/Hanomag/Harnischfeger P & H/Kato Works/Link-Belt/
Manitowoc/Mannesmann Demag/Omega Peiner/Peschke/Pekazett/Ransomes & Rapier/Schmidt-Tychsen/
Tadano Faun/Wolffkran

Bildnachweis:

American Crane Corp.: 358, 359; Amhoist: 78; Archiv Bachmann: 135, 136, 161, 180, 277, 303, 313, 329, 331, 352, 369, 371, 372, 376, 377, 386, 399, 403, 405; Archiv Berndsen: 153, 154, 285; Archiv Blokker: 236, 255, 256, 280, 340, 341, 361, 364, 393; Archiv Cohrs: 1–4, 50, 51, 52, 61, 70, 92, 94, 106, 115, 122, 142, 145, 163, 176, 177, 190, 191, 202, 210, 234, 235, 251, 258, 261, 284, 304–308, 319, 355, 363, 394, 395, 398; Archiv Crosby, Amberley Museum: 134, 135, 168, 169; Archiv Esser: 360; Archiv Heintzsch: 82, 103; Archiv Meyer: 95, 113, 121, 132, 172, 205, 207, 212, 213, 223, 226, 227, 228, 289, 290, 299, 300, 347, 356, 379; Archiv Moeller: 85, 86, 126, 130, 214, 218, 325, 342, 343, 345, 346, 348, 380; Archiv Oberdrevermann: 11, 48, 55, 64, 69, 108, 109, 129; Archiv Pierre: 56, 59, 76, 83, 89, 99, 100, 104, 110, 111, 124, 127, 155, 156, 244, 322; Archiv Rossinelli: 334, 397; Archiv Schreiber: 279; Archiv Thiels: 384, 401; Archiv Weinbach: 291, 328, 373; Archiv Wilhelm: 320; Atlas Weyhausen: 196,197; Autogru PM SpA: 315; Beamish Museum: 90, 93; Bucyrus International: 362; Bucyrus-Erie: 101, 150, 183, 252, 253, 254; Buffalo Road Imports: 156, 157, 158; Coles: 71, 73, 98, 144, 152, 153, 203, 240, 268, 269, 309; Craven Cranes: 166, 167; Deutsches Museum: 37, 123; dhf: 145, 146, 215, 219, 220, 221, 222, 224, 225, 230, 231, 232, 241, 242, 243, 278, 281, 296, 326; Effer Gru SpA: 316; Engineering 1/1934: 159; Fassi Gru Idrauliche: 263; Faun: 173, 339, 366; Fuchs Bagger: 211, 282, 283; Grove Worldwide: 260, 387, 200; GWS: 312, 270, 271, 272, 273; Hassel & Sons Ltd.: 274; HCEA: 80, 112; Heitkamp: 229, 297, 327, 336; Henry Cooch & Son Ltd.: 275, 276; Hiab Multilift: 194, 314; Hilgers AG: 208; HMF Hojbjerg Maskin Fabrik: 195; IHI Heavy Industries Co.: 406, 407; Italgru: 248; Kato Works: 184, 302, 351; König Baumaschinen: 298, 321, 323, 381; Kraanbedrijf Nederhoff B.V.: 249; Krøll A/S: 295, 324; Krupp Historisches Archiv: 292, 335; Kuipers, Hans: 375, 390, 391; Liebherr: 383, 192, 193, 216, 217, 293, 294, 332, 344, 367, 368, 408, 409; Link-Belt Construction Equipment: 77, 139, 140, 174, 175, 199; Mack Trucks Historical Museum, Inc.: 137, 138, 139; MAN GHH Logistics: 146, 147, 181; Manitowoc: 102, 198; Mannesmann Demag: 14, 16, 20, 22, 47, 28, 31, 38, 47, 54, 74, 75, 91, 96, 116, 117, 118, 131, 330; Mannesmann Dematic: 374; Marchetti Autogru: 317, 262; Marion: 79, 81; McKenzie Iron & Steel: 107; Menck: 233, 259, 333; Morris/Harnischfeger: 87; Morris: 114, 125, 128, 133; National Ass. Of Service Consultants: 357, 140, 141; O&K: 209, 287, 288; Ormig S.p.A.: 245, 246, 247, 267; P&H: 238, 286; Palfinger: 250, 266; Peiner: 349, 350; Peschke: 148; Potain: 155, 179, 400; PWH Anlagen und System: 365; Raimondi: 204, 265; Ransomes & Rapier: 149, 151, 310, 311; Reich: 382; Reschke: 337, 338; Rhein. Bildarchiv Köln: 84; Rigo Spa: 318, 239; Roadcraft Crane & Plant Hire: 188, 189, 201; Science Museum, London: 49, 57, 58, 60, 62, 63, 67, 68, 72, 88, 97, 119, 120; Shuttlelift Inc.: 237; Stothert & Pitt: 65, 66; Tadano Faun: 354;Tadano Ltd.: 301; Tadano UK: 353; Terex Cranes: 143, 182, 257; Valla SpA: 264; Verkehrsmuseum Nürnberg: 170, 171; Wislicki: 5–10, 12, 13, 15, 17–19, 21, 23–27, 29, 30, 32–36, 39–46; Wylie Systems: 162, 165, 178, 206